前　言

随着科学技术的高速发展，人工智能已渗透到医疗、教育、金融等许多领域，有效地推动了各领域的发展，并取得了显著的成效。同时，人工智能技术也正在改变传统农业生产方式。21世纪初，人工智能技术便开始了在农业相关领域的推广和探索，但由于当时技术水平有限，并未带来太多实质性的进展。近年来，人工智能技术在工业方面的突出表现，使农业迎来了新的变革机遇，人工智能技术较为成熟地应用于耕作、播种、栽培等方面的专家系统。随着物联网和图像识别技术的成熟与发展，近10年来推出了智能采摘机器人、智能检测土壤、果实分拣、气候灾难预警、检测病虫害等智能系统。从实际应用的效果来看，将人工智能与农业相融合，可广泛应用于农业的耕作、种植、采摘等环节，极大地提高劳动生产率、土地产出率和资源利用率。

2017年，国务院发布《新一代人工智能发展规划》，把人工智能上升到国家规划，推动人工智能在农业等重点行业落地应用。2020年，中共中央、国务院印发《关于抓好"三农"领域重点工作确保如期实现全面小康的意见》，明确指出依托现有资源建设农业农村大数据中心，加快物联网、大数据、人工智能等现代信息技术在农业领域的应用。人工智能的发展需要人工智能人才，而职业教育领域的农业人工智能人才培养是人工智能人才培养的重要领域之一。基于这个背景，急需适用于职业本科层次农业人工智能技术型人才培养的教材。本书围绕着人工智能、大数据、云计算、物联网、机器学习、计算机视觉等核心技术及在农业领域的应用等内容展开，突出教材的应用性与实践性。

本书的具体特色如下：

1.贴近学生的生活和学习实际，企业人员参与编写

本教材的引入案例与实训选自与学生生活比较贴近的内容，同时注意引入案例和实训对学习目标的覆盖程度，引导学生从日常生活、学习的例子中体验人工智能的应用价

值，学习人工智能的有关知识。

2.学习内容注重适应性

教材充分考虑了职业本科层次学生的认知水平和学习能力，涉及的知识都是最基本的，有利于学生知识的迁移和获取知识能力的提高。此外，教材还包含视野拓展，学生可以通过拓展内容了解更多的知识，满足自身发展的需要。

3.教材引导学生亲历规划、设计、制作的过程

本教材注重培养学生的动手能力，使学生在学习和实践中对人工智能这门学科产生一个初步的认识，并增加学生继续探索人工智能的兴趣。

《农业人工智能基础及应用》共分为七个项目，分别为农业人工智能概述、农业领域的大数据、农业领域的云计算、农业领域的物联网技术、农业领域的机器学习技术、农业领域的计算机视觉技术和农业领域的智能机器人。主要内容包括人工智能的定义和发展历程，人工智能的类型及研究领域，大数据、云计算、物联网、机器学习、计算机视觉、智能机器人的核心技术，并针对不同的核心技术精选了许多在农业领域应用的案例，使学生从感性到理性、从具体到抽象，由浅入深地学习，深化对人工智能在农业领域应用的认知。

《农业人工智能基础及应用》一书由广西农业职业技术大学邱林教授、黄卉任主编，曾恒、岑霄任副主编，莫洪武、黎瑞荣、陈淑娴、董婕和企业人员覃江峰、杨孝群参编。具体分工如下：项目一由黄卉、莫洪武撰写；项目二由曾恒、黄卉撰写；项目三由曾恒、覃江峰撰写；项目四由陈淑娴、邱林撰写；项目五由黎瑞荣、杨孝群撰写；项目六由岑霄、陈定甲撰写，项目七由邱林、董婕撰写，全书由邱林、黄卉进行统稿。

本书在编写过程中吸收了国内外专家、学者的研究成果，参考了大量相关资料，在此谨向所有专家、学者、参考文献的编著者表示衷心的感谢！

由于编者水平有限，本书难免有疏漏之处，恳请各位同行和读者批评指正。

编 者

2022 年 3 月

目　录

项目一
农业人工智能概述

学习目标

【知识目标】

1.了解我国人工智能发展的规划和意义。
2.了解人工智能的定义。
3.了解人工智能的发展历程。
4.了解人工智能的研究领域。
5.了解人工智能在农业领域的应用。

【技能目标】

1.熟悉人工智能的基本原则和技术。
2.利用人工智能技术识别植物。

【素质目标】

1.具有较强的自我知识技术更新能力。
2.具有良好的沟通能力和团队协作精神。
3.具有提出问题、分析问题和解决问题的能力。

【思政目标】

1.培养学生的爱国主义精神。
2.培养学生吃苦耐劳、诚信友善、爱岗敬业的精神。

引入案例

2021 年 7 月 14 日～18 日，在广西南宁江南希尔顿欢朋酒店举行了一场针对 9 岁～18 岁年龄段青少年的家庭教育活动，在酒店一楼有 1 台人工智能售货机器人，参加培训的学员在酒店房间可以通过在线或电话形式购买酒店的商品，该机器人在无人控制的情况下可以将商品准确地送到对应楼层房间的学员手里，学员特别喜欢这种采购体验方式，这是人工智能在日常生活中一个简单应用。2021 年 4 月 11 日在江苏苏州举办的“2020 中国人工智能产业年会”上，中国人工智能学会吴文俊人工智能科学技术奖评选基地、中国工程院—清华大学知识智能联合研究中心、清华大学人工智能研究院联合发布《中国人工智能发展报告 2020》，报告指出人工智能已经成为全球竞争的焦点，成为经济发展的新引擎，而中国人工智能发展一直处于世界前沿。截至 2020 年，中国人工智能专利数量达到 389 571 件，占全球的 74%，其中 49.73%来自企业，16.55%来自高校。报告同时指出，在过去十年人工智能研究主要集中在深度神经网络、特征抽取、图像分类、目标检测、语义分割、表示学习、生成对抗网络、语义网络、协同过滤和机器翻译等技术上，下一个十年重点发展的方向为强化学习、神经形态硬件、知识图谱、智能机器人、可解释性 AI、数字伦理、自然语言处理等技术。这些技术将在各个领域得到应用，农业对人工智能的需求也非常迫切，如在育种、病虫害防治、天气预测、土壤分析等方面，从事农业人工智能领域的研究与应用大有可为。

二维码 1-1
中国人工智能发展报告 2020

思考：1.人工智能在农业领域发展的意义是什么？

2.人工智能在农业领域的应用有哪些？

任务一　人工智能发展规划和意义

2017 年，国务院印发了《新一代人工智能发展规划》(以下简称《规划》)，提出了面向 2030 年我国新一代人工智能发展的指导思想、战略目标、重点任务和保障措施。

《规划》明确了我国新一代人工智能发展的战略目标：到 2020 年，人工智能总体技术和应用与世界先进水平同步，人工智能产业成为新的重要经济增长点，人工智能技术应用成为改善民生的新途径；到 2025 年，人工智能基础理论实现重大突破，部分技术与应用达到世界领先水平，人工智能成为我国产业升级和经济转型的主要动力，智能社会建设取得积极进展；到 2030 年，人工智能理论、技术与应用总体达到世界领先水平，成为世界主要人工智能创新中心。2020 年的目标已经实现，人工智能在安防、交通、家居、医疗、农业等各个领域都有了应用，已经成为改善民生的重要途径之一。

《规划》提出六个方面重点任务：一是构建开放协同的人工智能科技创新体系，从前沿基础理论、关键共性技术、创新平台、高端人才队伍等方面强化部署；二是培育高端高效的智能经济，发展人工智能新兴产业，推进产业智能化升级，打造人工智能创新高地；三是建设安全便捷的智能社会，发展高效智能服务，提高社会治理智能化水平，利用人工智能提升公共安全保障能力，促进社会交往的共享互信；四是加强人工智能领域军民融合，促进人工智能技术军民双向转化、军民创新资源共建共享；五是构建泛在安全高效的智能化基础设施体系，加强网络、大数据、高效能计算等基础设施的建设升级；六是前瞻布局重大科技项目，针对新一代人工智能特有的重大基础理论和共性关键技术瓶颈，加强整体统筹，形成以新一代人工智能重大科技项目为核心、统筹当前和未来研发任务布局的人工智能项目群。

目前，我们国家的人工智能发展处于世界领先水平，但是我们必须认清国际形势，加快科技创新和产业发展，在人工智能领域取得压倒性优势，取得更多标准制定权，让中国标准引导世界的发展。

【思政园地】

发展人工智能的战略意义

来源：电子发烧友　作者：工程师青青

2019年5月16日，两场以人工智能为主题的国际盛会，在天津、北京两地几乎同时开幕。前者为第三届世界智能大会，后者是国际人工智能与教育大会。尤其值得关注的是，中国国家主席习近平向两场国际盛会均致信祝贺，并勉励与会人士“推动新一代人工智能健康发展，更好造福世界各国人民”，“携手推动构建人类命运共同体”。

习近平高度重视人工智能。在2016年9月召开的G20杭州峰会上，他指出，以互联网为核心的新一轮科技和产业革命蓄势待发，人工智能、虚拟现实等新技术日新月异，虚拟经济与实体经济的结合，将给人们的生产方式和生活方式带来革命性变化。2018年10月31日，中共中央政治局就人工智能发展现状和趋势举行第九次集体学习。习近平在主持学习时发表讲话强调：人工智能是引领这一轮科技革命和产业变革的战略性技术，具有溢出带动性很强的“头雁”效应。加快发展新一代人工智能是事关我国能否抓住新一轮科技革命和产业变革机遇的战略问题。

对于新时代的中国来说，发展人工智能的战略意义可以概括为三个方面。

一是以“智”提“质”，推动实现高质量发展。人工智能造就了宏大的技术生态群。它在智能驾驶、智能语音、智能机器人等领域不断取得突破，这些突破正在构建智能经济形态。这是中国实现高质量发展的磅礴动力。

二是以“智”图“治”，推动治理能力现代化。机器学习、算法推理、大数据、物联网等技术应用于社会治理，可优化社会生产与社会组织关系，增强治理的协同性、生态性，提高社会治理的智能化、法治化和现代化水平。

三是以“智”谋“祉”，推动提高民生福祉。人工智能的价值要在应用中体现。中国在推进“智能＋生产”的同时，注重发力“智能＋生活”，注重人工智能技术应用开发的民生导向，围绕教育、医疗卫生、体育、住房、助残养老等开发智能产品和服务，让人工智能提升民生福祉。

习近平勉励中国科技工作者，努力在人工智能发展方向和理论、方法、工具、系统等方面取得变革性、颠覆性突破，确保中国在人工智能这个重要领域的理论研究走在前面、关键核心技术占领制高点。当前，中国人工智能发展水平距离上述目标虽仍有很长的路要走，但已经奠定了坚实基础。清华大学发布的相关领域研究报告显示，在人工智能领域，中国在科技产出与人才投入、产业发展和市场应用、发展战略和政策环境等方面表现亮眼，特别是论文总量和高被引论文数量、专利数量排名世界第一，企业数量全球第二。

任务二　人工智能的定义和发展历程

一、人工智能的定义

人工智能（Artificial Intelligence，AI），是一门综合了计算机科学、信息论、控制论、自动化、仿生学、生物学、心理学、数理逻辑、语言学等多门学科的综合性交叉学科。研究人工智能的目的是让机器能够模拟、延伸和扩展人的智能，以实现某些脑力劳动的机械化，最终达到解决人类生产生活中的问题，提高生产质量和生产效率的目的。

对于人工智能的定义，目前还没有形成统一的标准。美国斯坦福大学人工智能研究中心的尼尔逊教授对人工智能的定义为：“人工智能是关于知识的学科——怎样表示知识以及怎样获得知识并使用知识的科学。”人工智能之父马文·明斯基则认为：“人工智能就是研究‘让机器来完成那些如果由人来做则需要智能的事情’的科学”。大英百科全书则限定人工智能是数字计算机或者数字计算机控制的机器人在执行智能生物体才有的一些任务上的能力。百度百科定义人工智能是“研究人类智能活动的规律，构造具有一定智能的人工系统，研究如何让计算机去完成以往需要人的智力才能胜任的工作，也就是研究如何应用计算机的软硬件来模拟人类某些智能行为的基本理论、方法和技术”。

二维码 1-2
人工智能
标准化白皮书

由中国电子技术标准化研究院、清华大学、北京大学、华为技术有限公司、中国电信集团公司、阿里巴巴网络技术有限公司、英特尔（中国）有限公司等 30 家企事业单位共同编写的《人工智能标准化白皮书（2018 年）》中给出的人工智能的定义是利用数字计算机或者由数字计算机控制的机器，模拟、延伸和扩展人类的智能，感知环境、获取知识并使用知识获得最佳结果的理论、方法、技术和应用系统。

二、人工智能的发展历程

人类在很早以前就开始了人工智能的研究，但能够真正实现人工智能要从计算机的诞生开始，这时人类才能够用机器实现人类的智能。1950 年，马文·明斯基建造了第一台神经网络计算机，由此基于计算机的人工智能开始起步，人工智能在此后的发展中虽然经历了几次起伏，但还是取得了较多成绩，到本书截稿时间为止，人工智能主要分为三个阶段，分别是人工智能起步期、专家系统推广期和深度学习期，如图 1-1 所示。

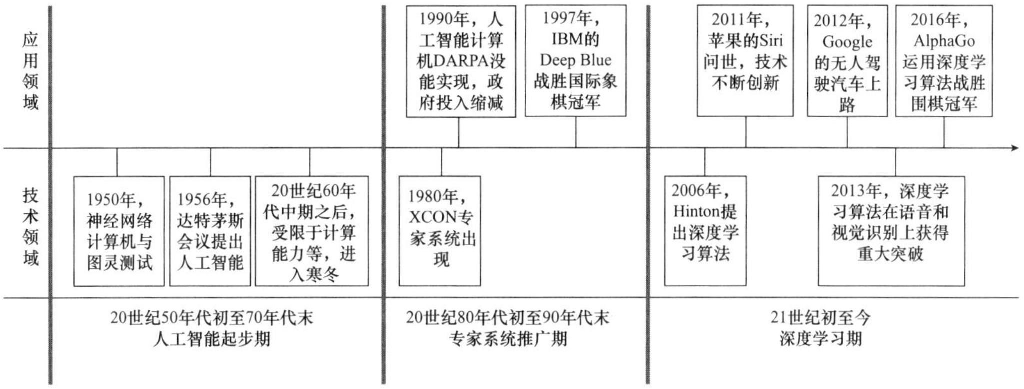

图 1-1 人工智能发展历程

1.人工智能起步期

本阶段主要是从 20 世纪 50 年代初期至 20 世纪 70 年代后期，人工智能开始萌芽，经历了一段黄金发展时期后，陷入了瓶颈期。

1950 年，马文·明斯基在大学四年级时与他的同学邓恩·埃德蒙一起建造了世界上第一台神经网络计算机。同年，计算机之父阿兰·图灵提出了一个举世瞩目的想法——图灵测试，图灵还大胆预言了真正具备智能机器的可行性。

1956 年，在达特茅斯学院举办的一次会议上（图 1-2），约翰·麦卡锡和马文·明斯基等首次提出了“人工智能”一词，它标志着人工智能这门新兴学科的正式诞生，正式确立了 AI 这一术语，并且开始从学术角度对 AI 展开了严肃而精专的研究。达特茅斯会议之后，约翰·麦卡锡和马文·明斯基在麻省理工共同创建了世界上第一座人工智能实验室——MIT AI LAB 实验室，自此最早的一批人工智能学者和技术开始涌现，人工智能发展正式起步。在接下来长达十余年的时间里，计算机被广泛应用于数学和自然语言领域，用来解决代数、几何和英语问题，这让很多研究学者看到了机器向人工智能发展的信心，甚至在当时，有很多学者认为：“二十年内，机器将能完成人能做到的一切。”

但在 20 世纪 60 年代中期至 70 年代末，由于计算机性能、问题复杂和数据量不够等问题，人工智能发展遇到了极大的瓶颈，在很多研究项目实施上出现了问题，使人们对人工智能失去了信心，人工智能进入低速发展阶段。

图 1-2　达特茅斯会议合影

2.专家系统推广期

本阶段主要从 20 世纪 80 年代初至 20 世纪 90 年代末，基于人工智能系统的应用，人工智能进入了新的发展期，但随着台式机的应用人工智能又陷入了低谷。

1980 年，卡内基梅隆大学为数字设备公司设计了一套名为 XCON 的“专家系统”。该系统采用人工智能程序的系统，是“知识库＋推理机”的组合，XCON 是一套具有完整专业知识和经验的计算机智能系统。这套系统在 1986 年之前能为公司每年节省下来超过 4000 美元经费。在这个时期，仅专家系统产业的价值就高达 5 亿美元。

1987 年开始，由于苹果和 IBM 公司生产的台式机性能得到极大提高(图 1-3)，专家系统已经失去优势，人工智能再次进入低速发展阶段。

图 1-3　早期的苹果家用电脑

3.深度学习期

本阶段主要从21世纪初至今。网络技术特别是互联网技术的发展,加速了人工智能的创新研究,促使人工智能技术进一步走向实用化,尤其在深度学习算法出现后,近些年又进入了爆发期。

2006年,Hinton在神经网络的深度学习领域取得突破,人类又一次看到机器赶超人类的希望。

2010年之后,随着大数据、云计算、互联网、物联网等信息技术的发展,泛在感知数据和图形处理器等计算平台推动以深度神经网络为代表的人工智能技术飞速发展,跨越了科学与应用之间的"技术鸿沟",诸如图像分类、语音识别、知识问答、人机对弈、无人驾驶等人工智能技术实现了从"不能用、不好用"到"可以用"的技术突破,人工智能迎来爆发式增长的新高潮。

2016年,人工智能程序AlphaGo以4∶1的成绩战胜围棋世界冠军李世石(图1-4)。

图1-4　AlphaGo与李世石的围棋大战现场图

2017年,基于深度学习的第四代AlphaGo在无任何数据输入的情况下,自学围棋3天后以100∶0战胜第二代AlphaGo,自学40天后又战胜第三代AlphaGo,由此可见人工智能的强大。

【思政园地】

加快推动人工智能产业高质量发展

来源:《红旗文稿》 作者:李紫娟

党的十九届五中全会审议通过的《中共中央关于制定国民经济和社会发展第十四个五年规划和二〇三五年远景目标的建议》指出,“在当前和今后一个时期,我国发展仍然处于重要战略机遇期”,要紧扣重要战略机遇新变化,“坚持把发展经济着力点放在实体经济上,坚定不移建设制造强国、质量强国、网络强国、数字强国,推进产业基础高级化、产业链现代化,提高经济质量效益和核心竞争力”。

以人才、技术促进人工智能产业实现高质量发展。我国人工智能产业迅速发展,在智能芯片、智能算法、知识图谱、计算机视觉、自然语言处理等技术方面不断取得突破,为人工智能产业的创新发展奠定了一定基础。但中国智能产业在芯片硬件等关键性核心技术上仍然比较薄弱,这成为制约人工智能产业实现高质量发展的重要隐患。对此,习近平总书记指出,人工智能具有多学科综合、高度复杂的特征。我们必须加强研判,统筹谋划,协同创新,稳步推进,把增强原创能力作为重点,以关键核心技术为主攻方向,促进人工智能实现高质量发展。

重视产业人才培养,构建“引才、留才、用才”新格局。人工智能产业要实现高质量发展,培养人工智能人才是关键。因此,要强化多层次人才的培养和引入。一是培养人工智能产业所需的复合型人才。一方面,构建以技能为本的劳动力市场,鼓励企业和各类机构为员工提供人工智能技能培训,培育一批专业技能扎实、科学素养高、动手实践能力强、具备开阔产业应用视角和国际前瞻视野的人才,确保关键工种拥有充分数量的人才储备;另一方面,完善高校人工智能学科体系建设和布局,深化“产学研”融合发展,鼓励高校、科研院所与企业合作,通过校企共建人工智能专业和课程,培育更多符合人工智能产业高质量发展所需的复合型人才。二是坚持“走出去 + 引进来”,加大全球高端人才的培养和引入。一方面,选派人工智能领域优秀科研人员赴海外学习交流,扩大国际化视野;另一方面,充分利用海南自由贸易港、自由贸易区、粤港澳大湾区等历史性战略机遇,鼓励人工智能产业人才引入。

任务三　人工智能的类型及研究领域

一、人工智能的类型

人工智能按照智能化程度主要分为三种类型，分别是弱人工智能、强人工智能和超人工智能。

1.弱人工智能

弱人工智能（Artificial Narrow Intelligence，ANI），也称限制领域人工智能或应用型人工智能，指的是专注于且只能解决特定领域问题的人工智能，目前所有人工智能算法和应用都属于弱人工智能，它是擅长单个方面的人工智能。第四代 AlphaGo 虽然很智能，但也只是会下象棋，而无法做其他事情，因此 AlphaGo 也属于弱人工智能。

2.强人工智能

强人工智能（Artificial General Intelligence，AGI），又称通用人工智能或完全人工智能，指的是可以胜任人类所有工作的人工智能。这是一种类似于人类级别的人工智能，是指在各方面都能和人类比肩的人工智能，人类能干的脑力活它都能胜任。创造强人工智能比创造弱人工智能难得多，强人工智能必须能够做到思考、计划、解决问题、抽象思维、理解复杂理念、快速学习和从经验中学习等，强人工智能在进行这些操作时应该和人类一样得心应手。

3.超人工智能

超人工智能（Artificial Superintelligence，ASI），科学家把超人工智能定义为几乎在所有领域包括科学创新、通识和社交技能都比最聪明的人类大脑聪明很多的人工智能。超人工智能的定义最为模糊，因为没人知道，超越人类最高水平的智慧到底会表现为何种能力，如果说对于强人工智能，我们还存在从技术角度进行探讨的可能性的话，但对于超人工智能，今天的人类大多就只能从哲学或科幻的角度加以解析了。

二、人工智能的研究领域

我们目前研究较多的是弱人工智能，从产业上主要包括 AI 技术、底层硬件、应用领域三大部分。AI 技术主要包括自然语言处理、语音识别、计算机视觉、机器学习、专家系统、大数据、物联网、云计算等八个领域和各领域的交叉应用。

1.自然语言处理

自然语言处理是一门融语言学、计算机科学、数学于一体的科学，是计算机科学领域与人工智能领域中的一个重要方向。自然语言处理并不是一般地研究自然语言，而是研制能有效地实现自然语言通信的计算机系统，特别是其中的软件系统，它是计算机科学、人工智能、语言学关注计算机和人类语言之间的相互作用的领域。自然语言处理大体包括了自然语言理解和自然语言生成两个部分，实现人机间自然语言通信意味着要使计算机既能理解自然语言文本的意义，也能以自然语言文本来表达给定的意图、思想等，前者称为自然语言理解，后者称为自然语言生成。自然语言处理是实现人与计算机之间用自然语言进行有效通信的各种理论和方法，它使人们可以用自己最习惯的语言来使用计算机，而无须再花费大量的时间和精力去学习不很自然和习惯的各种计算机语言。

目前在自然语言处理方面有很多应用，如在线翻译（图 1-5）、搜索引擎自动更正和自动完成、聊天机器人、邮件过滤、社交媒体监控等。

图 1-5　在线翻译

2.语音识别

语音识别是一门交叉学科，是让机器通过识别和理解过程把语音信号转变为相应的文本或命令的高新技术，语音识别技术主要包括特征提取技术、模式匹配准则及模型训练技术三个方面。语音识别是人机交互的基础，主要解决让机器听清楚人说什么的难题，目前人工智能落地最成功的就是语音识别技术（图 1-6）。

语音识别目前主要应用在车联网、智能翻译、智能家居、自动驾驶等方面。

3.计算机视觉

计算机视觉是让计算机具备像人眼一样观察和识别的能力，具体就是指用摄像机和电脑代替人眼对目标进行识别、跟踪和测量，并进一步做图形处理，使电脑处理成更适合人眼观察或传送给仪器检测的图像。计算机视觉的主要任务是通过对采集的图片或者视频进行处理以获得相应场景的三维信息。

目前计算机视觉主要应用在安防摄像头、交通摄像头、无人驾驶（图 1-7）、无人机、金融、医疗等方面。

图 1-6　语音识别

图 1-7　无人驾驶技术

4.机器学习

机器学习就是让机器具备人一样学习的能力，专门研究计算机怎样模拟或实现人类的学习行为，以获取新的知识或技能，重新组织已有的知识结构使之不断改善自身的性能，它是人工智能的核心。

机器学习已经有了十分广泛的应用，如数据挖掘、计算机视觉、自然语言处理、生物特征识别、搜索引擎、医学诊断、检测信用卡欺诈、证券市场分析、DNA 序列测序、语音和手写识别、战略游戏和机器人运用。

二维码 1-3
机器学习

5.专家系统

专家系统是人工智能中最重要的也是最活跃的一个应用领域，它是指内部含有大量的某个领域专家水平的知识与经验，利用人类专家的知识和解决问题的方法来处理该领域问题的智能计算机程序系统。通常是根据某领域一个或多个专家提供的知识和经验，进行推理和判断，模拟人类专家的决策过程，去解决那些需要人类专家处理的复杂问题。

二维码 1-4
专家系统

专家系统在工业、农业、金融、医疗等各方面均有应用。

6.大数据

大数据技术是指从各种各样类型的海量数据中快速获得有价值信息的能力。大数据是 AI 智能化程度升级和进化的基础，拥有大数据，AI 才能够不断地进行模拟演练，不断向着真正的人工智能靠拢。大数据里面重要的意向任务就是数据挖掘，从大量的数据中通过算法搜索隐藏于其中的信息，经过统计、在线分析处理、情报检索、机器学习、专家系统和模式识别等诸多方法来实现既定目标。

二维码 1-5
大数据技术

大数据技术在电商领域、政府领域、医疗领域、传媒领域、安防领域、金融领域、电信领域、教育领域、交通领域等都有应用。

7.物联网

人工智能的数据采集、数据传输等离不开物联网，物联网是指通过信息传感设备，按约定的协议，将任何物体与网络相连接，物体通过信息传播媒介进行信息交换和通信，以实现智能化识别、定位、跟踪、监管等功能。物联网的本质还是互联网，只不过终端不再是计算机，而是嵌入式计算机系统及其配套的传感器，如穿戴设备、环境监控设备、虚拟现实设备等等。

目前智能家居（图 1-8）、智慧交通、智能医疗、智能电网、智能物流、智能农业、智能电力、智能安防、智慧城市等都离不开物联网技术，比如需要在到家之前就打开空调、关闭窗帘等，都需要物联网技术作为支撑。

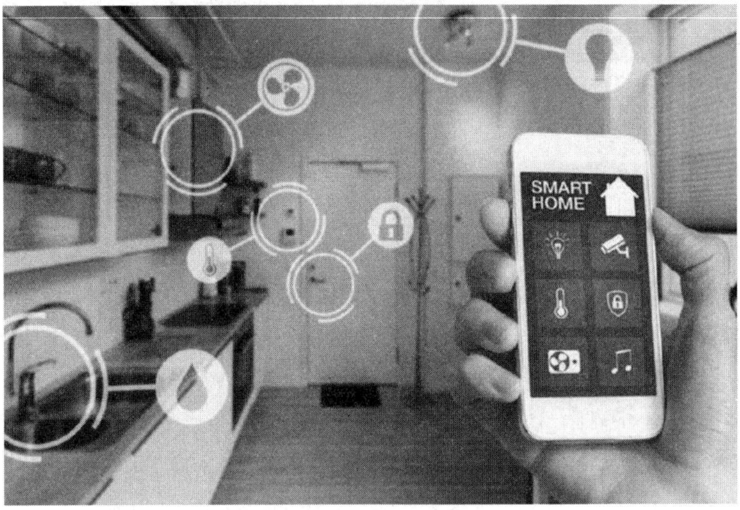

图 1-8　智能家居

8.云计算

云计算最初的目标是对资源的管理，管理的主要内容是计算资源、网络资源、存储资源三个方面。云计算作为人工智能的基础计算平台，可以在很短的时间内完成对数以万计的数据的处理，具有强大的网络服务功能。云计算是人工智能的能力集成到千万应用中的便捷途径，同时人工智能丰富了云计算服务的特性，使云计算服务更加符合业务场景的需求，并进一步解放了人力。目前云计算技术被广泛应用在存储、医疗、金融和教育领域。

二维码 1-6
云计算技术

9.各领域交叉使用

自然语言处理、语音识别、计算机视觉、机器学习、大数据技术、物联网、云计算等技术是相辅相成、交叉关联的，同时不同的应用层面又各有所侧重。交叉应用最突出的方面还是智能机器人，机器人是自动执行工作的机器装置，它既可以接受人类指挥，又可以运行预先编排的程序，还可以根据以人工智能技术制定的原则纲领行动，它的任务是协助或取代人类的工作，如可以利用人工智能机器人协助或取代消防员、煤矿工人、拆弹人员、高空作业人员等危险的工作。

【思政园地】

人工智能与智慧冬奥

来源：解放军报　作者：李文张　责任编辑：刘上靖

期待已久的北京冬奥会如约而至，伴随着冬奥盛会拉开帷幕，充满未来感的人工智能技术成为保障冬奥的一大亮点。

在国家跳台滑雪中心“雪如意”场馆中，“九号方糖配送机器人”上岗负责安保工作，主要负责维持馆内秩序，处理突发情况。在冰球赛场五棵松体育中心场馆内，巡逻机器人“小白”来回转悠，遇见没有佩戴口罩的人员，会用语音提示其佩戴口罩。不仅如此，“小白”头顶还配有无接触式手部消毒设备，可以随时停下为人们消毒。巡逻机器人“小白”身高 74 厘米、长 68 厘米、宽 62 厘米，造型憨态可掬，检测范围达到方圆 5 米、眼前 120 度的扇形区域，无论是外在造型、检测距离还是工作时长都达到了令人满意的效果。提高保障效率的同时，也增强了冬奥防疫工作的趣味性。

冬奥选手和与会人员来自各个国家和地区，说着不同的语言。为了方便沟通和交流，语音转换和翻译机器人大显身手。运动员们可以和人工智能机器人用自己的母语交流，在异国他乡的冬季，也能体验到家乡的亲切与温暖。AI 手语主播，让听力障碍人士也能获取赛事讯息，更好地参与到这场冰雪盛会之中。北京冬奥会，不仅是运动赛场上的角力竞赛，更是交汇沟通的文化平台。科技助力语言服务，语言沟通促进交流，交流使世界紧密联系。

在冬奥会准备阶段，全新升级的小冰 AI 评分系统表现出众。小冰 AI 可以客观评价运动员的姿势和动作，在帮助运动员提高技能，纠正动作等方面发挥了很大作用。既有精准的图像识别与合理分析，又可以结合人类专业教练和裁判的知识经验，对自身不断优化。和以往的 AI 有所不同的是，小冰 AI 独当一面，能够独立判断和完整评价运动员的表现。小冰 AI 充分体现了科技和人文的结合，精密性与灵活性的统筹。

值得称道的还有负责食品的“机器人大厨”。土豆烧肉、鱼香虾球、煲仔饭、饺子、意大利面、汉堡和酒品等随点随做，再由智能云轨机器人无接触传送到人员的餐桌上，大大降低了潜在的疫情传播风险。在北京冬奥会主媒体餐厅，上百台餐饮机器人同时服务。加拿大体育记者肯齐·拉隆德说：“太神奇了，我看到从天花板上送来的食物。”还有奥运村运动员的智能床，不仅让运动员体验“零重力”模式，还可以通过血液流动和心跳监测运动员的健康状况。美国雪橇运动员萨默·布里彻称之为“让人难以置信的东西”。

此外，还有奥运会场馆闭环内外的无接触式物流配送机器人、国家体育场的智能消毒机器人、与人共舞的六足滑雪机器人、京张高铁太子城站的咖啡机器人等，人工智能为北京冬奥会顺利开展提供了重要的服务和保障，更丰富了运动员的业余生活，增加了每一位与会人员的幸福感。

表现不凡的冬奥机器人，是我国科研团队刻苦钻研的成果，体现出科技时代的人文内涵与大国担当。北京冬奥会中的人工智能，又一次为国际盛会的举办提供了中国智慧和中国方案。

任务四　人工智能在农业领域的应用

二维码 1-7
人工智能在农业领域的应用案例

目前人工智能在农业领域已经有了很多应用，如种子筛选、土壤管理、灌溉管理、养分分析、天气预测、作物识别、病虫害监测、成熟期预测和作物采摘等。

一、种子筛选

种子的优劣是作物生产质量和产量的决定性因素，基于大数据的基因库、表象库为育种提供海量数据支持，基于机器学习和神经网络的表象预测技术节省了大量的研究时间和物质成本，基于计算机视觉的筛选技术使优秀品种的发现更精确快速，模拟种植系统更是缩短了育种周期、降低了平均成本。

中国农业科学院开发从基因组序列预测基因表达调控模式的人工神经网络模型，借助人工智能技术实现定向育种。中国种子集团有限公司联合华中农业大学及北京大学共同推出了全球首张水稻全基因组育种芯片，利用水稻基因组的最新研究成果、全基因组 SNP 技术以及高密度的 DNA 探针阵列技术共同打造，芯片本身就相当于智能育种工厂，其能够通过大数据扫描来判断培育出来的种苗是否符合需要。隆平高科股份有限公司组建智能育种体系，利用人工智能建立模型，通过图像识别采集农作物数据，之后将数据导入计算机进行模拟，即使没有实际耕种作物，也能够预测出作物的生长现状，从而降低实验成本，提升育种效率。高校也是人工智能发展的重要推动力量，河北农业大学学生团队制作的种子分拣机器人荣获 2019 世界机器人大赛总决赛二等奖(图 1-9)。

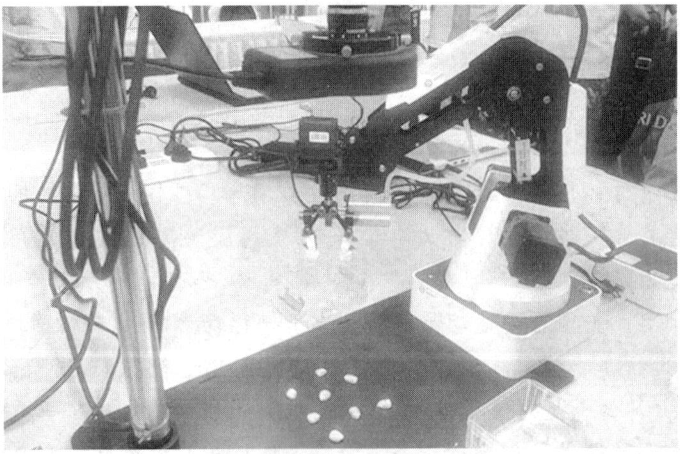

图 1-9　河北农业大学的种子分拣机器人

二、土壤管理

土壤退化和侵蚀也是影响农作物生长的重要因素,这两个问题都可以用人工智能来解决,通过特殊的算法,可以帮助监测种植前和生长过程中土壤的健康状况。

德国公司 PEAT 开发了一种能分析土壤缺陷的 Plantix 软件系统,加上无人机的视觉感知能力,它通过对叶子成像,然后通过软件分析作物的生长区域的土壤是否有缺陷,是否遭受区域里疾病和害虫的侵袭,可以区分正常和不健康的生长模式。威海精讯畅通电子科技有限公司的土壤墒情监测系统通过现场采集各监测点的土壤 pH、电导率和温湿度值,并将数据无线传送至精讯云平台,用户可以在精讯云平台的 PC 端界面或手机 APP 上远程、在线、实时监测基地中土壤的温湿度、电导率数据和 pH 变化情况,同时系统支持超限报警和预警。

三、灌溉管理

植物要想正常生长,就需要持续不断的水供应,在世界上雨水和淡水稀少或不可靠的地区,种植作物尤其困难。通过对土壤墒情、作物长势、气象、水情、工情和控制设施的运行工况等方面信息的采集和分析,利用机器学习技术实时跟踪土壤中的水分含量,从而准确地知道何时向作物提供水,以及如何合理节约水的消耗。

山东圣大节水科技有限公司和南京万宏测控技术有限公司等的智能水肥一体机灌溉系统具有自动灌溉、自动轮灌、按需灌溉、智能决策等多项功能,可满足农业大田、城市绿化带、园区绿化等不同场景的灌溉需求,满足了智能化、精准化、节约化、高效化等现代农田灌溉需求,较传统灌溉平均节水节肥 40%以上,增效 25%以上。智能水肥一体化灌溉系统如图 1-10 所示。

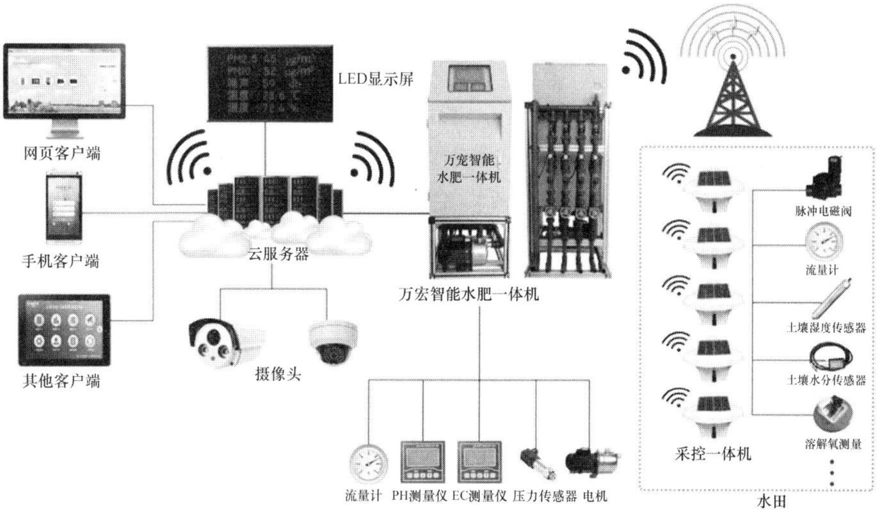

图 1-10 智能水肥一体化灌溉系统

四、养分分析

通过对植物成长过程中的数据进行采集，利用人工智能技术对各时期的数据进行比对，分析当前植物成长与预期值的差别，向需要施肥的作物提供肥料，减少肥料的浪费从而节约成本。

山东云唐智能科技有限公司的高智能农业土壤肥料养分分析系统（图 1-11），利用土壤养分检测仪等专业仪器进行测量分析，可以及时发现土壤环境问题，采取科学的措施进行施肥管理，改善土壤环境，为发展高效农业奠定良好的基础，从而提高原本收成较低的作物的产量。

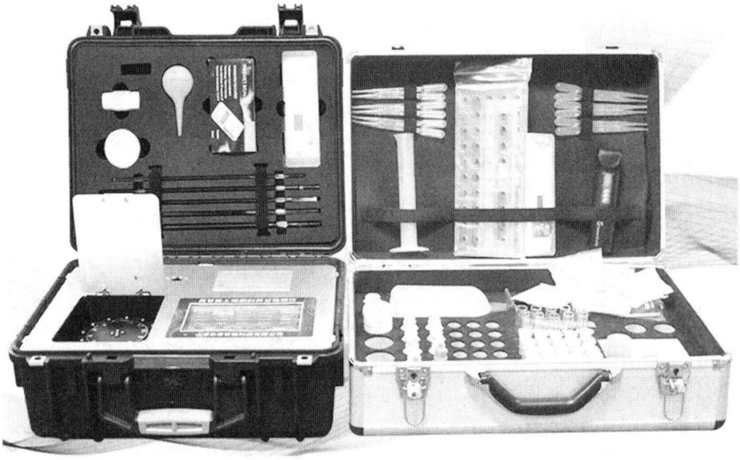

图 1-11　土壤养分分析系统

五、预测天气状况

随着各类气象观测数据的时空分辨率的增加，气象行业数据量呈现大幅度增长的趋势，但同样面临着计算能力不足的问题。不过，随着人工智能技术在各行各业逐渐使用，人们开始意识到人工智能技术对天气预报工作的重要性。依靠人工智能和机器学习的天气预报技术，可以显著提高对雷暴、台风和飓风等高破坏性天气事件的预测能力。在气象预测中，引入人工智能技术，将大大减轻气象预报员的工作压力，让预报信息更加及时和准确。AI 识别预测天气如图 1-12 所示。

2015 年，中国科学院自动化研究所与中国气象局公共气象服务中心组建“气象大数据与机器学习联合实验室”，其基于机器学习和雷达外推的雷达分钟级降水预报服务产品加工系统取得创新性成果。现在，除了越来越准确的中长期预报，分钟级预报也已成为服务常态。通过天气预测，如果知道两天后会有大量降雨，就不需要用昂贵的灌溉水，如果知道接下来的几天会带来高温，那么可以确保作物在早晨时浇水，为温度上升做好准备，减少土壤水分蒸发。

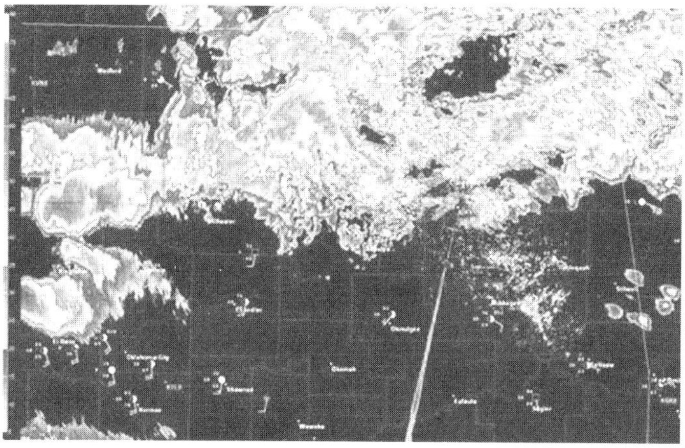

图 1-12 AI 识别预测天气

六、作物识别

作物在生长过程中要保护它们的生长不受疾病和虫害的侵蚀，通过人工智能技术可以识别作物与杂草、正常农作物与存在病害农作物，在除草和除虫的时候有针对性地喷洒农药，不需要大面积喷洒。

以色列的 Taranis 公司推出了一种新颖的杂草识别系统（图 1-13 所示），该系统结合了计算机视觉、卫星和无人机图像以及人工智能，利用人工智能机器学习和计算机视觉相结合，找出影响作物生长的杂草，能够实时告诉农民哪些杂草正在袭击他们的作物，好让农民能够及时进行处理。

图 1-13 Taranis 公司的杂草识别系统

七、杂草和病虫害监测

利用人工智能技术可以检测植物叶片的病虫害特征，通过传感器获取图像信息后，机器识别技术能够区分健康和患病的叶子，确定病虫害种类，依据识别结果可以直接摘除或指导后期的针对性用药。杂草控制对农民来说非常重要，因为目前约有 250 个品种对现代除草剂具有抗药性，仅大豆和玉米作物上的杂草生长每年就造成 2800 多亿元的损失。

图 1-14　识别植物病害

上海植医堂网络科技有限公司研发出了农作物病虫害智能识别的应用软件，农户通过该软件使用手机“扫一扫”，对着发生病虫害的农作物拍照上传，便可自动获得病虫害智能识别的诊断结果，包括病虫害相似程度、病害特征、病害原因、防治措施等，帮助农民及时采取正确的方法，以减少病虫害带来的损失。常见病虫草害识别的种类可达 309 种，准确率能达到 90%以上，识别处理时间在 1 秒以下，如图 1-14 所示 。

八、预测收获时间

通过将采集作物图像传给人工智能学习软件，分析作物的成熟度，在最佳时机对作物进行收割或采摘，如图 1-15 所示。这可以在温室里小规模进行，也可以在更大的规模上进行，使用直升机和无人机可以构建一个整体的田间管理地图。

IBM 推出 Watson 农业决策平台 AI 来预测农作物价格、浇水及收割时间。笛卡尔实验室使用通过卫星数据训练的机器学习模型来估算美国各州和全国范围内的玉米产量。

图 1-15　预测番茄成熟度

九、智能采收

由于工人短缺，熟透的水果和蔬菜往往无法采摘，这意味着利润的损失，如果采用人工智能机器对水果和蔬菜进行采摘，可以判断采摘的时间，识别成熟度并自动地进行采摘，有效提高采摘的效率与质量，并节约了成本。

RootAI公司在其Virgo自动番茄采摘机器人中采用计算机视觉和传感器融合技术，如图1-16所示。位于广西南宁的博瑞恩科技有限公司也在致力于人工智能采摘系统的开发，目前已经可以采摘火龙果等。

图1-16　采摘机器人对番茄进行采摘

【思政园地】

国务院印发《"十四五"数字经济发展规划》把发展智慧农业列入首项重点行业数字化转型提升工程，要求加快推动种植业、畜牧业、渔业等领域数字化转型，加强大数据、物联网、人工智能等技术深度应用，提升农业生产经营数字化水平，构建智慧水利体系，以流域为单元，提升水情测报和智能调度能力。

《"十四五"全国农业农村科技发展规划》提出，瞄准世界科学前沿，聚焦对农业发展有带动作用、有一定研究基础、能较快转化为现实生产力的关键领域，强化科技攻关布局，加快形成新优势。在智慧农业技术方面，要研究动植物生命信息感知与调控、高时空遥感测报与传感智能控制、动植物表型组高通量获取与智能解析、农业生态环境监测等技术。研发智能育种技术和自动化播种、考种技术、耕地质量动态监测技术、新生物成像技术、机器视觉和数字化交互技术、蔬菜规模化生产人机智能协调技术、农业专用机器人等。研发应用小麦、水稻、玉米机械收获过程自动测产技术。加快互联网+、物联网+、大数据、人工智能、区块链等与农业结合技术研发与应用。

《“十四五”全国畜牧兽医行业发展规划》指出，要以生猪、奶牛、家禽为重点，加快现代信息技术与畜牧业深度融合步伐，大力支持智能传感器研发、智能化养殖装备和机器人研发制造，提高圈舍环境调控、精准饲喂、动物行为分析、疫病监测、畜产品质量追溯等自动化、信息化水平，建设一批高度智能化的数字牧场。

《“十四五”全国种植业发展规划》明确，要推动互联网、大数据、人工智能、区块链等信息技术与种植业深度融合，加快生产经营和管理服务数字化改造，加强农用传感器、控制设备体系研发与应用，建设数字田园、数字灌区、智慧农场，推广精准耕播、精准施肥施药、精准收获、设施智能应用，充分运用现代技术手段，卫星遥感与地面调查相结合，定点监测与抽样调查相衔接，及时、快速、准确调度农作物苗情长势、土壤墒情灾情和病虫情，提高农情调度、生产指导的科学性、精准性和有效性。

《“十四五”全国渔业发展规划》提出：加快工厂化、网箱、池塘、稻渔等养殖模式的数字化改造，推进水质在线监测、智能增氧、精准饲喂、病害防控、循环水智能处理、水产品分级分拣等技术应用，开展深远海养殖平台、无人渔场等先进养殖系统试验示范。推广渔船卫星通信、定位导航、鱼群探测、防碰撞等船用终端和数字化捕捞装备。推进渔业渔政管理数字化技术应用，建设渔业渔政管理信息和公共服务平台，提升渔业执法数字化水平，重点推进长江禁渔信息化能力建设。加强渔业统计基层基础，及时收集发布产能、供给、需求、价格、贸易等信息，强化生产和市场监测预警，分析研判形势，合理引导预期。

《“十四五”全国农业机械化发展规划》提出三点重点任务。一是推动智能农机装备技术创新。推动农机导航、农机作业管理和远程数据通信管理等技术系统集成，加快农机装备作业传感器、智能网联终端等关键技术攻关，推进农机作业监测数字化进程。围绕农田精细平整、精准播种、精准施肥、精准施药，创制智能化机具装备，提升精准作业技术水平。推进北斗自动导航、ISOBUS(农机总线)、高压共轨、动力换挡、无级变速、新能源动力、机电液一体化等技术在农机装备上的集成应用，加快创新发展大型高端智能农机装备，推进畜禽水产养殖装备信息化、智能化，促进智慧农业示范应用。二是示范运用智能化技术。积极引导高端智能农机装备投入农业生产，加快提升农机装备“耕、种、管、收”全程作业质量与作业效率。大力推广基于北斗、5G的自动驾驶、远程监控、智能控制等技术在大型拖拉机、联合收割机、水稻插秧机等机具上的应用，引导高端智能农机装备加快发展。加快播种、施肥施药、收获等环节智能装备的广泛应用，推动设施园艺、畜禽水产养殖、农产品初加工的机械化、自动化、智能化装备应用。

【实训】

花卉智能识别

在微信小程序中搜索“识花君”，打开“识花君”小程序，可以从相册或以现场拍摄的方式获取花卉图片。下载“花卉伴侣 APP”,安装完成之后,利用微信或 QQ 快捷登录,可以从相册或以现场拍摄的方式获取花卉图片。对比两种软件获取的花卉名称结果是否一致。如图 1-17 和图 1-18 所示。

图 1-17 “识花君”识别结果

图 1-18 “花卉伴侣”识别结果

思考讨论:

(1)这个实验中,使用了人工智能的哪些技术呢?

(2)我们在日常生活中的哪些领域在使用人工智能技术?

【归纳与提高】

本项目为人工智能技术及人工智能技术在农业领域应用的概述。首先介绍了我国人工智能发展的战略目标、主要任务和发展人工智能的重要意义,其次介绍了人工智能的定义和主要发展历程及自然语言处理、计算机视觉识别、机器学习、大数据技术、物联网技术等人工智能研究领域,最后介绍了种子筛选、土壤管理、预测天气、作物识别、病虫害检测等人工智能技术在农业领域的主要应用。通过学习,读者可以了解到人工智能对我国发展的重要性和目前存在机遇和挑战,认识到青年学子担负的历史使命,明确今后的学习和研究方向,领悟到人工智能在农业领域应用大有可为。

【知识巩固与技能训练】

一、单项选择题

1.AI 的全写为(　　)。

A.Automatic Intelligence　　B.Artificial Information

C.Artificial Intelligence　　D.Automatic Information

2.人工智能的目的是让机器能够(　　),以实现某些脑力劳动的机械化。

A.具有智能　　B.和人一样工作

C.完全代替人的大脑　　D.模拟、延伸和扩展人的智能

3.人工智能的概念诞生于哪一年?(　　)

A.1955 年　　B.1957 年　　C.1956 年　　D.1965 年

4.第一次提出人工智能的会议是在(　　)举行的。

A.纽约　　B.伦敦　　C.华盛顿　　D.达特茅斯

5.人工智能之父是(　　)。

A.明斯基　　B.图灵　　C.麦卡锡　　D.冯・诺依曼

6.自然语言理解是人工智能的重要应用领域,下面列举中的(　　)不是它要实现的目标。

A.理解别人讲的话

B.对自然语言表示的信息进行分析概括或编辑

C.欣赏音乐

D.机器翻译

7.在线翻译属于下列哪个领域的应用?(　　)

A.自然语言系统　　B.机器学习　　C.专家系统　　D.人类感官模拟

8.能根据学生的特点、弱点和基础知识,以最适当的教案和教学方法对学生进行教学和辅导的专家系统是(　　)。

A.解释专家系统　　B.调试专家系统　　C.监视专家系统　　D.教学专家系统

二、简答题

1.人工智能的定义是什么?

2.简述人工智能有哪些主要研究领域。

3.简述人工智能在农业领域有哪些应用。

三、复习思考题

想一想,我们可以利用人工智能解决我们日常生产生活中的哪些问题?

参考答案

一、单项选择题

1.C　2.D　3.C　4.D　5.A　6.C　7.A　8.D

二、简答题

1.人工智能是利用数字计算机或者由数字计算机控制的机器，模拟、延伸和扩展人类的智能，感知环境、获取知识并使用知识获得最佳结果的理论、方法、技术和应用系统。

2.计算机视觉、语音识别、自然语言处理、机器学习、专家系统、大数据、云计算、物联网等八个领域和各领域的交叉应用。

3.种子筛选、土壤管理、灌溉管理、养分分析、天气预测、作物识别、病虫害监测、成熟期预测和作物采摘等。

三、复习思考题

可以按照工业生产、农业生产、消防救火、海底探险、抢险救灾、国防军事、自动驾驶等领域展开叙述。

项目二
农业领域的大数据

学习目标

【知识目标】

1.了解大数据的起源。
2.了解大数据的发展历程。
3.掌握大数据的概念和特征。
4.掌握大数据的关键技术。
5.了解大数据在农业领域的应用

【技能目标】

1.理解大数据的技术生态系统。
2.进行简单的数据采集和数据清洗工作。
3.掌握关系型和非关系型数据库的使用。
4.进行数据挖掘分析工作。

【素质目标】

1.培养系统分析问题的能力。
2.培养探究问题的意识。
3.培养信息加工的能力。

【思政目标】

1.培养中华民族自豪感。
2.增强职业认同感。
3.激发爱国主义情感。

引入案例

2019年10月30日，广西数字农业峰会暨全球数据智能大赛“科技扶农”赛场总决赛在南宁举办。此次活动由广西壮族自治区大数据发展局主办。大赛聚焦广西农业数字化转型真实痛点，推进云计算、大数据和人工智能等前沿技术在农业领域的应用，打造“数智广西”新名片。

“科技扶农”赛场首次引入“算法赛＋创新赛”双赛制模式，共有700多支队伍参与。在创新赛决赛中，农信互联、土流集团、珈和科技、麦飞科技和大气候五家农业科技公司进行了精彩路演和现场答辩。从土地流转到现代化农业园区建设，从卫星遥感数据监测到无人机飞防植保，从智慧畜牧到农业金融，5支参赛队伍通过数字化、智能化、精准化的应用落地，为广西数字农业发展提出了解决方案。最终，农信互联荣获金奖，麦飞科技和大气候获得银奖，土流集团和珈和科技获得铜奖。

同期还举办了广西数字农业峰会，大家共同探讨智能化时代，产业大数据如何改造“三农”、助力乡村振兴，为广西数字农业发展建言献策。

思考：1.大数据能给农业领域带来哪些新的变化？

2.大数据的优势是什么？

任务一　大数据的起源和发展历程

一、大数据的起源

从刚开始文明之初的“结绳记事”（图2-1），到后来人类发明文字的“文以载道”，再到近现代信息技术出现后的“数据建模”，数据承载了人类基于数据和信息认识世界的努力，伴随着人类社会的发展变迁。

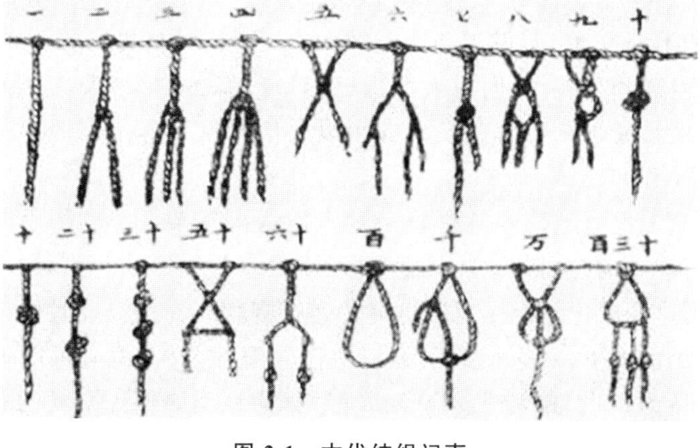

图2-1　古代结绳记事

直到 1946 年,以计算机为代表的信息技术出现后,人类处理数据的能力才有了质的跃升。信息技术应用领域从最初的军事科研应用扩展到社会的各个领域,已形成了规模巨大的计算机产业,带动了全球范围的技术进步,由此引发了深刻的社会变革,计算机已遍及一般学校、企事业单位,进入寻常百姓家,成为信息社会中必不可少的工具。图 2-2 所示为神威-太湖之光超级计算机。

图 2-2 神威-太湖之光超级计算机(图片来源于视觉中国)

“大数据”的概念和思潮由计算领域发端,之后逐渐延伸到其他领域,特别是科学和商业领域。国内外的学者认为,“大数据”这一概念最早公开出现于 1998 年的一个国际会议报告中,由美国高性能计算公司 SGI 的首席科学家约翰·马西提出。2007 年,数据库领域的先驱人物吉姆·格雷指出大数据将成为人类触摸、理解和逼近现实复杂系统的有效途径,并认为在实验观测、理论推导和计算仿真等三种科学研究范式后,将迎来第四范式——“数据探索”,后来同行学者将其总结为“数据密集型科学发现”,开启了从科研视角审视大数据的热潮。

大数据于 2012、2013 年达到宣传高潮,2014 年后,其概念体系逐渐成形,对其认知亦趋于理性。大数据相关技术、产品、应用和标准不断发展,逐渐形成了包括数据资源与 API、开源平台与工具、数据基础设施、数据分析、数据应用等板块构成的大数据生态系统,并持续发展和不断完善,其发展热点呈现从技术向应用、再向治理的逐渐迁移的特点。经过多年的发展和沉淀,人们对大数据已经形成基本共识:大数据现象源于互联网及其延伸所带来的无处不在的信息技术应用以及信息技术的不断低成本化。大数据生态系统如图 2-3 所示。

大数据的价值在本质上体现为提供一种人类认识复杂系统的新思维和新手段。就理论上而言,在足够小的时间和空间尺度上,对现实世界数字化,可以构造一个现实世界的数字虚拟映像,这个映像承载了现实世界的运行规律。在拥有充足的计算能力和高效的数据分析方法的前提下,对这个数字虚拟映像的深度分析,将有可能理解和发现现实复杂系统的运行行为、状态和规律。应该说大数据为人类提供了全新的思维方式和探知客观规律、改造自然和社会的新手段,这也是大数据引发经济社会变革最根本的原因。

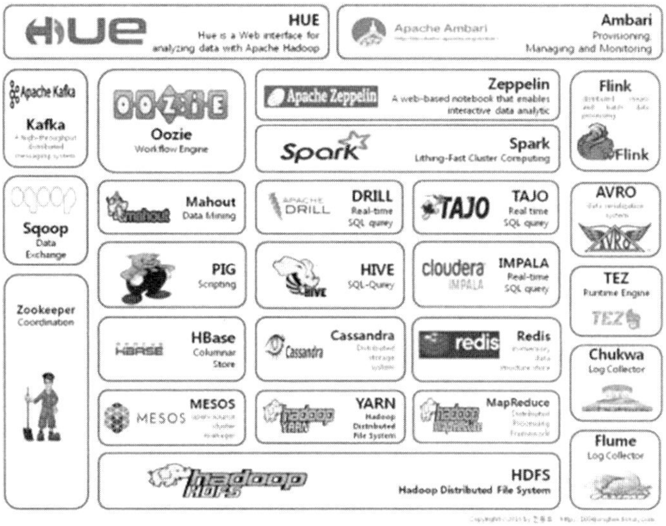

图 2-3　大数据生态系统

【视野拓展】

中国自主研制的"神威-太湖之光"勇夺世界超级计算机 TOP500 排名桂冠。数据显示，首台全部采用国产处理器构建的"神威-太湖之光"超级计算机，其峰值计算速度达每秒 12.54 亿亿次，持续计算速度每秒 9.3 亿亿次，性能功耗比为每瓦 60.51 亿次，三项关键指标均排名世界第一。通过自主研发高性能处理器和全部软件，"神威-太湖之光"打破了国外的技术封锁，真正实现了软硬件系统的完全自主可控，取得了突破性进展。

二维码 2-1
神威-太湖之光

二、大数据发展历程

Google 创造了 3 项革命性技术：GFS、MapReduce 和 BigTable，即所谓的 Google 三驾马车。

2003 年 10 月 19 日—22 日，Google 在美国纽约召开的第 19 届 ACM 操作系统原理研讨会(Symposium on Operating Systems Principles，SOSP)，发表了论文《Google 文件系统》，系统地介绍了 Google 面向大规模数据密集型应用的、可伸缩的分布式文件系统——GFS。GFS 是一个可扩展的大型数据密集型应用的分布式文件系统，该文件系统可在廉价的硬件上运行，并具有可靠的容错能力，该文件系统可为用户提供极高的计算性能，而同时具备最小的硬件投资和运营成本，如图 2-4 所示。

2004 年 12 月 5 日，Google 在美国旧金山召开的第 6 届操作系统设计与实现研讨会(Operating Systems Design and Implementation，OSDI)上，发表了论文《MapReduce：超

大集群的简单数据处理》，向全世界介绍了 MapReduce 系统的编程模式、实现、技巧、性能和经验。基于 MapReduce 编写的程序是在成千上万的普通 PC 机上被并行分布式自动执行的。它将所有服务器中的处理器有效地利用起来，计算保存在谷歌文件系统中的海量数据并得到想要的结果。MapReduce 计算原理如图 2-5 所示。

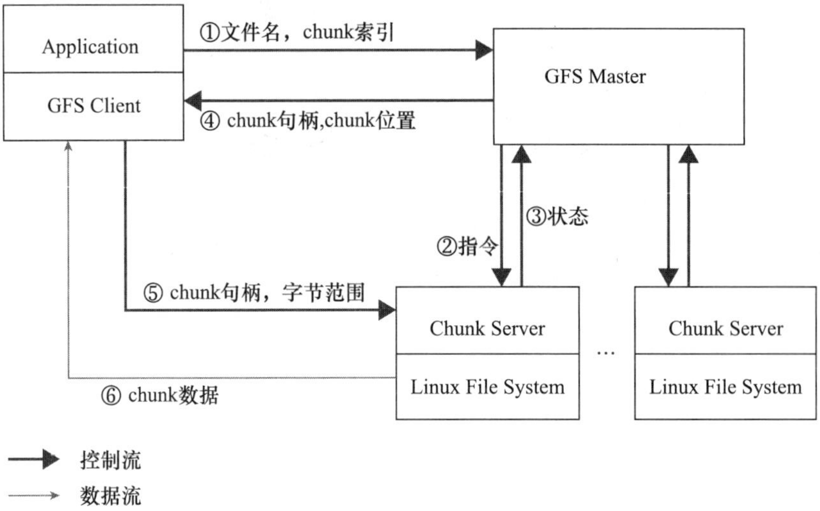

图 2-4　Google 的 GFS 架构（图来源于 cnblogs 网站）

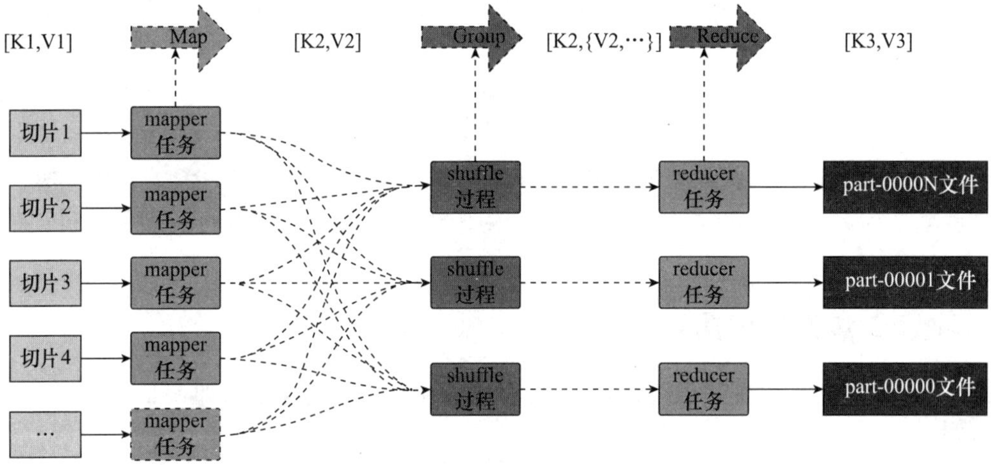

图 2-5　MapReduce 计算原理

2006 年 11 月 6 日—8 日，Google 在美国西雅图召开的第 7 届操作系统设计与实现研讨会上，发表了论文《BigTable：结构化数据的分布式存储系统》，分析了设计用于处理海量数据的分布式结构化数据存储系统 BigTable 的工作原理。图 2-6 所示为谷歌数据中心。

3 篇重量级论文的发表，不仅使大家理解了 Google 搜索引擎背后强大的技术支撑，而且极大地普及了云计算中的分布式技术。

近年来，数据规模呈几何级数高速增长。据国际数据公司(IDC)的报告，2020 年，全球数据存储量将达到 44 ZB，到 2030 年将达到 2 500 ZB。当前，需要处理的数据量已经大大超过处理能力的上限，从而导致大量数据因无法或来不及处理，而处于未被利用、价值不明的状态，这些数据被称为“暗数据”。

图 2-6　谷歌数据中心

大数据获取、存储、管理、处理、分析等相关的技术已有显著进步，但是大数据技术体系尚不完善，大数据基础理论的研究仍处于萌芽期。但许多本质问题仍存在争议，例如，数据驱动与规则驱动的对立统一、“关联”与“因果”的辩证关系、“全数据”的时空相对性、分析模型的可解释性与鲁棒性等；其次，针对特定数据集和特定问题域已有不少专用解决方案，是否有可能形成“通用”或“领域通用”的统一技术体系，仍有待未来的技术发展给出答案；再次，应用超前于理论和技术发展，数据分析的结论往往缺乏坚实的理论基础，对这些结论的使用仍须保持谨慎态度。

推演信息技术的未来发展趋势，较长时期内仍将保持渐进式发展态势，随技术发展带来的数据处理能力的提升将远远落后于按指数增长模式快速递增的数据体量，数据处理能力与数据资源规模之间的“剪刀差”将随时间持续扩大，大数据现象将长期存在。在此背景下，大数据现象倒逼技术变革，将使得信息技术体系进行一次重构，这也带来了颠覆式发展的机遇。例如，计算机体系结构以数据为中心的宏观走向和存算一体的微观走向，软件定义方法论的广泛采用，云边端融合的新型计算模式等；网络通信向宽带、移动、泛在发展，海量数据的快速传输和汇聚带来的网络的 Pbit/s 级带宽需求，千亿级设备联网带来的 Gbit/s 级高密度泛在移动接入需求；大数据的时空复杂度亟需在表示、组织、处理和分析等方面的基础性原理性突破，高性能、高时效、高吞吐等极端化需求呼唤基础器件的创新和变革；软硬件开源开放趋势导致产业发展生态的重构等。

【视野拓展】

2021 年 1 月，阿里云飞天大数据平台亮相阿里云峰会上海站。飞天大数据平台拥有中国唯一自主研发的计算引擎，是全球集群规模最大的计算平台，最大可扩展至 10 万台计算集群，支撑海量数据存储和计算。在民生服务领域，飞天大数据平台已经在“最多跑一次”、城市大脑等场景中，协助政府优化服务模式，实现更智能便捷的服务能力，保障信息安全。数据显示，目前飞天大数据平台可扩展至 10 万台计算集群，集群规模全球第一。单日数据处理量从 2015 年 100 PB、2016 年 180 PB、2017 年 320 PB，到 2018 年超过 600 PB，仅用三年时间提升 5 倍。

任务二　大数据的概念和特征

随着人类社会的不断进步，信息技术迅猛发展，“大数据”已经成为互联网信息技术行业的流行词汇。大数据是指在一种规模大到在获取、存储、管理、分析方面大大超出了传统数据库软件工具能力范围的数据集合。

大数据主要有四个特征，分别是数据量大（Volume）、数据类型繁多（Variety）、处理速度快（Velocity）、价值密度低（Value）。

第一，数量（Volume），即数据的数量巨大，从过去的 TB 级别直接跃升到 PB 级别，目前世界上 90%以上的数据是最近几年才产生的。随着时间推移，数据产生的速度将更快，我们正生活在一个“数据爆炸”的时代。

当前，世界上 30%的设置是联网的，而在不远的将来，将有更多的用户成为网民，汽车、电视、家用电器、生产机器等各种设备也将全面接入互联网。随着物联网的推广和普及，各种传感器和摄像头将遍布我们工作和生活的各个角落，这些设备每时每刻都在自动产生大量数据。

人类社会产生的数据一直都在以每年 50%的速度增长，也就是说，每两年就增加一倍，这被称为“大数据摩尔定律”。这意味着，人类在最近两年产生的数据量相当于之前产生的全部数据量之和。预计到 2022 年底，全球将总共拥有 61.2 ZB 的数据量，与 2010 年相比，数据量将增长近 60 倍。

第二，多样性（Variety），即数据类型繁多，不仅包括传统的格式化数据，还包括来自互联网的网络日志、视频、图片、地理位置信息等，大数据的数据来源众多，科学研究、企业应用和 Web 应用等都在源源不断地生成新的数据。生物大数据、交通大数据、医疗大数据、电信大数据、电力大数据、金融大数据等，都呈现出“井喷式”增长。

大数据的数据类型丰富，包括结构化数据和非结构化数据，其中，前者占 10%左右，主要是指存储在关系数据库中的数据，后者占 90%左右，种类繁多，主要包括邮件、音频、视频、微信、微博、位置信息、链接信息、手机呼叫信息、网络日志等。如此类型繁多的异构数据，对数据处理和分析技术提出了新的挑战，也带来了新的机遇。

第三，速度(Velocity)，即处理速度快，如果处理不够高效则无法应用在实时更新数据的场景上，大数据时代的数据产生速度非常迅速。在 Web 2.0 应用领域，在 1 分钟内，新浪可以产生 2 万条微博，淘宝可以卖出 6 万件商品，百度可以产生 90 万次搜索查询。大名鼎鼎的大型强子对撞机(LHC)，大约每秒产生 6 亿次的碰撞，每秒生成约 700 MB 的数据，有成千上万台计算机分析这些碰撞。

大数据时代的很多应用，都需要基于快速生成的数据给出实时分析结果，用于指导生产和生活实践，因此，数据处理和分析的速度通常要达到秒级响应，这一点和传统的数据挖掘技术有着本质的不同，后者通常不要求给出实时分析结果。

为了实现快速分析海量数据的目的，新兴的大数据分析技术通常采用集群处理和独特的内部设计。以谷歌公司的 Dremel 为例，它是一种可扩展的、交互式的实时查询系统，用于只读嵌套数据的分析，通过结合多级树状执行过程和列式数据结构，它能做到几秒内完成对万亿张表的聚合查询，系统可以扩展到成千上万的 CPU 上，满足谷歌上万用户操作 PB 级数据的需求，并且可以在 2～3 秒内完成 PB 级别数据的查询。

第四，价值(Value)，即追求高质量的、有价值的数据，大数据虽然看起来很美，但是，价值密度却远远低于传统关系数据库中已经有的那些数据。在大数据时代，很多有价值的信息都是分散在海量数据中的。以小区监控视频为例，如果没有意外事件发生，连续不断产生的数据都是没有任何价值的，当发生偷盗等意外情况时，也只有记录了事件过程的那一小段视频是有价值的。但是，为了能够获得发生偷盗等意外情况时的那一段宝贵的视频，我们不得不投入大量资金购买监控设备、网络设备、存储设备，耗费大量的电能和存储空间，来保存摄像头连续不断传来的监控数据。

进入 2020 年，数据正式成为生产要素，战略性地位进一步提升。2020 年 4 月 9 日，中共中央、国务院发布《关于构建更加完善的要素市场化配置体制机制的意见》，将“数据”与土地、劳动力、资本、技术并称为五种要素，提出“加快培育数据要素市场”。2020 年 5 月 18 日，中央在《关于新时代加快完善社会主义市场经济体制的意见》中进一步提出加快培育发展数据要素市场。这标志着数据要素市场化配置上升为国家战略，这将进一步完善我国现代化治理体系，有望对未来经济社会发展产生深远影响。我国在国家级政策中将数据定义为“生产要素”，是建立在对历史和现实的深入思考之上的。人类社会发展的不同时期，都会有相对应的关键性生产要素，这些关键性生产要素都释放了强劲动能，催生了生产技术组织变革，从而拉动了时代快速发展变迁。进入数字社会，数据就成为了这一关键性生产要素。

【思政园地】

2016 年 5 月 25 日，中国大数据产业峰会暨中国电子商务创新发展峰会在贵阳开幕，一直关注大数据产业的国务院总理李克强也出席了此次会议，并在会议上畅谈大数据发展观。

李克强总理表示，要推动新经济发展和传统产业转型升级，必须坚持改革开放，使中国经济发展方式从过度依赖自然资源转向更多依靠人力资源开发。自然资源是有限的，但人力资源是无限的，蕴藏着无穷的创造力，是实现可持续发展的最大资源。我们坚持创新驱动发展战略，制定实施网络强国战略、国家大数据战略、“互联网+”行动计划、《中国制造 2025》等，出台了一系列重大举措，在促进创新和更好发挥人力资源优势方面的效应正在显现。以大数据为代表的创新意识和传统产业长期孕育的工匠精神相结合，使新旧动能融合发展，并带动改造和提升传统产业，有力推动虚拟世界和现实世界融合发展，打造中国经济发展的“双引擎”。

任务三 大数据关键技术

2000 年前后，大数据技术起源于互联网高速发展阶段。伴随着时代的发展、数据需求的不断增加和数据特征的逐渐演变，大数据技术围绕处理计算的基础技术、数据的存储，同配套数据分析、数据安全流通等周边技术组合形成一套完整的技术生态。

为应对大数据时代的多种数据的特征，大数据基础技术应运而生。由于数据具有数据量大、数据源异构多样、数据实效性高等特点，由此产生了高效完成海量数据存储与处理的需求。在这样的需求下，面对海量的数据量，传统的计算架构难以高效处理这样量级的数据，且传统关系型数据库单机的存储及计算性能有限，规模并行化处理的分布式计算架构便出现了，其中有面向对于时效性数据进行实时计算的 Apache Storm、Flink 和 Spark Streaming 等分布式流处理计算框架；有面向非结构化数据的 Apache Hadoop 和 Spark 生态体系的分布式批处理计算框架。Hadoop 架构如图 2-7 所示。

二维码 2-2
Hadoop 介绍

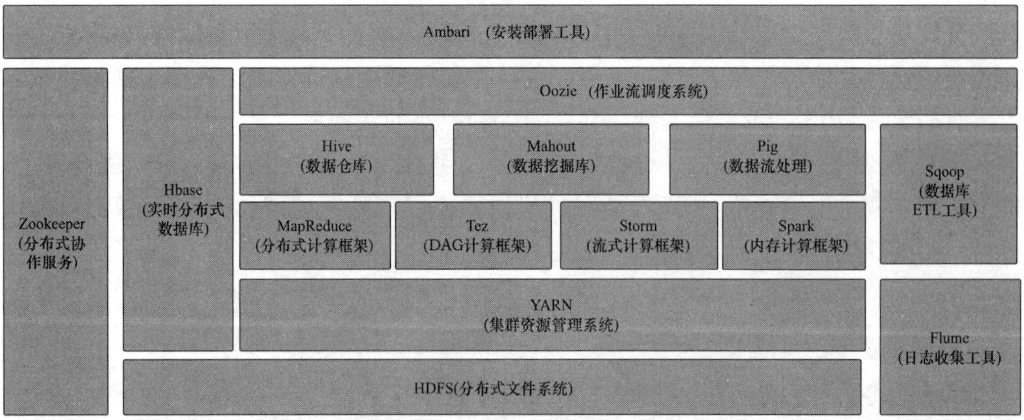

图 2-7 Hadoop 架构

预测性分析是大数据处理过程当中含金量最高的地方，预测性分析主要是指通过统计模式识别、数据可视化等数据挖掘形式来得出预测性结果。预测性分析最主要的工作环节包括：数据的采集、数据的预处理、数据的存储及管理、数据挖掘。

一、数据的采集

数据的采集是指通过各类数据来源而获得结构化、半结构化及非结构化的海量数据，它是数据分析工作的基础。

数据采集架构一般分为：

(1)数据感知层：主要包括数据传感体系、网络通信体系、传感适配体系、智能识别体系及软硬件资源接入系统，实现对结构化、半结构化、非结构化的数据进行识别、接入、传输、管理等处理工作。

(2)基础支撑层：主要为服务平台提供虚拟服务器、数据库资源等基础支撑环境。

二、数据的预处理

数据的预处理是完成对已接收数据的抽取、清洗等操作，图 2-8 为数据处理架构。

(1)抽取：由于不同来源的数据具有多种结构和类型，数据抽取工作可将这些复杂的数据转化为单一的或者便于处理的数据，便于后续过程的使用。

(2)清洗：主要是清除掉数据中的干扰信息，需要通过过滤的形式对数据进行“去噪”处理，从而提取出有效数据。

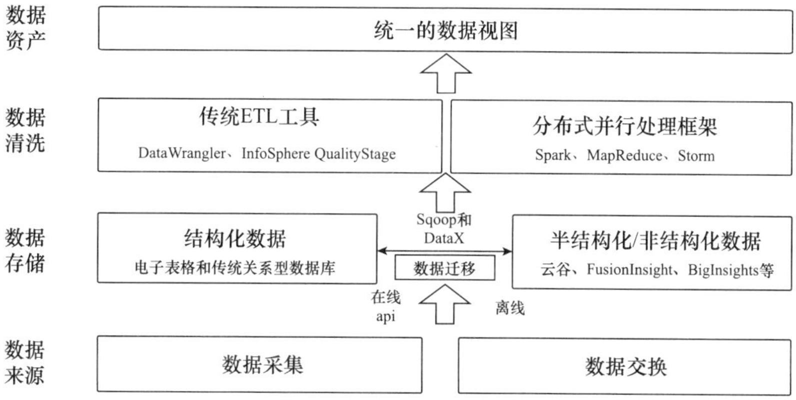

图 2-8　数据处理架构

三、数据的存储及管理

数据的存储与管理主要指把采集到的数据存储起来，建立相应的数据库，从而进行管理和调用。目前可通过分布式文件系统(DFS)、计算融入存储等大数据存储技术来实现。

存储过程当中使用到的数据库主要分为关系型数据库、非关系型数据库以及数据库缓存系统。其中,非关系型数据库主要指的是 NoSQL 数据库,分为:键值数据库、列存数据库、图存数据库以及文档数据库等类型,常见的 NoSQL 数据库如图 2-9 所示。关系型数据库包含了传统关系数据库系统以及 MySQL 数据库。

图 2-9 常见的 NoSQL 数据库

四、数据挖掘

数据挖掘就是从大量的、不完全的、有噪声的、模糊的、随机的实际应用数据中,提取隐含在其中的潜在有用的信息和知识的过程。数据挖掘流程图如图 2-10 所示。

数据挖掘根据挖掘任务可分为分类或预测模型发现、数据总结、聚类、关联规则发现、序列模式发现、依赖关系或依赖模型发现、异常和趋势发现等;根据挖掘对象可分为关系数据库、面向对象数据库、空间数据库、时态数据库、文本数据源、多媒体数据库、异质数据库、遗产数据库以及环球网 Web;根据挖掘方法可分为机器学习方法、统计方法、神经网络方法和数据库方法。

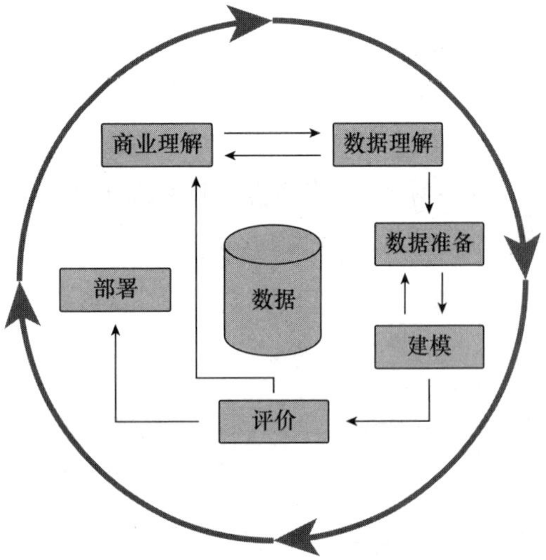

图 2-10 数据挖掘流程
(图片来源于极光大数据)

【视野拓展】

用好大数据 让疫情防控更"智能"

来源:光明网 作者:庞淑婕

在疫情防控工作中,流调排查至关重要。让疫情防控更"智能",苏州市相城区充分运用大数据比对技术，紧盯流调溯源、落地查人、精准管控，织密疫情防控大数据感知第一道防线。

近期，相城重点人群申报码平台投入使用。“正因为有大数据助力，让街道的排查工作更加高效精准了。”相城高新区(元和街道)一位社区工作人员表示。

过去，社区工作人员对列管“3＋11”“7＋7”人员落实核酸检测缺乏有效抓手，只能逐一电话通知，工作量巨大且是否实际采样无法掌握。现在通过该平台，社区可直接导出未按要求采样的需跟踪人员。“以3月22日为例，全区累计列管8.5万人中，需社区跟踪督促补采的为2000余人，仅占总数2.5%。”相城区大数据局相关负责人介绍，大数据当起“扫楼”主力，使每天排查任务清单更加明确，也让“铁脚板”运转更加高效。

据了解，该平台计划建成哨点监测、风险预警、封控管控、数据中心、物资保障、督查检查等功能，可实现疫情防控中的数据监测、查看、统计和分析，有效破解外来人员、重点人员等判定不准、底数不清、管控不细的难题。

“在大数据支撑下，疫情防控工作链更为精准。”区大数据局相关负责人表示，根据疫情防控工作实际，目前，相城重点人群申报码平台功能还在进一步完善之中。

为疫情防控插上大数据的“翅膀”，2022年2月，相城区还上线新冠肺炎疫情流调系统，高效支撑流调中心通过线上方式快速采集病例关联人员信息，实现流调、转运、隔离的数据闭环，通过趋势图感知风险和发展趋势，确保及时溯源、科学防控、有效隔离。

任务四　大数据在农业领域的应用

近年来，农业大数据在农产品市场引导、食品安全管控、精准生产决策等领域逐步得到应用(如图2-11所示)，显示出对农业现代化的有力支撑和服务作用，随着云计算大数据技术的发展，农业大数据迎来了重要发展机遇。农业大数据利用现代信息技术和信息系统为农业产供销及相关的管理和服务提供有效的信息支持，并提高农业的综合生产力，促进农业结构战略性调整。

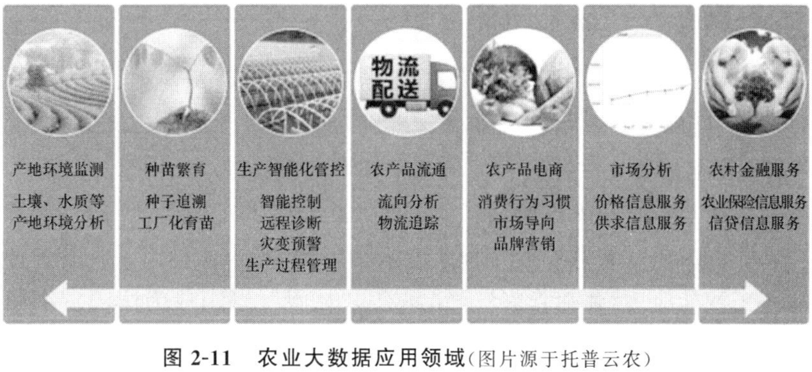

图2-11　农业大数据应用领域(图片源于托普云农)

一、大数据在养殖行业的应用

随着经济的发展，人们对牛肉的需求不断增加，这就要求提高牛肉产品的产量来满足人们日益增长的肉类产品需要。规模化、标准化养牛是加快养牛业发展的关键，打造智慧养殖新模式，推动大数据在养殖领域的广泛应用，是实现养牛业规模化标准化的重要实现途径。

在2021年的东北亚博览会上，吉林省畜牧业管理局与长春新牧科技有限公司共同推出“吉牛云”大数据平台，如图2-12所示，在“吉牛云”大数据平台上，可看到全省各地区养殖牛的数量和分布地区，以及养殖户数、养殖企业和合作经济组织，以及牛的种类、性别等数据。“吉牛云”平台通过物联网、云计算和智能养殖设备在养牛业中的应用，实现肉牛养殖远程实时监管、生长性能数据自动采集、牛场生产日常标准化管理等功能。同时打通数据链、重构供应链、提升价值链，打造肉牛产业大数据资源池，建立肉牛产业大数据标准。

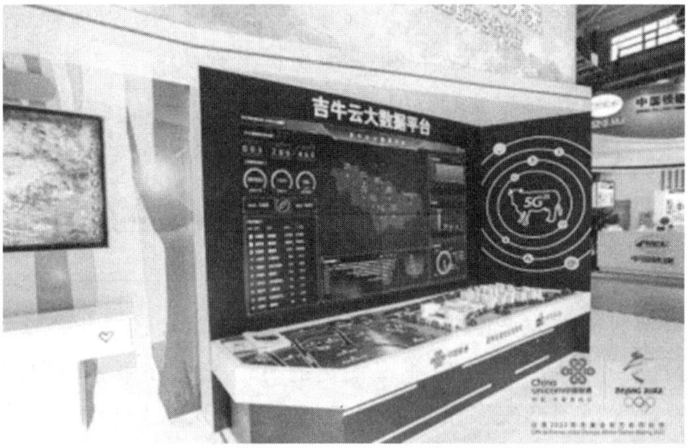

图2-12 吉牛云大数据平台(图片来源于澎湃新闻)

二、大数据在农产品种植的应用

近年来，广西农业大数据快速发展，风起云涌，走在了全国前列。广西12个项目获评2018年度全国县域数字农业农村发展水平评价创新项目；田东、融安、三江3个县荣获“2018年度全国县域数字农业农村发展水平评价先进县”。

广西慧云信息是一个技术不断创新的企业。2012年发布国内第一个以“智慧农业云平台”为命名的SaaS模式智慧农业管理系统。2015年，发布国内第一个基于计算机视觉技术的农业人工智能应用“葡萄管家”。2018年，“耘眼”上线，成为国内首个同时实现农作物生理状态与病虫害自动识别的专业级AI应用，图2-13所示为耘眼农业AI服务平台。创新是企业发展的源头，科技创新带来成果创新，进而带动企业快速发展。

慧云信息自主研发的柑橘果园管理工具“耘眼”，基于人工智能图像识别技术，耘眼目前可以实现“智能数果”和“病虫害智能识别”两大功能。智能数果功能的推出大大解决了种植户在数果估产方面的难题，现在只需用手机拍张果树照片，耘眼就能在几秒钟之内快速计算出果实数量。此外，耘眼的病虫害识别功能也极大地缓解了农作物看病难的现实困境，对于大部分普通种植户来说，病虫害的经验相对不足，而耘眼通过手机拍照就能快速判定柑橘病虫害种类，并且支持多种病虫害并发检测，为用户提供专业的防治方案。

图 2-13　耘眼农业 AI 服务平台(图片来源于慧云科技)

三、大数据在作物育种的应用

在培育优良作物品种的传统过程中，不仅会耗费大量的财力和人力，而且可能需要10年或更长时间。但是大数据技术的应用会大大加快这个过程。生物信息爆炸已促使基因组织学研究实现了突破性进展。首先，获得了模式生物的基因组排序；其次，实验型技术可以被快速应用。

曾经要在温室和田间地头进行的生物研究，现在可以先在计算机上进行模拟分析研究，海量的基因信息流可以在云端被创造和分析，并同时进行假设验证、试验规划、定义和开发。在此基础上，只需要在地里试种小规模的实验作物进行验证，就可以判断出在大规模环境中种植的效果如何，然后培育者便可以确定哪种杂交作物最适合某个特定的地域，并可以高效确定品种的适宜区域和抗性表现。新的育种过程不仅代价更低、速度更快，而且能够完成我们以前无法想象的目标。后续的培育将带来质量更高、经济和环境成本更低的作物。在培育中的很多作物都会让农民和消费者受益，比如高钙胡萝卜、抗氧化剂土豆、不会引起过敏的坚果、抗菌橙子、节水型小麦和营养价值更高的木薯。

四、大数据在精准农业操作的应用

使用传感器和遥感卫星可以对农作物的生产环境进行检测，从而感知农作物的生产。通过采集农作物生长环境中的各项指数数据，再把这些采集的数据放到本地化的或云端的数据中心，从而对农业生产的历史数据和实时监控数据进行分析，提高对作物种植面积、生产进度、农产品产量、天气情况、气温条件、灾害强度、土壤湿度的关联监测能力，如图 2-14 所示。

这样，农业生产者就能根据天气、自然灾害、病虫害、土壤墒情等环境因素，监测作物长势，指导灌溉和施肥，预估产量等。随着导航能力和其他工业技术的提高，生产者们可以跟踪作物流动，引导和控制设备，监控农田环境，精细化管理整个土地的投入。这样，相关的农业气候灾害不仅可以得到规避及科学有效防治措施，种植方法也可以得到有效指导，这使农作物可以在稳产的基础上实现增产，有效地提高农业生产效率。

图 2-14 精准农业操作(图片来源于搜狐网)

五、大数据在农产品溯源的应用

食品安全一直是社会持续关注的焦点，而跟踪农产品从农田到顾客的过程不仅有利于防止疾病、加强对食品安全的监督管理，也有利于减少污染和增加收益。在美国，每年约有 7 600 万人患上食源性疾病，导致 5 000 例死亡。在发达国家，40%的食物被丢弃，包括 10%～15%的农产品。随着农产品全球供应链的延长以及不良商家的投机倒把，追踪和监督农产品变得越来越重要。而利用农业大数据技术平台，可以实现从田间到餐桌每一个过程的追踪。

现在大数据正在被用来改善其中的各个环节。农业大数据有助于开展农产品监测预警，通过深入挖掘并有效整合散落在全国各农业产区的农产品生产和流通数据，进行专业分析解读，为农产品生产和流通提供高效优质的信息服务，以提高农业资源利用率和流通效率，从源头上保障食品安全。同时，农产品生产商、供应商和运输者也都通过使用物联网传感器技术、扫描设备和分析工具来监控收集供应链的相关数据。比如生产和运输过程当中的农产品的品质可以通过带有 GPS 功能的传感器进行实时监控，有助于预防食源性疾病和减少供应链浪费。如图 2-15 所示。

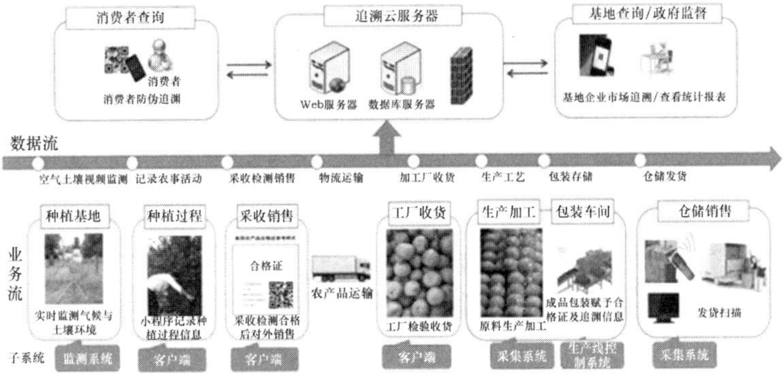

图 2-15　农产品溯源流程

当然，随着我国农业发展水平的不断提升和大数据技术的日趋成熟，农业对大数据技术的需求会不断增加，大数据在农业领域的应用范围也会不断得到拓展，这在我国传统农业向现代农业的转型过程中，将会起到巨大的推动作用。

【视野拓展】

近年来，广西紧紧围绕“互联网＋现代农业”，以建设智慧农业为目标，以广西农业云平台和广西农业农村大数据中心建设为核心，大力发展数字农业，实施智慧农业工程，积极推进物联网、大数据、3S 技术等信息技术的融合与应用，积极开展智慧农业试验示范，着力打造农业云平台和大数据管理平台，搭建农业数据信息中心，开发了大数据分析模型、建设了一批农业应用系统，进一步整合了信息资源，建立起农业数据资源库，在 110 多个市县 300 多个乡镇搭建起电子服务平台。农业大数据在管用、实用上做文章，使信息“孤岛”连成“大陆”并活化起来，让数据更好地为政府决策和服务三农提供科学依据，互联网信息技术服务现代农业的水平显著提高，开创了现代农业发展的新局面。

【实　训】

随着大数据时代的到来，数据可视化的需求与日俱增。数据可视化大屏是以大屏为主要展示载体，通过数据采集、清洗、分析到直观的数据可视化过程，能够多方位、多角度、全景展现各项指标。

由于大屏的展示面积大，可展示更加多的信息。数据可视化大屏可方便团队讨论和决策，所以大屏也常用作数据分析。目前数据可视化大屏主要有信息展示、数据分析、监控预警三类。图 2-16 是广州水域质量监控大屏。

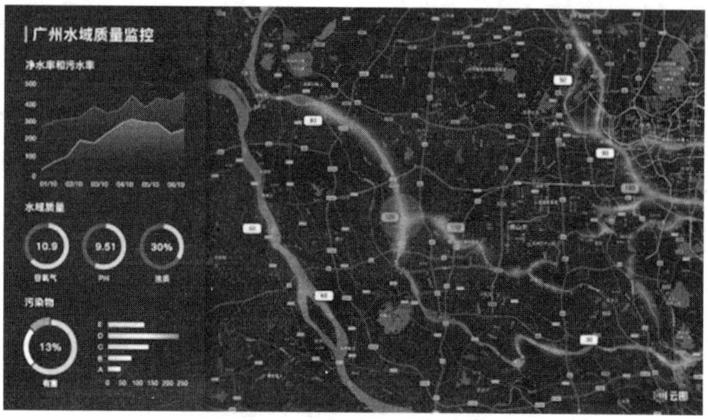

图 2-16　广州水域质量监控大屏

思考讨论：

1)为什么要做数据可视化大屏？

2)可视化大屏上的数据从何而来？

【归纳与提高】

大数据通过几十年的发展，已成为人类当今社会的重要信息技术，大数据具有数据量大、数据类型繁多、处理速度快和价值密度低等特点。其中对于数据的采集、数据的预处理、数据的存储及管理、数据挖掘、大数据展现和应用是大数据处理中的核心工作。

在当前的时代背景下，将大数据技术引入农业领域的研究是实现农业信息化的一个重要手段，对于提高农业智能化和信息化水平有着重要的作用，然而在实际运用中，大数据技术还存在一些弊端和不稳定性，还需要加大研发力度，解决各种问题，促进我国农业智能化和信息化水平发展到更高层次。

【知识巩固与技能训练】

一、单项选择题

1.“大数据”这一概念最早公开出现于(　　)年。

A.1998　　B.2007　　C.2012　　D.2013

2.下列哪一项不是Google三驾马车中的革命性技术？(　　)

A.GFS　　B.MapReduce　　C.BigTable　　D.Dremel

3.1 MB等于(　　)KB。

A.1024　　B.512　　C.256　　D.128

4.下列哪一个文件标志着数据要素市场化配置上升为国家战略？(　　)

A.《关于新时代加快完善社会主义市场经济体制的意见》

B.《关于构建更加完善的要素市场化配置体制机制的意见》

C.《促进大数据发展行动纲要》

D.《"十三五"国家战略性新兴产业发展规划》

二、多项选择题

1."大数据"的"4V"特征是下列哪些选项？（　　）

A.Volume　　B.Variety　　C.Velocity　　D.Value

2.下列哪些县荣获2018年度全国县域数字农业农村发展水平评价先进县？（　　）

A.田东　　B.融安　　C.三江　　D.融水

三、复习思考题

1.从大数据的4V特征的角度出发，大数据跟传统数据处理有什么样的异同？

2.大数据能给农业带来哪些新的发展机遇？

参考答案

一、单项选择题

1.A　2.D　3.A　4.B

二、多项选择题

1.ABCD　2.ABC

三、复习思考题

1.大数据是指在一种规模大到在获取、存储、管理、分析方面大大超出了传统数据库软件工具能力范围的数据集合。大数据主要有四个特征，分别是数据量大(Volume)、数据类型繁多(Variety)、处理速度快(Velocity)、价值密度低(Value)。

第一，数据的数量巨大，从过去的TB级别直接跃升到PB级别，目前世界上90%以上的数据是最近几年才产生的。

第二，数据类型繁多，不仅包括传统的格式化数据，还包括来自互联网的网络日志、视频、图片、地理位置信息等，大数据的数据来源众多，科学研究、企业应用和Web应用等都在源源不断地生成新的数据。

第三，即处理速度快，如果处理不够高速则无法应用在实时更新数据的场景上，大数据时代的数据产生速度非常迅速。

第四，追求高质量的、有价值的数据，在大数据时代，很多有价值的信息都是分散在海量数据中的。

2.近年来，农业大数据在农产品市场引导、食品安全管控、精准生产决策等领域逐步得到应用，显示出对农业现代化的有力支撑和服务作用，随着云计算大数据技术的发展，农业大数据迎来了重要发展机遇。农业大数据利用现代信息技术和信息系统为农业产供销及相关的管理和服务提供有效的信息支持，并提高农业的综合生产力，促进农业结构战略性调整。

项目三
农业领域的云计算

学习目标

【知识目标】

1.掌握云计算的起源。
2.掌握云计算的发展历程。
3.掌握云计算的概念和特征。
4.掌握云计算的主要形式。
5.掌握云计算的关键技术。
6.掌握云计算在农业领域的应用。

【技能目标】

1.掌握配置云服务器流程。
2.熟练数据库的操作。
3.掌握 linux 系统的常见命令。
4.掌握虚拟机的简单操作。

【素质目标】

1.培养系统分析问题能力。
2.培养探究问题的意识。
3.培养逻辑性思维。

【思政目标】

1.培养民族自豪感。
2.增强职业认同感。
3.激发爱国主义情感。

引入案例

2021年中央一号文件于2021年2月21日正式发布。文件提出,全面推进乡村振兴,加快农业农村现代化,这是21世纪以来,第18个指导“三农”工作的中央一号文件,凸显了新发展阶段党中央对农业农村工作的高度重视。文件提出,力争到2025年,农业现代化取得重要进展,粮食和重要农产品供应保障更加有力,现代乡村产业体系基本形成,乡村建设行动取得明显成效。

疫情当前,全球范围内呈现粮食紧张的局面,推进农业现代化继而保证农作物产量是当前研究的重点,其中一个重要途径就是用科技赋能农业。目前在病害、器具、选种、监测等多个方面,科技体现出重要的作用:如农作物种植、农产品销售、智能农业大棚、病虫害监测、产量预测等。

基于区块链的农作物溯源系统是当前云计算技术在农业领域的典型应用,农业管理者可基于可视化管理系统对农作物进行远程观察,在农作物成长的关键节点进行记录,保留农产品生长过程的每一个瞬间,形成农产品的图片生长档案。同时定时采集农区环境信息和图片,为作物种植提供科学的气象数据和资料,采集信息可统一管理与分析,为管理部门提供宏观决策提供数据支持。农产品生产过程中的定植、灌溉、施肥、用药的各类型农事作业的操作同样会被记录,形成作物种植全周期可追溯,生产企业可以自定义追溯环节,添加各种检测报告,丰富追溯结果与内容。消费者可以通过相关资料查看追溯生长全过程,从而放心地选择农产品。

随着云计算、大数据、物联网、人工智能等技术的普及,智能灌溉系统、智能病虫害监测系统等都可以引入云计算中,生产者仅通过购买云端服务,就能实现对远端自动化生产工具的控制,无需相关专业知识。云计算技术使得生产力得到进一步的释放,提高了生产效率,进一步促进了农业发展。

思考:如何理解云计算的“云”这个概念?

任务一　云计算的起源和发展历程

一、云计算的起源

世界上第一台通用计算机埃尼阿克,诞生于1946年2月14日的美国宾夕法尼亚大学,如图3-1所示。

埃尼阿克的出现,开启了计算机时代,人类从此迈入计算机世界的大门。人类早期发明的计算机,通常具有体型巨大、耗资昂贵、计算能力有限的特点,并且为单用户,无法同时供多人使用。

1955年,美国麻省理工学院的约翰·麦卡锡教授(图3-2)提出了分时(Time-sharing)的技术理念,为多人使用一台计算机提供了理论基础。

图 3-1　埃尼阿克计算机

1959 年 6 月，英国计算机科学家克里斯托弗·斯特雷奇(Christopher Strachey)(图 3-3)在国际信息处理大会上，发表了一篇关于大型机共享使用的学术论文《大型高速计算机中的时间共享(Time Sharing in Large Fast Computer)》，论文首次提出了虚拟化的概念，进一步奠定了云计算的理论基础。

图 3-2　约翰·麦卡锡

图 3-3　克里斯托弗·斯特雷奇

1984 年，美国太阳微系统公司(SUN)联合创始人约翰·盖奇(John Gage)(图 3-4)提出“网络就是计算机(The Network is the Computer)”的重要猜想，用于描述分布式计算技术带来的新世界。云计算，其实就是分布式计算的一种。然而，人们仍然没有对云计算予以足够的关注。直到 20 世纪 90 年代，云计算相关的理念重新回到了人们的视野。不过这次它换了一个更简单的名字，叫作网格计算(Grid Computing)。网格(Grid)的叫法，和我们日常理解的“网格化管理”有很大不同，它是直接照搬电网的概念(Electric Power Grid)。它的本质目的，还是把大量机器整合成一个虚拟的超级机器，给分布在世界各地的人们使用，也就是公共计算服务。

1996 年，康柏(Compaq)公司的一群技术主管在讨论计算业务的发展时，首次使用了 Cloud Computing 这个词，他们认为商业计算会向 Cloud Computing 的方向转移。1996 年 11 月 14 日，康柏公司发布关于 Cloud Computing 的商业计划，如图 3-5 所示，这是云计算概念的真正首次出现。

图 3-4　约翰·盖奇

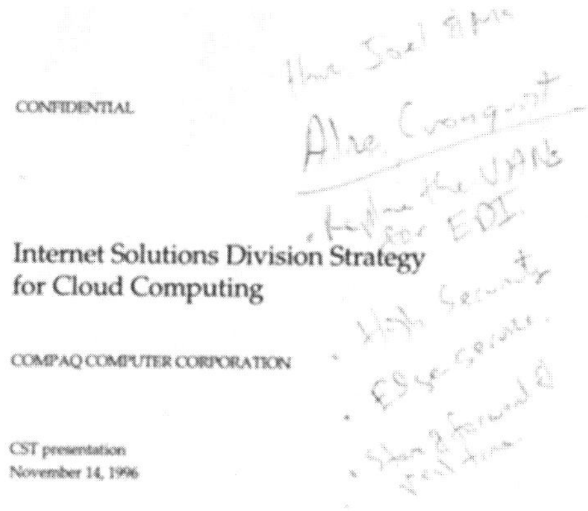
CONFIDENTIAL

Internet Solutions Division Strategy for Cloud Computing

COMPAQ COMPUTER CORPORATION

CST presentation
November 14, 1996

图 3-5　康柏公司关于 cloud computing 的商业计划

1997 年，美国教授拉姆纳特·K·切拉帕(Ramnath K.Chellappa)(图 3-6)对“Cloud Computing”这个词做出了首个学术定义：“计算边界由经济而并非完全由技术决定的计算模式”。此后的云计算发展，掀起了一股高潮。

1997 年，InsynQ 基于 HP 的设备上线了按需使用的应用和桌面服务。

1998 年，VMware 公司成立，并首次引入 X86 的虚拟技术。同年，HP 成立公共计算部门。

1999 年，MarcAndreessen 创建 LoudCloud，LoudCloud 是世界上第一个商业化的 IaaS 平台。同年，Salesforce 公司成立，这家公司是目前公认的云计算先驱，创始人是几个 Oracle 公司前高管。公司成立之初，他们就喊出了“No Software”的口号，宣布开启“软件终结”革命。他们通过自己的互联网站点向企业提供客户关系管理(CRM)软件系统，使得企业不必像以前那样通过部署自己的软件系统来进行客户管理，如图 3-6 所示。这就是最早的软件即服务(SaaS)模型。

图 3-6　Salesforce 公司 CRM 软件系统

2000年，当时美国电子商务公司 Amazon 正在开发电商服务平台 Merchant，旨在帮助第三方公司在 Amazon 上构建自己的在线购物网站。但因为架构设计能力和管理流程等方面的问题，这个项目进展缓慢。于是，亚马逊的管理层开始考虑，是不是可以将已有的代码进行解耦，设计成独立的 API 服务，然后让内部或外部应用进行服务调用。这样，既可以节约后续的开发工作量，也可以增强系统的灵活性和复用度。

由此，2002年亚马逊启用了 Amazon Web Services（AWS）平台（图3-7）。当时该免费服务可以让企业将 Amazon.com 的功能整合到自家网站上。

图3-7　亚马逊云科技

2006年，亚马逊推出了两款重磅产品，分别是 S3（Simple Storage Service，简单存储服务）和 EC2（Elastic Cloud Computer，弹性云计算），从而奠定了亚马逊在云计算领域的领先地位。

谷歌在2003年至2006年期间，连续发表了四篇重磅文章，分别关于分布式文件系统（GFS）、并行计算（MapReduce）、数据管理（Big Table）和分布式资源管理（Chubby）。这些关键技术不仅奠定了谷歌自家的云计算服务基础，也为全世界云计算、大数据的发展指明了方向。

2006年，27岁的 Google 高级工程师克里斯托夫·比希利亚第一次向 Google 董事长兼 CEO 施密特提出“云端计算”的想法。在施密特的支持下，Google 推出了“Google 101计划”，并正式提出“云”的概念。

至此，云计算揭开了神秘的面纱，正式来到了公众的面前。随后的云计算进入了快速发展阶段，并最终渗透到了我们工作和生活的各个领域。

云计算自提出至今，大致经历了形成阶段、发展阶段和应用阶段。过去十年是云计算突飞猛进的十年，全球云计算市场规模增长数倍，我国云计算市场从最初的十几亿增长到现在的千亿规模，全球各国政府纷纷推出“云优先”策略，我国云计算政策环境日趋完善，云计算技术不断发展成熟，云计算应用从互联网行业向政务、金融、工业、医疗等传统行业加速渗透。未来，云计算仍将迎来下一个黄金十年，进入普惠发展期。一是随着新基建的推进，云计算将加快应用落地进程，在互联网、政务、金融、交通、物流、教育等不同领域实现快速发展；二是在全球数字经济背景下，云计算成为企业数字化转型的必然选择，企业上云进程将进一步加速；三是新冠肺炎疫情的出现，加速了远程办公、在线教育等 SaaS 服务落地，推动云计算产业快速发展，云计算主要应用领域如图3-8所示。

图3-8　云计算主要应用领域

二、云计算发展历程

在我国的十三五期间，国务院等部门发布一系列政策，促进云计算产业发展，如《促进大数据发展行动纲要》《国家信息化发展战略纲要》《"十三五"国家科技创新规划》《"十三五"国家战略性新兴产业发展规划》《"十三五"国家信息化规划》等，推动信息革命进程持续快速演进，物联网、云计算、大数据、人工智能等技术广泛渗透于经济社会各个领域，推动物联网、云计算和人工智能等技术向各行业全面融合渗透，构建万物互联、融合创新、智能协同、安全可控的新一代信息技术产业体系。

国家发改委、工信部将北京、上海、深圳、杭州、无锡、哈尔滨市确定为国家云计算服务创新发展试点城市。

北京云基地以"基金＋基地"创新模式，汇聚了多家云产业链核心环节的创新企业，已经成为"中国云计算坐标"和中国云计算创新的关键推动。作为云计算、大数据时代基础设施的建设者和创新者，云基地各创业企业的产品和服务涵盖云计算各个环节，包括服务器、模块化数据中心、瘦终端等硬件产品的设计和生产，云中间件、云管理平台、桌面虚拟化等基础软件研发，大数据、智能知识库、分布式计算等应用软件，以及定制化云计算解决方案，构成完整的上下游和中间平台完备的云生态产业链。

上海市在2010年8月颁布推进云计算产业发展行动方案，即"云海计划"，"上海市云计算产业基地"在上海市北高新技术服务业园区落户。

深圳市将云计算作为"智慧深圳"的重要支撑纳入深圳市"十二五"发展规划。深圳云计算国际联合实验室在2011年4月正式揭牌，该实验室是深圳云计算产业协会联合英特尔、IBM、金蝶等国内外相关企业创建的专业性技术与应用研发实验室。深圳云计算中心在2012年1月完成验收。

杭州云计算产业园在2011年10月开园，形成以"技术创新、人才创新和运作模式创新"为支撑的云计算产业创新体系，打造云计算产业集聚区。杭州湾云计算(西湖云公共服务平台)是全国首家利用云计算技术服务于电子商务产业的政、产、学、研一体的公共服务平台。

无锡城市云计算中心在2013年8月正式启用，作为国内首个物联网云计算中心，无锡城市云计算中心大量使用自主知识产权的产品、技术和国产设备，有效保障了云服务的"安全、自主、可控"。该中心现已为无锡电子政务、物联网、移动互联网等关键应用提供云计算服务，逐渐形成开放的城市云生态体系。

哈尔滨市提出以"发挥政府引导作用，以电子政务建设为切入点，大力推进云计算技术应用，以应用带市场、以应用促招商、以应用谋发展"的工作思路，确定了"通过利用政府资源，实施云计算应用示范工程，培育和引进一批云计算骨干企业，形成一批自主知识产权的核心技术和拳头产品，实现一批在全国具有示范意义的典型应用"的工作任务。

合肥城市云数据中心是在国家发改委安徽省数据灾备外包服务中心的基础上，由合肥广电、科大国祯、鸿淦数据联手打造的高科技公共服务平台，是安徽省已落成的规模和级别最高的数据中心，致力于打造一流的云技术服务平台，为合肥智慧城市建设提供云计算相关服务，加快“智慧合肥”落地步伐。

目前在我国云计算领域，云计算相关企业如雨后春笋般出现，其中比较有代表性的有阿里云、腾讯云等。阿里云早在 2009 年就已经开始布局云计算领域，具有先发优势。据统计，40% 的中国 500 强企业、近一半中国上市公司、80%的中国科技类公司是阿里云的客户。而腾讯云基于腾讯自身在游戏、视频、社交、出行等业务的强势地位，一路奋起直追，市场份额占比不断扩大。阿里云和腾讯云图标如图 3-9 所示。

二维码 3-1 阿里云

图 3-9 阿里云和腾讯云图标

二维码 3-2 腾讯云

2011 年 9 月，百度正式开放其云计算平台（图 3-10），其在云计算基础架构和海量数据处理能力上已较为成熟，陆续开放 IaaS、PaaS 和 SaaS 等多层面的云平台服务，如云存储和虚拟机、应用执行引擎、智能数据分析和事件通知服务、网盘、地图、账号和开放 API 等。百度云 OS 是云和端结合的通用性平台，以个人为中心来组织数据和应用，形成产品研发的统一、落地终端的统一、运营渠道的统一。云 OS 提供网页 App 化的功能，还将支持新型的 WebApp。

图 3-10 百度云平台(图片来源于搜狐)

2013 年，浪潮发布了其全新升级的云数据中心操作系统云海 OS V3.0（图 3-11），该产品基于开放、融合的技术理念，能够帮助用户从孤立低效的传统数据中心向智能高效的云数据中心转变。目前浪潮集团已形成涵盖 IaaS、PaaS、SaaS 三个层面的云计算整体解决方案服务能力，建立包括 HPC/IDC、媒体云、教育云等跨越十余个行业的云应用并成功在非洲、东南亚等地区进行推广。通过承担“高端容错”和“海量存储”两个国家 863 计划重大专项，“浪潮天梭 K1 关键应用主机”和“浪潮 PB 级高性能海量存储系统”均通过国家验收，并已成功在金融、税务等核心领域部署。

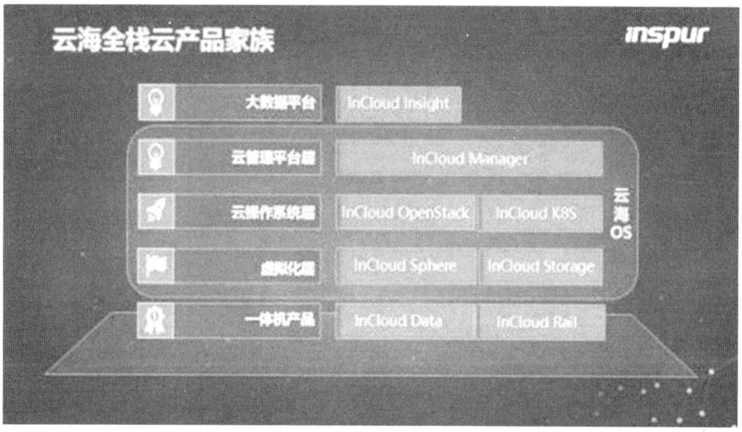

图 3-11　浪潮云海(图片来源于搜狐网站)

2013 年 10 月，阿里云推出“飞天 5K 集群”项目，取得技术上的重大突破。阿里云在“飞天”平台启动一系列举措，包括低门槛入云策略、一亿元扶持计划、开发全新开发者服务平台等多项内容。

2014 年 1 月，曙光公司、NVIDIA 公司、思杰公司共同合作推出基于 GRID 和 CitrixXenDesktop 技术的图形云计算产品——“云图”(W760-G10)，如图 3-12，解决了 GPU 硬件虚拟化的技术难题，这是我国首款真正意义上的专用图形云计算产品。

图 3-12　云图(图片来源于网易科技)

2017 年，阿里云超越 Google 公司，成为全球公有云第三大公司。腾讯云、百度云、金山云等互联网企业的持续发力，为中国乃至全球云计算市场带来巨大推动力，也使得中国势力逐渐成为世界主流。

2021 年 12 月，华为宣布搭载“天算星座”计算载荷的卫星成功发射，这是首颗具备云原生边缘计算能力的卫星。据悉，华为云“云边一体”方案在太空成功验证后，方案将批量部署在“天算星座”一期的六颗卫星中，在太空中形成协同计算网络，未来有望更好地服务于应急通讯、生态监测、防灾减灾、城市建设等。图 3-13 为“天算星座”试验卫星。

图 3-13 “天算星座”试验卫星(图片来源于天仪研究院)

二维码 3-3
天算星座第二颗
先导试验星成功发射

2020 年突发疫情加速了全球“在线化”的进程，也为微软云、亚马逊云、阿里云、金山云等云计算厂商带来新的增长势能，金山云更是直接在纳斯达克上市了，成为国内云计算攀登美国的第一股。此次疫情推动云计算产业迎来加速发展期。此前，根据国务院发展研究中心发布的报告显示，2019 年我国云计算产业规模破千亿元，增长幅度持续在两位数以上，行业呈现高速增长态势。政务视频会议、企业视频会议、教育视频等涉及越来越多行业的云视频，随着 5G、VR 等技术的发展与融合，将不断普及。未来，将出现大规模、大范围的线上大会，各类视频会议技术也将朝着常态化、大规模的方向不断发展。

【思政园地】

拿下四个全球第一，“中国云”首次领跑世界

来源：新浪网

21 世纪对于人类的历史和文明而言无疑是举足轻重的一个时代。随着科技在 21 世纪超乎想象的快速发展，科技的发展已经演化成为了一场关乎“国运”的“战争”。而在众多未来关键技术的发展中，作为新一代信息技术科技革命和产业变革的有力支撑，“云计算”俨然已经成为未来各国推动数字经济发展的关键。

2021 年 12 月 15 日，作为国际最权威的云计算评估报告之一《Gartner Solution-Scorecard 2021》发布了最新报告，全面评估全球顶级云厂商整体能力。其中，阿里云 IaaS 基础设施能力拿下全球第一，在计算、存储、网络、安全四项核心评比中均斩获最高

分，拿下四个世界第一！值得一提的是，这也是“中国云”首次超越亚马逊、微软、谷歌等国际厂商。这也就意味着中国在未来新一代信息技术科技革命和产业变革的国际竞争中后来居上，再一次握住了这项未来关键技术命运的齿轮。

今天中国在人工智能、云计算、5G等新兴领域的基础研究与应用方面都已经能与世界领先水平同台竞技，甚至是领跑全世界。但在这些来之不易的科技成果背后，我们也不能忘记是一代又一代的中国科技人历经无数艰难、辛苦和无数个日夜的付出，才有了我们今天的美好生活。

任务二　云计算的概念和特征

一、云计算概念

云计算(Cloud Computing)是分布式计算技术的一种，这种技术是透过网络将庞大的计算处理程序自动分拆成无数个较小的子程序，再交由多部服务器所组成的庞大系统经搜寻、计算分析之后将处理结果回传给用户。透过这项技术，网络服务提供者可以在数秒之内，处理数以千万计甚至亿计的信息，达到和“超级计算机”同样强大效能的网络服务。

云计算同时也是并行计算(Parallel Computing)、分布式计算(Distributed Computing)和网格计算(Grid Computing)的发展，或者说是这些计算机科学概念的商业实现。云计算是虚拟化(Virtualization)、效用计算(Utility Computing)、基础设施即服务(IaaS)、平台即服务(PaaS)、软件即服务(SaaS)等概念混合演进并跃升的结果。

云计算技术在网络服务中已经随处可见，如搜寻引擎、网络信箱等，使用者只要输入简单指令即能得到大量信息。

狭义云计算是指提供资源的网络，被称为“云”。“云”中的资源在使用者看来是可以无限扩展的，并且可以随时获取，按需使用，随时扩展，按使用付费。这种特性经常被称为像水电一样使用IT基础设施。

广义云计算是指服务的交付和使用模式，指通过网络以按需、易扩展的方式获得所需服务。这种服务可以是IT和软件、互联网相关，也可是其他服务。它意味着计算能力也可作为一种商品通过互联网进行流通。

“云”是一些可以自我维护和管理的虚拟计算资源，通常为一些大型服务器集群，包括计算服务器、存储服务器、宽带资源等等。云计算基于互联网的相关服务的增加、使用和交付模式，通过互联网来提供动态易扩展且经常是虚拟化的资源。云是网络、互联网的一种比喻说法。云计算将所有的计算资源集中起来，并由软件实现自动管理，无须人为参与。这使得应用提供者无须为繁琐的细节而烦恼，能够更加专注于自己的业务，有利于创新和降低成本。

也可以将云计算理解为一个群组，汇集在一起，只不过天上的云是雨水的群组，而我们所说的云计算是计算机与互联网汇集起来的群组而已。这不是一个普通的计算机，而是一个超级计算机，可以进行运算的计算机。它将一个又一个的计算机与服务器连接在一起，形成一个云组，而再通过云计算超级强大的运算能力获得信息。而云计算也不仅仅是云计算这一种，还有云存储以及云物联等。

云计算中的云也不仅仅是数以万计的计算机联系起来，同时也有笔记本、手机等等数据的链接，他们都是通过互联网的模式进行运算的。也可以理解为将资源与数据在云上进行存储，当涉及到运算问题时则是云计算。之所以叫作云计算，是因为它既是一个群组，同时也可以不断地扩展，按照使用量进行付费，避免浪费。将应用部署到云端后，使用者可以不必再关注硬件和软件问题，它们会由云服务提供商的专业团队去解决。使用者使用云服务就像使用一个工具一样方便。

总的来说，云计算可以算是网格计算的一个商业演化版。早在 2002 年，我国学者针对传统网格计算思路存在不实用问题，提出计算池的概念："把分散在各地的高性能计算机用高速网络连接起来，用专门设计的中间件软件有机地黏合在一起，接受各地科学工作者提出的计算请求，并将之分配到合适的节点上运行。计算池能大大提高资源的服务质量和利用率，同时避免跨节点划分应用程序所带来的低效性和复杂性，能够在目前条件下达到实用化要求。"如果将上述提到的"高性能计算机"换成"服务器集群"，将"科学工作者"换成"商业用户"，就与当前的云计算非常接近了。

二、云计算的特征

1.超大规模

"云"具有相当的规模，Google 云计算已经拥有 100 多万台服务器 Google 数据中心（图 3-14）。Amazon、IBM、微软、Yahoo 等的"云"均拥有几十万台服务器。企业私有云一般拥有数百上千台服务器。"云"能赋予用户前所未有的计算能力。

图 3-14　Google 数据中心

2.虚拟化

云计算支持用户在任意位置、使用各种终端获取应用服务，所请求的资源来自“云”，而不是固定的有形的实体。应用在“云”中某处运行，但实际上用户无须了解也不用担心应用运行的具体位置，只需要一台笔记本或者一部手机，就可以通过网络服务来实现我们需要的一切，甚至包括超级计算这样的任务。图 3-15 所示为 VMware—世界领先的虚拟化解决方案厂商的图标，图 3-16 所示为虚拟化技术。

图 3-15　VMware—世界领先的虚拟化解决方案厂商

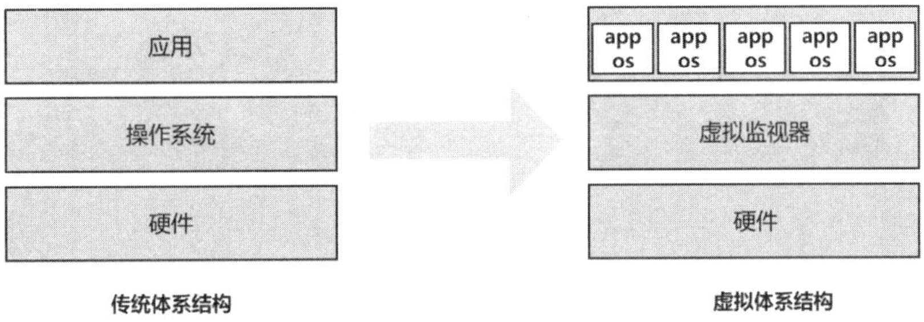

图 3-16　虚拟化技术

3.高可靠性

“云”使用了数据多副本容错、计算节点同构可互换等措施来保障服务的高可用性（图 3-17），使用云计算比使用本地计算机可靠。基于云服务的应用可以持续对外提供服务（7×24 小时），另外“云”的规模可以动态伸缩，来满足应用和用户规模增长的需要。

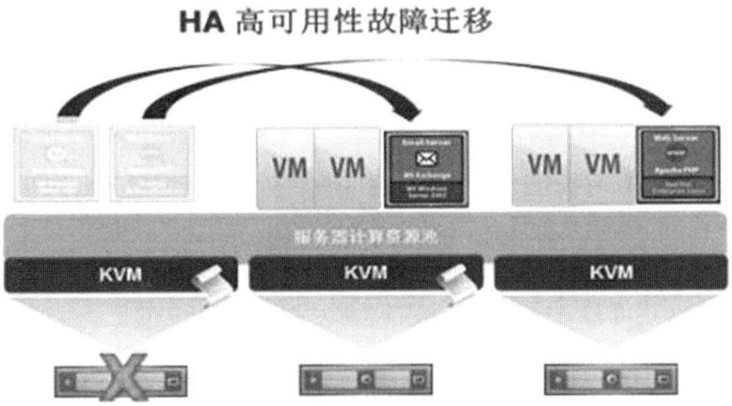

图 3-17　高可用性

4.通用性

云计算不针对特定的应用，在“云”的支撑下可以构造出千变万化的应用，同一个“云”可以同时支撑不同的应用运行，通用性如图 3-18 所示。

图 3-18　通用性

5.高可扩展性

“云”的规模可以动态伸缩，以满足应用和用户规模增长的需要。

6.按需服务

“云”是一个庞大的资源池，按需购买，云可以像自来水、电、煤气那样计费。

7.极其廉价

由于“云”的特殊容错措施可以采用极其廉价的节点来构成云，“云”的自动化集中式管理使大量企业无须负担日益高昂的数据中心管理成本，“云”的通用性使资源的利用率较之传统系统大幅提升，因此用户可以充分享受“云”的低成本优势，经常只要花费几百美元、几天时间就能完成以前需要数万美元、数月时间才能完成的任务。

云计算可以彻底改变人们未来的生活，但同时也要重视环境问题，这样才能真正为人类进步做贡献，而不是简单的技术提升。

8.潜在的危险性

云计算服务除了提供计算服务外，还必然提供了存储服务。但是云计算服务当前垄断在私人机构(企业)手中，而他们仅仅能够提供商业信用。对于政府机构、商业机构选择云计算服务应保持足够的警惕。一旦商业用户大规模使用私人机构提供的云计算服务，无论其技术优势有多强，都不可避免地让这些私人机构以“数据(信息)”的重要性挟制整个社会。

对于信息社会而言，“信息”是至关重要的。另一方面，云计算中的数据对于数据所有者以外的其他云计算用户是保密的，但是对于提供云计算的商业机构而言确实毫无秘密可言。所有这些潜在的危险，是商业机构和政府机构选择云计算服务、特别是国外机构提供的云计算服务时，不得不考虑的一个重要的先决条件。

三、云计算的优势

1.对于社会

(1)降低全社会的IT能耗,减少排放,真正做到"绿色计算",如图3-19所示。

(2)提高全社会的IT设备使用率,并降低电子产品的数量,从而减少因设备淘汰而产生的电子产品垃圾,对于保护环境大有裨益。

(3)信息技术产业进一步合理分工——由资金雄厚、技术过硬、专业人士众多的机构负责建设并管理云端,从而提高了整个社会信息技术处理环境的可靠性。换言之,也就降低了因天灾人祸导致的生命财产损失。

(4)形成新的云计算产业。

(5)有利于全社会共享数据信息,打破信息孤岛,尤其是涉及公民的身份信息、档案信息、信用信息、健康信息及教育工作信息等的全国性公共云平台,从而带来巨大的社会效益。

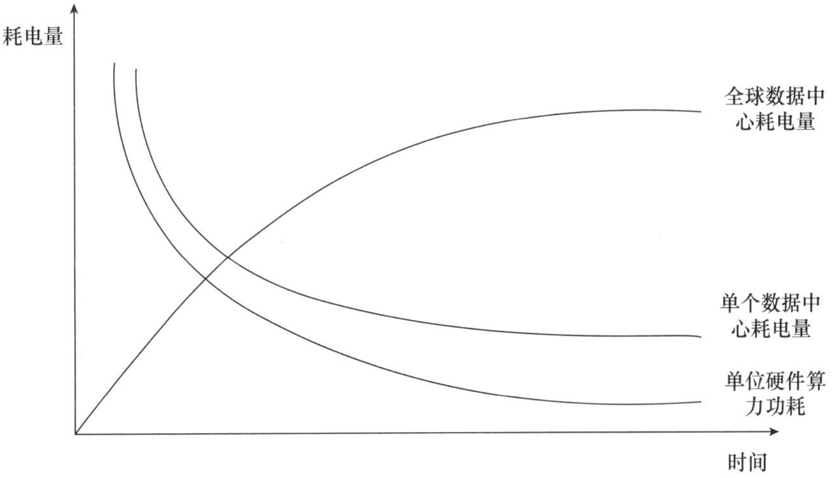

图3-19　云计算降低能耗

2.对于云计算消费者

(1)降低了信息技术成本:前期投入和日常使用成本得到大幅度降低,同时也降低了因各种IT事故导致的损失。

(2)提高了数据的安全性。

(3)提高了应用系统的可靠性。

(4)提高了用户体验:当今网络无处不在,云计算消费者可以随时随地采用任何云终端接入云端并使用云中的计算资源,真正实现移动办公。

(5)大型昂贵软件平民化:诸如可靠性工程软件、ERP系统、CRM系统、商业智能系统等云化之后以SaaS模式出租,这些以前只有大型企业使用的软件系统,现在广大中小型企业和个人都能用得起。

(6)从复杂的IT技术泥潭中摆脱出来,专注于自己的核心业务和市场。

(7)能快速响应消费者对计算资源的弹性需求,从而能及时满足企业的业务变化。在传统 IT 系统下,一项新业务对 IT 资源的扩容要求,往往在数月或者一年后才能得到满足,这使得市场人员和管理层往往难以接受,因为市场是瞬息万变的。

(8)有利于企业之间或者个人之间共享信息,打破信息孤岛。

(9)个人、中小企业和机构也用得起高性能计算。

四、云计算的劣势

1.严重依赖网络。没有网络的地方,或者网络不稳定的地方,消费者可能根本无法使用云服务或用户体验很差。但这并不是云计算固有的缺陷,随着网络普及越来越广、网速越来越快,甚至是城市无线 WIFI 全覆盖、国家无线 WIFI 全覆盖的到来,将使网络不再是问题。针对这个问题,现在有一些云终端产品,它会把一些常见的应用程序驻留在本地,同时缓存数据,当网络良好时,数据自动与云端同步。

2.数据可能泄密的环节增多。云端、灾备中心、离线备份介质、网络、云终端、账号和密码,这些都有可能成为信息的泄密点。但是云计算使得数据信息遭到非人为因素破坏的概率大大降低了,比如在传统 IT 系统中,存储设备损坏、机房火灾、地震、雷击、洪水等都会破坏数据,而在云计算环境则没有这些隐患。总之,云计算消除了一些数据泄密和破坏点,但是又带来了一些新的不安全因素。

3.相对于传统的分散计算,云计算把计算资源集中在一起,因而风险也被集中在一起。云端成了单点故障,如果云端发生事故,则影响面将非常巨大。目前常见的应对措施是数据冗余存储、建立灾备中心、建立双活数据中心等,图 3-20 为华为云计算数据中心灾备方案。

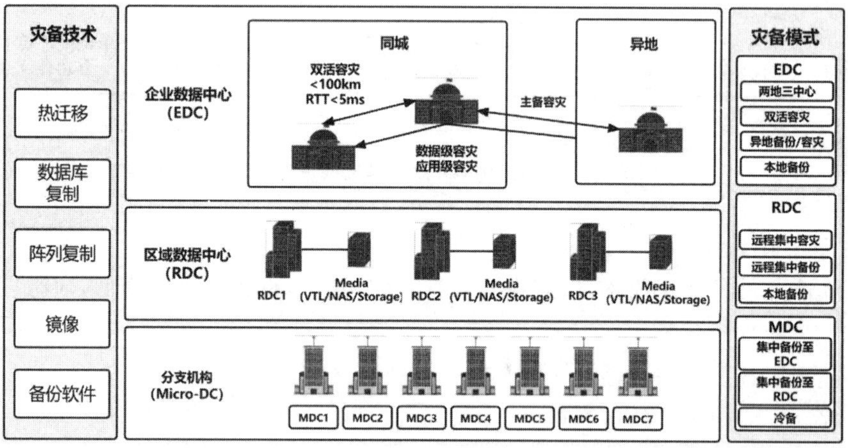

图 3-20 华为云计算数据中心灾备方案(图片来源于华为)

4.用户对数据和技术的掌控灵活度下降。对于 IaaS 云服务,用户无法掌控基础设施层;对于 PaaS 云服务,用户无法掌控基础设施层和平台软件层;而对于 SaaS 云服务,用户失去了基础设施层、平台软件层和应用软件层的掌控。

另外,数据存放在云端,如果数据量巨大,那么用户移动数据耗时又耗力,如果网速慢，则势必会严重影响数据的掌控灵活性。不过，对技术掌控降低反过来表示用户可以脱离繁杂的技术陷阱，从而专心关注企业的核心业务和市场，因此这也是优势。

【视野拓展】

2022 年 1 月 12 日，国务院发布了《“十四五”数字经济发展规划》(以下简称“《规划》”)，《规划》提出数字经济是农业经济、工业经济之后的主要经济形态。《规划》对优化升级数字基础设施、推进产业数字化转型、推动数字产业化、提升公共服务数字化水平等重点任务做出了部署，提出了 2025 年国内数字经济核心产业增加值占 GDP 比重由 2020 年的 7.8% 提升至 10% 的发展目标。

云计算是数字基础设施的重要部分，是驱动数字经济发展的源动力，在我国产业数字化转型和公共服务数字化水平提升中发挥着重要作用。目前，我国上云动力主要来自互联网企业，而未来非互联网行业的传统企业将成为上云新动力。

五、云计算的主要形式

1.云计算的四种部署模型

云计算主要有四种部署模型，每一种部署模型都具备独特的功能，能满足不同用户的需求。

(1)私有云

私有云指云端资源所有服务的使用权限仅提供给机构内部人员或分支机构使用。云端资源和服务的所有权、使用权、日常运维的主体并没有严格的规定，可能是本单位，也可能是第三方机构，还可能是二者的联合。云端可能位于本单位内部(图 3-21)，也可能托管在其他地方(图 3-22)，这是私有云的核心特征。

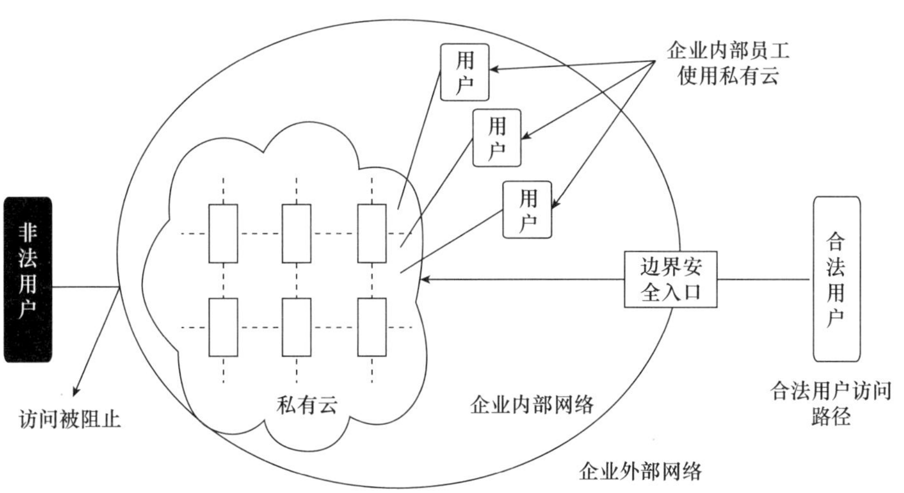

图 3-21　本地私有云

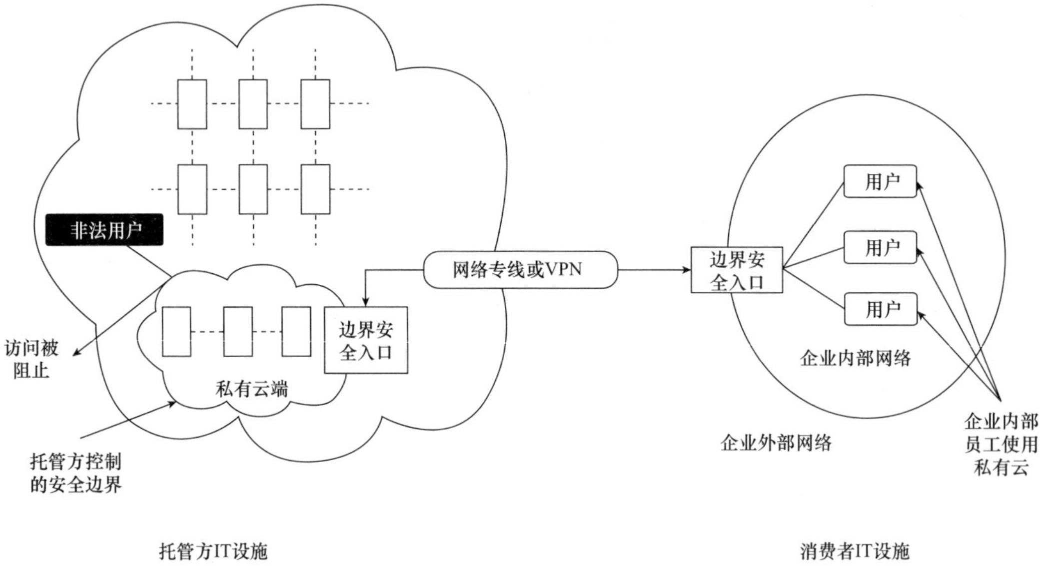

图 3-22 托管私有云

通常情况下，私有云企业会自行采购云服务所需要的基础设施去搭建云平台，然后在此基础之上开发所需的云服务应用。对于企业来讲，可以通过部署私有云来保障虚拟化私有网络的安全。对于有众多分支机构的大型企业或政府部门，更适合采用私有云的部署模式。伴随着当前大型企业数据中心的集中化，私有云部署模式将成为这些企业 IT 系统的主流云服务部署模式。私有云部署在企业自身内部，因此其数据安全性、系统可用性都可由自己控制。但其缺点是投资较大，尤其是一次性的建设投资较大。

(2)社区云

社区云的核心特征是云端资源通常开放给两个或者两个以上的用户使用，该用户可以是个人，也可以是组织，没有权限的人和机构都无权租赁和使用云端计算资源，参与社区云的单位组织一般具有共同的要求，如云服务模式、安全级别等。具备业务相关性或者隶属关系的单位组织建设社区云的意向更明显，主要原因是一方面能降低各组织的费用，另一方面组织之间可以共享信息。例如，深圳地区的酒店联盟组建酒店社区云，以满足数字化客房建设和酒店结算的需要。

对于社区云，与私有云部署方式相同的是其云端也有两种部署方法，即本地部署和托管部署。对于本地部署，同行有常见的三种部署方式：①仅部署在一个单位组织内部；②部署在多个单位组织内部；③部署在所有单位组织内部。如果云端部署在多个单位组织，每个单位组织只部署云端的一部分服务，或者作为云服务的灾备，如图 3-23 所示。

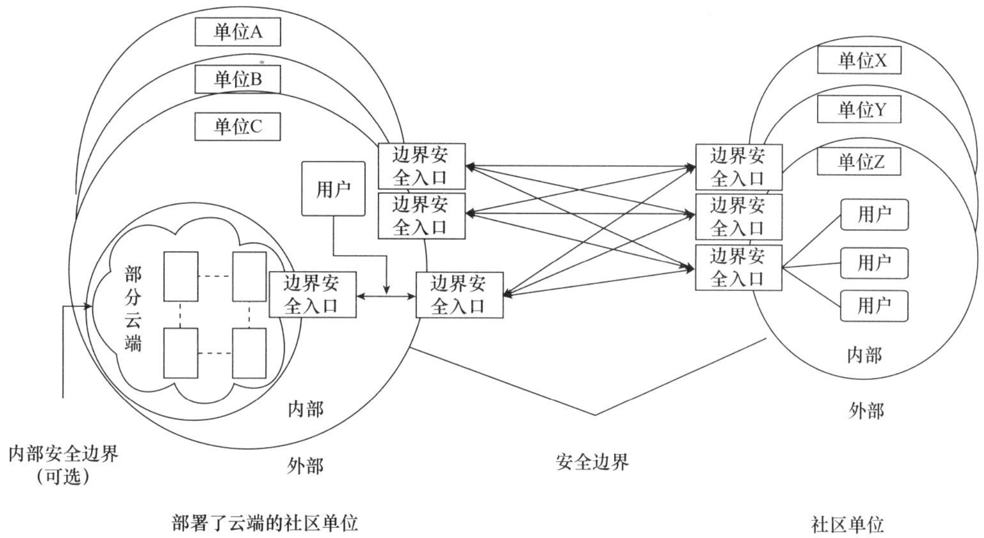

图 3-23　本地社区云

当社区云部署在多个单位组织时，社区云的访问策略相较于部署在单个单位组织会变得复杂的多。如果社区云有 M 个单位组织，那么对于其中某个单位组织，就有 $M-1$ 个其他单位组织来共享该单位的本地云资源，云服务管理员需要对资源的访问权限进行日常管理，解决此类问题的常用的办法有“基于角色的访问控制”“基于属性访问控制”等。

除此之外，社区云管理者需要解决权限控制和身份验证问题，这也是大多数应用系统会面临的实际使用问题。与私有云类似的是，对于社区云的托管也是通过第三方单位，只不过用户来自多个单位组织，所以托管方还必须制订切实可行的共享策略。托管社区云的示意图如图 3-24 所示。

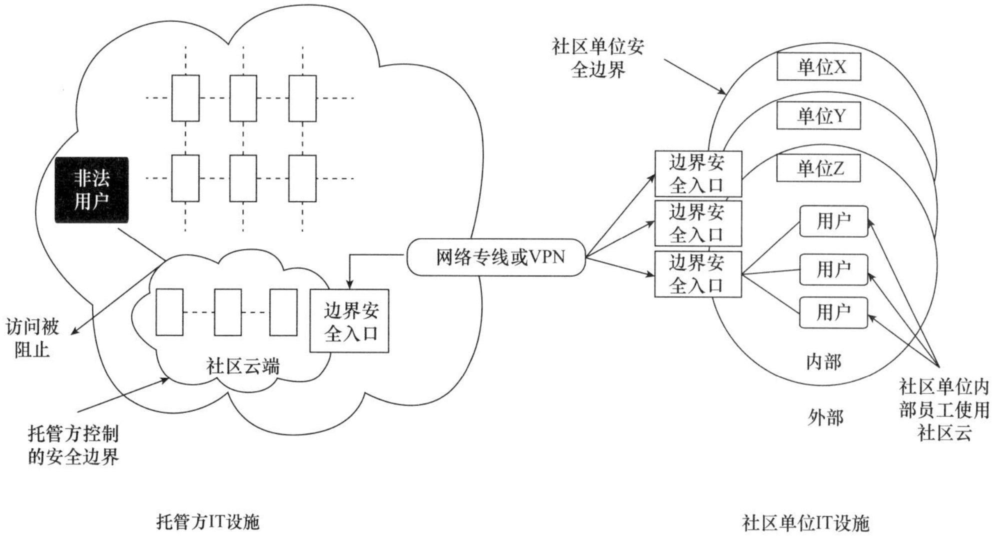

图 3-24　托管社区云示意

(3)公共云

对于公共云,其云端资源开放给社会公众使用。云端的所有权、日常管理和操作的主体可以是一个商业组织、学术机构、政府部门或者它们其中几个的联合。云端的部署一般为本地部署或者异地部署,比如广州市民公共云的云端可能就建在深圳,也可能建在东莞。

公共云的核心特征是其使用权限开发给社会大众,只要符合云端管理单位的准入条件,任何个人或者单位组织都可以租赁并使用云端服务。所以公共云的管理复杂度要远远大于私有云的管理复杂度,对于安全防范的要求更高。世界范围内公共云服务的一些知名公司有:亚马逊、阿里云、腾讯云、华为云等。

(4)混合云

混合云(图 3-25)由两个或两个以上不同类型的云(私有云、社区云、公共云)组成,通过统一的标准或者技术将这些云服务进行联通,实现云服务之间的数据流通。由多个相同类型的云组合在一起属于多云的范畴。它其实不是一种特定类型的单个云,其对外呈现出来的计算资源来自两个或两个以上的云,只不过增加了一个混合云管理层。云服务消费者通过混合云管理层租赁和使用资源,感觉就像在使用同一个云端的资源,其实内部被混合云管理层路由到真实的云端了。

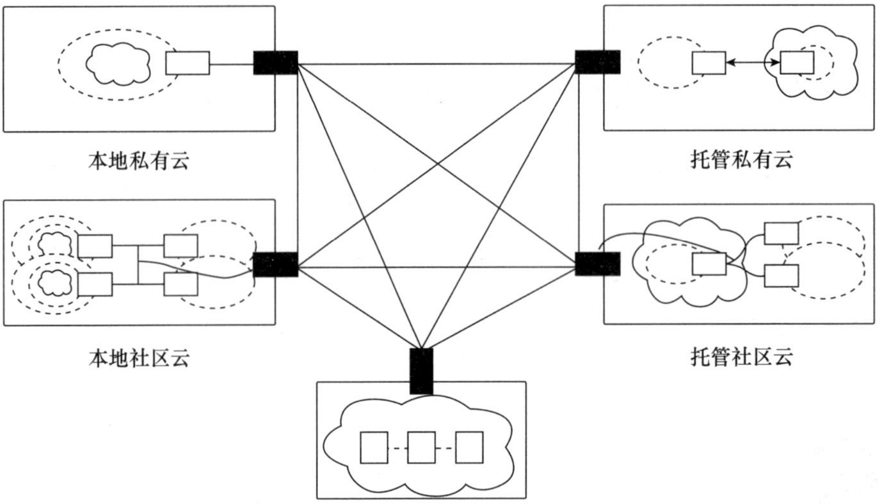

图 3-25　混合云

假如用户在混合云上租赁了一台虚拟机(IaaS 型资源)及开发工具(PaaS 型资源),那么用户每次都是连接混合云端,并使用其中的资源。用户并不知道自己的虚拟机实际上位于另一个 IaaS 私有云端,而开发工具又在另一个公共云上。

由于私有云和社区云具有本地和托管两种类型,再加上公共云,共有五种类型,所以混合云有很多的组合方式。

由多个相同类型的云组合在一起属于多元的范畴,比如两个私有云组合在一起,混合云属于多云的一种。由私有云和公共云构成的混合云是目前最流行的组合方式，当私有云资源短暂性需求过大时，自动租赁公共云资源来平抑私有云资源的需求峰值。

2.云计算的三种服务模式

云计算是一种新的计算资源使用模式，云端本身依然属于 IT 系统的范畴。云计算服务供应商提供有三种不同模式来满足云服务消费者的不同需求，分别是 IaaS、PaaS、SaaS，如图 3-26 所示。

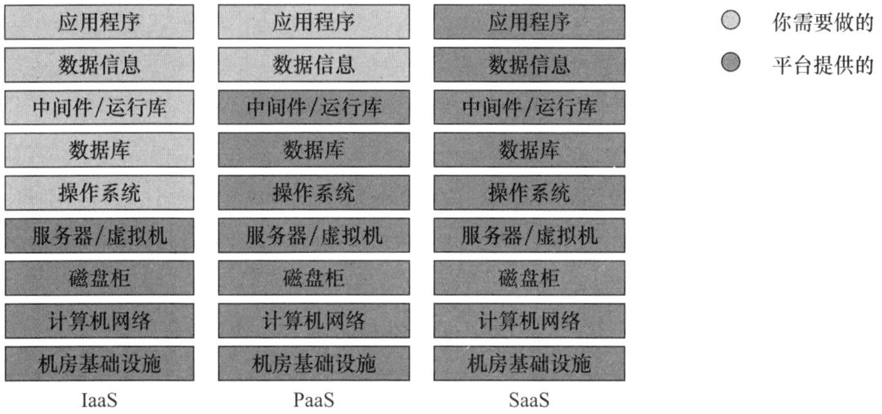

图 3-26　云计算的三种服务模式

(1)软件即服务(Software as a Service，SaaS)。

SaaS 是“Software as a Service”的首字母缩写，意为软件即服务。用户通过互联网访问部署在云端的应用资源，即云服务供应商把 IT 系统的应用层作为服务提供给公众使用，用户可以使用任何云终端设备接入计算机网络，然后通过网页浏览器或者编程接口使用云端的软件。对于用户来讲无须安装应用软件，仅通过互联网来使用云端服务，大大降低了使用门槛。SaaS 云如图 3-27 所示。

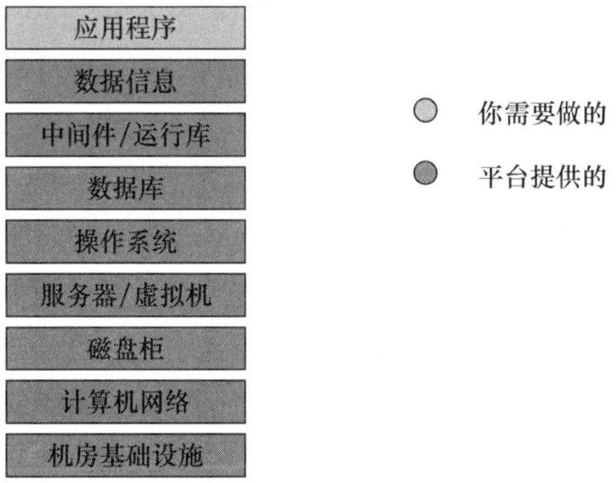

图 3-27　SaaS 云

(2)平台即服务(Platform as a Service,PaaS)。

PaaS是"Platform as a Service"的首字母缩写,意为平台即服务,即把IT系统的平台软件层作为服务出租出去,如图3-28所示。

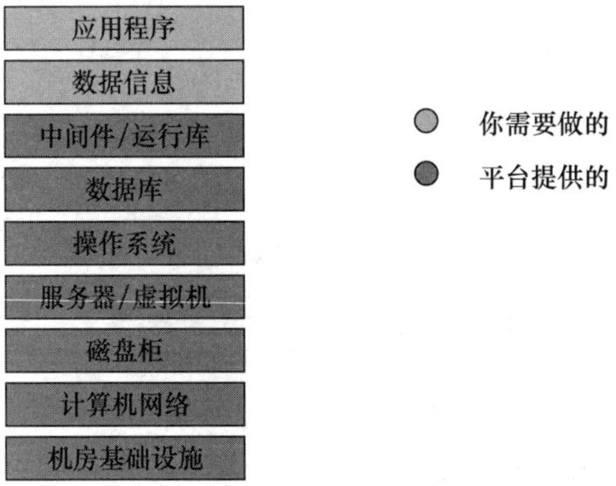

图3-28 PaaS云

相比于IaaS云服务提供商,PaaS云服务提供商需要准备机房、配置网络、放置设备、安装操作系统、数据库和中间件,搭建好基础设施层和平台软件层的硬件和软件,然后在平台软件层上划分出一个个容器,并将这些容器对外出租,同时,PaaS云服务提供商还得安装各种开发调试工具,方便用户的使用。PaaS云服务提供商也可以从其他IaaS云服务提供商那里租赁计算资源,然后自己部署平台软件层。对于IaaS用户来说,PasS租户需要自行承担的工作量大大减少,Pass租户只要开发和调试软件或者安装、配置和使用应用软件即可。PaaS云服务的费用计算一般根据租户中的用户数量、用户类型、资源消耗量及租期等因素计算。

(3)基础设施即服务(Infrastructure as a Service,IaaS)。

IaaS是"Infrastructure as a Service"的首字母缩写,意思是基础设施即服务,IaaS云服务提供商把IT系统的基础设施层作为服务出租出去。IaaS云服务提供商把IT系统的基础设施建设好,并对计算设备进行池化,然后直接对外出租硬件服务器、虚拟主机、存储或网络设施(负载均衡器、防火墙、公网IP地址及诸如DNS等基础服务)等。

云服务提供商负责管理机房基础设施、计算机网络、磁盘柜、服务器和虚拟机,租户自己安装和管理操作系统、数据库、中间件、应用软件和数据信息,所以IaaS云服务的消费者一般是掌握一定技术的系统管理员,IaaS云如图3-29所示。

IaaS云服务提供商计算租赁费用通常是根据CPU、内存和存储的数量,一定时间内消耗的网络带宽,公网IP地址数量及一些其他需要的增值服务(如监控、自动伸缩等)等因素来综合计算。

出租的物理服务器和虚拟机统称为主机,相对于租户来说,这些主机不在现场而在异地的机房,租户拥有该机房的部分主机的使用权限。

对于物理主机来讲,其出租前的物理位置保持不变,租户仍然是通过网络使用这些云端主机。租户登录云服务提供商的网站,填写并提交主机配置表后付款,然后云服务提供商向租户颁发账号和密码,最后租户以此账号和密码登录云端的自助网站。

租户可以管理主机的启动和关闭，在主机上安装操作系统、安装和配置数据库、安装应用软件等。启动机器和安装操作系统必须要在自助网站上完成，其他操作可以直接登录到已经安装了操作系统并配置好网卡的主机中完成。

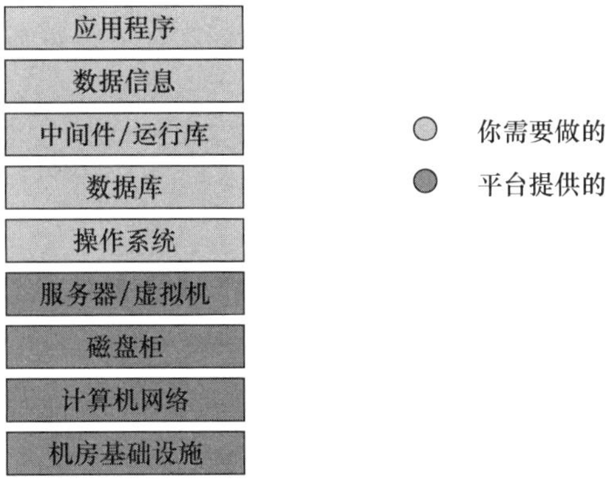

图 3-29　IaaS 云

对于租来的主机，租户只关心计算资源（CPU、内存、硬盘）的容量是否与租赁合同上标注的一致，就像租赁同一层楼上的一间房间一样，租户只关心面积是否足够，而不关心房间的墙壁是钢筋水泥结构还是砖块石灰结构。但是对于云服务提供商来说，出租硬件服务器和虚拟机，内部的技术处理是不一样的，其中硬件服务器必须要集成远程管理卡并要池化到资源池中。

远程管理卡是插接在服务器主板上或者直接集成在主板上的一个嵌入式系统，需要接网线并配置 IP 地址。只要服务器的电源插头插到插座上，不管有没有按下服务器的电源开关，这个远程管理卡都会启动，其他人就可以通过网络登录到远程管理卡（需要账号和密码），成功登录后就可以进行启动和关闭服务器、安装操作系统等操作。只不过云服务提供商把远程管理卡的功能集成到了租户自助网站中，从而实现了物理机和虚拟机的统一管理。

目前，世界范围内传统计算设备远远超过云端的计算设备，由于这些传统的计算设备没有共享，因此很多计算产能被白白浪费掉了。加入云端的计算设备在得到充分使用的情况下，云计算才算是“绿色”计算。目前，国内各大数据中心积极响应国家“碳达峰、碳中和”战略，积极探索先进技术，先进模式，探索绿色云计算的新路径。

【视野拓展】

“碳达峰”和“碳中和”

气候变化是人类面临的全球性问题，随着各国二氧化碳排放，温室气体猛增，对生命系统形成威胁。在这一背景下，世界各国以全球协约的方式减排温室气体，我国由此提出碳达峰和碳中和目标。碳达峰是指我国承诺2030年前，二氧化碳的排放不再增长，达到峰值之后逐步降低；碳中和是指企业、团体或个人测算在一定时间内直接或间接产生的温室气体排放总量，通过植树造林、节能减排等形式，抵消自身产生的二氧化碳排放量，实现二氧化碳“零排放”。

碳排放与经济发展密切相关，经济发展需要消耗能源。这个目标的提出，就意味着在将来我们的生产方式、生活方式都要发生深刻的变化。目前，全国各个省市都在做碳达峰相应的规划。在广东，特别是粤港澳大湾区，在空气联防联治方面有较早的基础。较早形成珠三角大气污染联防联控机制，此后又建立粤港澳大珠三角联防联控工作机制等，这些都将有利于广东率先实现碳达峰。

二维码 3-4 “碳达峰”和“碳中和”

全球气候变化是21世纪人类面临的重大挑战。我国是全球最大的碳排放国，应对气候变化事关国内国际两个大局，事关发展全局和长远，是推动经济高质量发展和生态文明建设的重要抓手，是参与全球治理和坚持多边主义的重要领域。2020年以来，我国在多个重大国际场合就应对气候变化提出有力度的目标和愿景，发表一系列倡议和看法，为绿色低碳转型指明了前进方向，也为全球气候治理向前迈进注入了新动能。

任务三　云计算的关键技术

云计算是分布式处理、并行计算和网格计算等概念的发展和商业实现，其技术实质是计算、存储、服务器、应用软件等IT软硬件资源的虚拟化，云计算在虚拟化、数据存储、数据管理、编程模式等方面具有自身独特的技术。

1.虚拟化技术

虚拟化的核心理念是以透明的方式提供抽象的底层资源，这种抽象的方法并不受地理位置或底层资源的物理位置限制。就技术本身而言，它并不是全新的事物，早在20世纪70年代就已经在IBM的虚拟计算系统中得以应用。随着云计算的兴起，虚拟化技术再次成为热点，究其原因主要在于：首先，计算机系统在功能变得日益强大的同时，本身也越来越难以管理；其次，当计算机系统发展到以用户为核心的阶段时，人们更关心的是如何通过接口和服务来满足更复杂多变的用户要求。由于虚拟化技术能够灵活组织多种计算机资源，解除底层和应用层的资源的绑定和约束关系，提升资源使用率，发挥资源聚合效能，为用户提供个性化和普通化的资源使用环境，因而得到高度重视。利用虚拟化技术，能够有效整合数据中心所有的硬件资源、虚拟服务器和其他基础设施，并通过高效的管理和调度为上层应用提供动态、可伸缩、灵活的基础设施平台，从而满足云计算随需扩展、按需部署、即需即用的需求。不过，各种虚拟化技术各有优势和不足。例如，目前主流的半虚拟化技术，其虚拟机管理带来的CPU额外开销较少，但内存性能开销较大，因此原有的CPU密集型应用能够较好地迁移到虚拟化平台上来，而内存或I/O密集型应用就会遇到较大的性能问题。因此，如何融合各种虚拟化方法的优势，按照应用任务的需求，将各种资源进行动态共享和灵活配置，使计算系统具备按需构建能力，都是云计算中需要深入研究的问题。

2.大规模分布式存储

分布式存储要求存储资源能够被抽象表示和统一管理，并且能够保证数据读/写操作的安全性、可靠性、性能等各方面的要求。分布式文件系统允许用户像访问本地文件系统一样访问远程服务器的文件系统，用户可以将自己的数据存储在多个远程服务器上，分布式文件系统基本上都是冗余备份机制和容错机制，以保证数据读/写的正确性。云环境的存储服务基于分布式文件系统并根据云存储的特征做了相应的配置和改进。典型的分布式文件系统有 Google 公司设计的可伸缩的 Google File System(GFS)。目前，在云计算环境下的大规模分布式存储方面已经有了一些研究成果和应用。Google 公司设计的用来存储大规模结构化数据的分布式存储系统 Big Table 用来将网页存储成分布式的、多维的、有序的图。

3.数据管理技术

由于云数据存储管理形式不同于传统的关系型数据库数据管理方式，如何在规模巨大的分布式数据中找到特定的数据，是云计算数据管理技术所必须解决的问题。同时，由于管理形式的不同造成传统的 SQL 数据库接口无法直接移植到云管理系统中来，当前业界研究内容为向云数据管理提供 RDBMS 和 SQL 的接口，如基于 Hadoop 子项目 HBase 和 Hive 等。另外，在云数据管理方面，如何保证数据安全性和数据访问高效性也是研究关注的重点问题之一。

4.编程模型

云计算以互联网服务和应用为中心，其底层是大规模服务器集群和海量数据，新的场景需要新的编程模型来支撑。在云计算场景下，要求新的编程模型能够方便快速地分析和处理海量数据，并提供安全、容错、负载均衡、高并发和可伸缩性等机制。

为能够低成本高效率地处理海量数据，目前主要的互联网公司都在大规模集群系统上研发分布式编程系统，使普通开发人员可以将精力集中于业务逻辑上，不用关注分布式编程的底层细节和复杂性，从而降低普通开发人员处理海量数据并充分利用集群资源的难度。

5.大规模数据处理

以互联网为计算平台的云计算会广泛地涉及大数据处理任务。由于大规模数据处理操作非常频繁，很多研究者在从事支持大规模数据处理的编程模型方面的研究。当今世界最流行的大规模数据处理的编程模型可以说是由 Google 公司所设计的 Map Reduce 编程模型。Map Reduce 编程模型将一个任务分成很多更细粒度的子任务，这些子任务能够在空闲的处理节点之间调度，使得处理速度越快的节点处理越多的任务，从而避免处理速度慢的节点延长整个任务的完成时间。

6.大规模消息通信

云计算的一个核心理念就是资源和软件功能都是以服务的形式发布的，不同服务之间经常需要进行消息通信协作，因此，可靠、安全、高性能的通信基础设施对于云计算的成功至关重要。异步消息通信机制可以使得云计算每个层次中的内部组件之间及各个层次之间解耦合，并且保证云计算服务的高可用性。目前，云计算环境中的大规模数据通信技术仍旧处于发展阶段。

【视野拓展】

虚拟化技术与容器

虚拟化技术将计算机资源划分成多个相互独立的环境，实现资源利用率最大化。其中服务器虚拟化技术发展较为广泛，同时是IaaS服务的基础。被虚拟化出来的物理服务器被称作虚拟机，虚拟机有着独立的操作系统，占用资源多并且相互独立，每次运行均需重新部署，难以管理并会降低运行效率。

容器技术类比于集装箱理论，将所需运行的应用程序或者库进行封装，可实现容器内部程序的直接运行。容器称作轻量级的虚拟机，突出容器小型化的优势。随着实际需求的提升，需要同时创建几百或者几千个虚拟机并运行，会造成资源大量消耗并降低运行效率。而容器技术的出现使虚拟机的问题得到解决，因为容器是对操作系统进行虚拟化实现，共享同一个操作系统无需重新构建，极大地提高整体性能。

任务四　云计算在农业领域的应用

农业云计算的运用为农业信息化带来了大规模的数据存储能力。近年来，云计算技术在农业管理与服务方面发挥了重要作用，例如，通过分析农产品信息来保证农产品的质量与安全；在农业管理和服务过程中，通过云计算技术记录农产品生产、流通、消费等环节信息，方便农业管理后期的追踪和安全监测。我国农业部门已将云计算技术列入未来发展计划，实现农业管理与服务的优化升级，促进农业信息化建设的推广应用。

一、云计算在养殖行业的应用

相关数据显示，中国每年有7亿头生猪出栏，出栏量占据全球的55%以上，市场规模达到1.1万亿元。但是中国生产每公斤猪肉的饲料成本却是美国的2倍，人力成本是美国的5倍。导致这一问题的原因有两方面，首先，传统养殖行业规模化程度低，绝大多数的出栏猪还是来自于小型养殖场和散户，养殖水平很难保障；其次，在以人力为主导的养殖行业，存在许多技术上的局限性，例如，猪只数量难统计，猪只体重测量繁琐，疫病健康情况难监测、人工投喂导致浪费等。2018年，京东数字科技推出农牧智能养殖解决方案则能够从根本上解决这些问题。

京东农牧智能养殖解决方案将数字科技与传统农牧业高效结合，能够在巡检、环控、监控、饲喂等四大场景中发挥至关重要的作用。京东农牧智能养殖解决方案通过神农大脑（AI）、神农物联网设备（IoT）、神农系统（SaaS）、智能巡检机器人（图 3-30）、饲喂机器人和 3D 农业级摄像头等先进设备，打通养殖全产业链，实现了农牧产业的智能化、数字化和互联网化。

神农大脑是京东农牧智能养殖解决方案的核心模块，将京东数字科技的 AI 能力与行业专家的丰富经验与智慧进行结合，能够实现养殖企业的智能化管理。神农大脑可以通过 SaaS 系统发布任务给饲养员，也可以控制物联网设备直接执行任务。同时，神农大脑还能对收集到的环境数据上传到服务器云上，并在服务器上对这些海量的信息进行云计算分析，经过智能分析后，自动对风机、水帘、暖气等设备进行调节，保证养猪场温度、湿度、空气维持在适合生猪健康生长的最佳状态。

图 3-30　智能巡检机器人（图片来源于京东）

二、云计算在病虫害监测的应用

近些年，以云计算等为代表的数字技术在病虫害监测领域出现了不少数字应用，推动病虫害监测向着多元化、高效化、智能化的方向发展。

传统的监测需专业人才定期到田间取点采样，繁琐的采样计数工作与路途奔波工作极大地耗费大量的人力物力。病虫害监测预警系统能够有效解决这一问题。

2020 年 11 月，在重庆举行的第三十六届全国植保“双交会”上，浙江托普云农科技股份有限公司推出了病虫害监测及防治的相关解决方案，其中智能测报功能成为全场最大焦点。图 3-31 为病虫害监测预警系统。

该解决方案可实现害虫的自动识别与计数、气象数据的监测与记录等功能。监测数据经网络上传至云平台，可生成相应的虫情发生走势图，为防治方案的制定提供坚实的数据基础，不仅解决了人力短缺问题，还满足了病虫害测报需求。

图 3-31 病虫害监测预警系统(图片来源于腾讯新闻)

三、云计算在农产品电子商务的应用

目前云计算技术在农业电子商务中的应用较为成熟,可发挥云计算技术优势,分析处理更多的数据,使得农业电子商务更加智能化。农业电子商务平台逐渐升级,用户量不断增加,云计算技术在农产品电子商务运营中,能提供更精准的产品购买推送,能够更多地满足用户的需求。

作为国内云计算领导者,阿里云利用电商平台聚划算在农产品销售推广上的优势,助力农户增产增收。阿里云跟湖北枣阳市政府合作,引入阿里云 AI 技术,推动种植环节标准化和数字化。经过阿里云的科技赋能,同时融合聚划算和天猫等电商平台的营销优势,为果农增加收入,降低果民的种植成本。

【思政园地】

阿里云的缔造者王坚

来源:新浪网

王坚出生于 1962 年 10 月,1993 年,31 岁的王坚就成了杭州大学心理系的博导,32 岁王坚又荣升成了心理系的系主任。不知道从什么时候开始,王坚开始对计算机产生了浓厚的兴趣,于是他经常去旁听浙大的计算机课程。1999 年在众人的诧异声中,王坚辞去了系主任的职务,加入微软亚洲研究院,他为微软研究出了数字墨水,微软强大的绘画就来自于数字墨水技术。后来王坚开始在微软负责大数据处理,深得比尔盖茨信任,并升任微软亚洲研究院副院长。

在微软做大数据处理工作的经历让王坚萌生了做云计算的想法,虽然那时候的王坚连云计算是什么都解释不明白。2007年,王坚遇到了马云,他告诉马云:如果阿里没有自己的技术,未来将会消失。王坚的这番话让马云深受震撼,在此之前,阿里巴巴的技术主要依靠雅虎来提供。日益增长的交易量,频繁的宕机事故,也使马云意识到了技术的重要性,只是苦于一直找不到合适的领军人物。王坚的话坚定了马云发展阿里巴巴自身核心技术的决心。

2009年,王坚担任阿里的首席架构师,开始挑战云计算。2009年9月10日阿里云正式成立,这个属于中国人的云计算系统后来被称为"飞天"。2010年至2012年,是王坚在阿里最艰难的几年。王坚领着一群年轻人,去做一个中国人从来没有做过,只在他们脑子里存在过的东西,耗费巨资却迟迟做不出成绩。随着时间的推移,不论是社会还是公司内部,质疑的声音越来越多。面对质疑,王坚无力澄清,只能继续埋头苦干。他明白,只要做出成绩,这些质疑就会烟消云散。然而,王坚要做的事实在太难了,难到逼走了一大批优秀的工程师。在最绝望的时候,阿里云将近80%的工程师选择了离职。一位优秀的工程师曾在离职信中表达自己的不满,称自己再干下去也看不到希望。种种的压力汇聚到王坚身上,但他却不为所动,始终按照自己的步伐前进。别人不理解,那就不理会他们的谩骂和指责。员工离职了,那就重新再找。项目失败了,那就继续试。王坚在争议声中,又用他那永不知疲倦的折腾能力,开始做手机的操作系统,对标谷歌的安卓。

王坚一直有着强烈的技术自主情结。他深信所谓家国情怀,60年代出生的他被打上了那个时代的烙印。他是一个航空航天迷,常常会给手下讲,过去中国没有办法造自己的大飞机,"那么多优秀的工程师一辈子连造飞机的机会都没有"。他给云计算平台起名"飞天",意味深长。在他看来,云计算是一个新的行业,阿里云要走在最前面,就不能靠别人提供技术。同样,手机操作系统也是如此,要想做自己的东西,就不能在别人的系统上做。

2013年,王坚和团队的努力终于得到了回报。他们把5000台机器,组成了像一台机器在使用。为了测试,他们用了最野蛮的暴力断电,如果这样的情况下数据稳定,就说明云计算成功了。四个小时后,系统恢复运行,十台服务器报销,但数据毫发无损,阿里云成功了!

2013年阿里飞天系统获得国家计算机技术特等奖。2018年阿里云年收入近120亿,市场估值4500亿。阿里巴巴成为继谷歌和微软之外,第三家具备云计算能力的公司,阿里云成为亚洲第一,世界第三的云计算平台。

【实 训】

传统的服务器租用和托管费用昂贵,用户需一次性花费高额资金来购置服务器硬件及相关网络设备,或支付高额的租用费用,同时存在大量的资源浪费现象,用户独享整台实体服务器的资源和性能，但真正做到满载运行的网站或应用极少，服务器中大量资源长期处于闲置状态，造成成本浪费。

云服务器是服务商将资源集成到云端虚拟资源池，用户无需投入硬件设施成本，仅需支付所使用的资源成本即可，这种资源的高效利用模式是传统服务器难以比拟的。大大降低成本的无谓消耗，增强对成本的精准控制。

思考讨论：

1.传统服务器租用和托管有哪些劣势？

2.云服务器有哪些优势？

【归纳与提高】

云计算通过几十年的发展，已成为人类社会的重要信息技术。云计算技术是分布式计算技术的一种，这种技术是透过网络将庞大的计算处理程序自动分拆成无数个较小的子程序，再交由多部服务器所组成的庞大系统计算分析之后将结果回传给用户。云计算具有超大规模、虚拟化、高可靠性、通用性、高可扩展性和按需服务等特点；云计算有四种部署模型和三种服务模式；云计算的关键技术有虚拟化、数据存储、数据管理和编程模式等。

近年来云计算技术在农业管理与服务方面发挥了重要作用，我国农业部门已将云计算技术列入未来发展计划，实现农业管理与服务的优化升级，促进农业信息化建设更好的推广。

【知识巩固与技能训练】

一、单项选择题

1.虚拟化的概念是首次被谁提出的。（　　）

A.约翰·麦卡锡　　B.克里斯托弗·斯特雷奇

C.麦卡锡　　D.约翰·盖奇

2.把 IT 系统的平台软件层作为服务出租出去是下列（　　）技术的含义。

A.PaaS　　B.IaaS　　C.SaaS　　D.NaaS

3.下列哪一项不是云计算的关键技术。（　　）

A.快速部署　　B.虚拟化　　C.资源调度　　D.面向对象

二、多项选择题

1.云计算的三种部署方式是下列哪些选项。（　　）

A.SaaS　　B.PaaS　　C.IaaS　　D.NaaS

2.下列哪些项是云计算的部署形式。（　　）

A.私有云　　B.公共云　　C.混合云　　D.社区云

三、复习思考题

1.如何理解云计算的虚拟化技术?

2.云计算有哪些潜在危险?

参考答案

一、单项选择题

1.A　2.A　3.D

二、多项选择题

1.ABC　2.ABCD

三、复习思考题

1.虚拟化的核心理念是以透明的方式提供抽象的底层资源,这种抽象的底层资源,这种抽象的方法并不受地理位置或底层资源的物理位置所限。由于虚拟化技术能够灵活组织多种计算机资源,解除底层和应用层的资源的绑定和约束关系,提升资源使用率,发挥资源聚合效能。为用户提供个性化的资源使用环境,因而得到高度重视。利用虚拟化技术,能够有效整合数据中心所有的硬件资源、虚拟服务器和其他基础设施,并通过高效的管理和调度为上层应用提供动态、可伸缩、灵活的基础设施平台,从而满足云计算随需扩展、按需部署、即需即用的需求。

2.云计算服务除了提供计算服务外,还必然提供了存储服务。但是云计算服务当前垄断在私人机构手中,而他们仅仅能够提供商业信用。对于政府机构、商业机构选择云计算服务应保持足够的警惕。对于信息社会而言,“信息”是至关重要的。另一方面,云计算中的数据对于数据所有者以外的其他用户是保密的,但是对于提供云计算的商业机构而言确实毫无秘密可言。所有这些潜在的危险,是商业机构和政府机构选择云计算服务、特别是国外机构提供的云计算服务时,不得不考虑的一个重要的前提。

项目四
农业领域的物联网技术

学习目标

【知识目标】

1.了解物联网的基本概念。
2.了解物联网的起源与发展历程。
3.掌握物联网系统的基本架构及关键技术。
4.掌握物联网技术在农业领域的应用。

【技能目标】

1.能认识农业物联网的结构及常见设备。
2.能进行小型简单物联网系统设备的安装。
3.能进行简单物联网系统的网络连接设置。
4.能进行简单物联网系统的运行调试。

【素质目标】

1.培养严谨的安全规范操作意识。
2.培养较强的团队协作、有效沟通能力。
3.培养分析问题、解决问题的思维能力。

【思政目标】

1.培养良好的职业道德素养。
2.培养爱国主义情怀及科技创新意识。
3.培养关注民生、服务三农的家国理念。

引入案例

物联网——让农业生产智能起来!

物联网是继计算机、互联网和移动通信之后的又一次信息产业的革命性发展,目前被正式列为国家重点发展的战略性新兴产业之一。它是利用现今无处不在的网络技术建立的,并对自动化、计算机、电子通信等众多的技术领域进行有效融合的一门新兴技术。随着信息化时代的高速发展以及“智慧地球”“感知中国”项目的实施,物联网技术已经悄然走入我们的生活,它的广泛应用给整个社会的发展带来了巨大的变革。

说到物联网技术的应用,不得不提到其在农业方面的实施。原本看似又苦又累的农业生产,正在因为物联网渐渐变得洋气和轻松起来!

天津的杨师傅从事水产养殖30余年,传统的水产养殖,池塘何时需要增氧,需要增加多少量,全凭经验,这很容易造成养殖系统缺氧现象的发生,导致养殖鱼的缺氧死亡。

二维码4-1
物联网——使农业生产简单轻松

自从多了一个好帮手——物联网系统设备,杨师傅能24小时实时监测水里的溶解氧含量和温度。这套设备将温度传感器、溶解氧传感器、主机、增氧设备、水泵等通过网络与手机进行连接,一旦系统检测到水塘的氧气量降低,则自动发出“增氧”指令驱动增氧设备开始增氧;如检测到水温偏高,则发出“降温”指令驱使水泵加入冷水。同时,杨师傅还可通过手机上的客户端,一键开启远程操控。这套设备不仅帮助他增加了养殖的科学性,还节约了人力成本,提高了生产效能,让他更加舒心!

思考:1.物联网技术究竟是什么?

2.它是如何实现农业的智能化管理的?

任务一　物联网的概念和发展历程

一、物联网的概念

1.物联网的定义

物联网(The Internet of things,简称IOT)是“物物相联的互联网”,是互联网基础上的延伸和扩展的网络,将各种信息传感设备与网络结合起来而形成的一个巨大网络,实现任何时间、任何地点,人、机、物的互联互通。早在1999年,美国麻省理工学院的凯文教授曾对物联网的定义为通过射频识别、红外感应器、全球定位系统、激光扫描器、气体感应器等信息传感设备,按约定的协议,把任何物品与互联网连接起来,进行信息交换和通信,以实现智能化识别、定位、跟踪、监控和管理的一种网络。

随着信息技术的发展，关于物联网的定义和范围，也在不断变化和拓展。2005 年，国际电信联盟组织(ITU)在发布的报告中，正式给出了“物联网”的概念和涵义：物联网是通过二维码识读设备、射频识别(RFID)装置、红外感应器、全球定位系统和激光扫描器等信息传感设备，按照约定的协议，把任何物品与互联网相连接，进行信息交换和通信，以实现智能化识别、定位、跟踪、监控和管理的一种网络。

综上所述，物联网可以理解为，是将所有的“物品”通过网络接入互联网，实现信息交换、智能化的识别与管理。它是以感知为目的，实现人与人、人与物、物与物全面互联的网络。其定义概念图如图 4-1 所示。

图 4-1　物联网的定义概念图(图片来源于汇颐科技官方网站)

2.物联网与互联网的关系

物联网与互联网仅有一字之差，故二者经常被拿来比较。究竟二者有什么样的联系与区别呢？

在现代社会，想必人们对于互联网已不陌生，我们每天的工作、学习、生活、娱乐都离不开互联网，它已经成为我们与这个世界保持联系、持续发展的必然基础。正是因为互联网，“人与人”之间的远距离无差别沟通交流得以实现。互联网飞速发展到今天，正彻底改变着世界，也改变着我们。

而互联网与物联网的关系，则相当于是“父”与“子”的关系。简单而言，如果没有互联网技术作为基础，物联网也就不可能衍生与实现。它们之间的关系与区别可归结为如下几点。

(1)物联网是物物之间的联网，互联网是人人之间的联网。

“物联网”和“互联网”的区别为物联网是物与物之间的联网(物物相连)；互联网是人与人之间的联网(人人相连)。物联网的概念是在互联网的基础上，将其用户端延伸和扩展到任何物品与物品之间，进行信息交换和通信的一种网络。例如，我们日常进行上网微信聊天、发送邮件、视频通话等，都是人与人之间在交流，这就是互联网。而目前小米公司所推出的小米智能家居，则是一个家庭物联网。在智能家居中，我们可以通过给不能说话、无法思考的各种家居设备装上“传感器”来采集它们的信息数据，并通过网络传输反馈到控制终端系统和人类，从而可对家居设备进行控制操作，实现了人与家具之间的“对话”。

(2)互联网是物联网实现的前提，物联网是互联网应用的拓展。

互联网是人与人交流沟通、传递信息的纽带，物联网则是建立在互联网上的一种泛在网络。作为互联网的延伸，物联网则是将沟通交流的对象从最初的“人与人”，逐步扩展到“人与物”“物与物”。它的提出和使用让人与物、物与物之间的有效通信变为可能。物联网技术的基础和核心仍旧是互联网，通过各种有线和无线网络与互联网融合，将物体的信息实时准确地传递出去。

(3)互联网和物联网相辅相成，扩大了人类的沟通范围。

互联网技术和物联网技术的结合，使得整个生态系统更为智能与和谐。在家里，互联网和物联网的结合，让智能家居得以实现，无论人在何方，仅通过一部手机，便可以随时管理家中电器；在路上，互联网和物联网的结合，让自动驾驶成为可能，你可以轻松掌握路况信息，汽车会自动告知你最佳路线；而在蔬菜大棚里，互联网和物联网的结合，让农业种植更为轻松便捷，土壤会告诉你何时进行灌溉，而植物会告诉你，肥料快没了。

总而言之，物联网的本质还是互联网。互联网是通过网络连接计算机从而实现“人人”的沟通，那么，物联网就是互联网的延伸，实现“物物”的连接沟通，人类通过给物体嵌入智能技术和传感器技术，将物赋予智慧和感知能力。二者关系示意如图 4-2 所示。

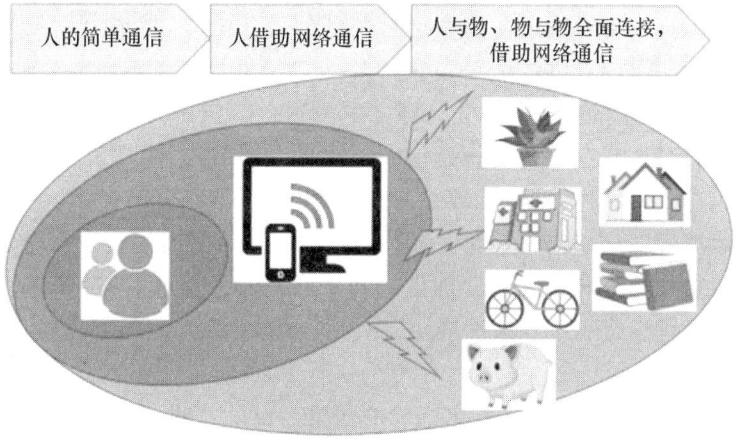

图 4-2　物联网是互联网的拓展和延伸

二、物联网的发展历程

1.物联网的起源

物联网技术的应用最早可追溯至 1990 年美国施乐公司推出的网络可乐售卖机。卡内基梅隆大学的一群程序设计师，为了能在每次下楼购买可乐之前，准确掌握可乐售卖机中可乐的数量以及冰冻程度，便将可乐售卖机接上网络，并编写相应程序对可乐售卖机内的可乐情况进行监控。这便是物联网早期应用的雏形。

1995年,比尔·盖茨(Bill Gates)在他的著作《未来之路》中首次提及"物物相联"的概念,书中描绘了对智能豪宅"未来屋"的设计构想:房屋不仅具备高速上网的专线,且房内所有的家具、电器等均可通过网络进行连接控制,并配备一台高性能的服务器对系统后台进行管理。此后,他将自己的想法付诸实践,而他本人也成为世界上最早的智能家居体验用户。

随着"万物相连"的思潮愈演愈烈,到了1999年,美国麻省理工学院率先成立"AUTO-ID自动识别中心",用于协调引导对射频识别技术(RFID)的尖端科研。以"物联网之父"凯文·阿什顿教授为代表的美国研究者主张将物品通过射频识别技术等信息传感设备与互联网进行连接,从而实现智能化识别和管理过程,阐明了物联网的基本内涵。

2005年,信息社会世界峰会(WSIS)在突尼斯举行。在本次会议上,国际电信联盟ITU正式确定了"物联网"的概念,这也是物联网首次被明确定义和描述。ITU在"ITU Internet Reports 2005——The Internet of Things"报告中描述了物联网的特征、技术、挑战和机遇,并指出信息与通信技术(ICT)的目标已经从满足人与人之间的沟通,发展到了实现人与物、物与物之间的连接。无所不在的物联网通信时代即将来临,由此掀开物联网技术的研发浪潮。

2.世界各国的物联网发展

近年来,物联网技术得到了广泛关注且发展迅速,全球主要发达国家和地区均十分重视物联网的研究,并纷纷制定与物联网相关的信息化战略,形成了以美国、欧洲、亚太地区为主的三大发展核心区域。

美国是物联网技术的主导者和先行国之一,2008年,美国IBM公司首席执行官彭明盛率先提出了"智慧地球"概念,即把感应器嵌入和装备到电网、铁路、桥梁、隧道、公路、建筑、油气管道等各种物体中,并且被普遍连接,形成所谓"物联网",并通过超级计算机和云计算将"物联网"整合起来,旨在促进世界范围内更为全面地实现互联互通。在此基础上,人类可以更加精细和动态地管理生产和生活,从而达到"智慧"状态。奥巴马就任美国总统后,对此理念进行了积极回应,并将物联网的计划升为国家战略,投入巨资深入研究物联网相关技术。

欧盟则主要致力于物联网标准化相关的研究。欧盟是世界范围内第一个系统提出物联网发展和管理计划的机构。2009年,欧盟在比利时首都布鲁塞尔发布《物联网——欧洲行动计划》公告,此公告中详细列举了14项落实物联网技术发展的行动措施计划,旨在推进欧洲物联网发展,使其成为全球物联网领域的领跑者。

日本继2004年提出"U-Japan"战略之后,又于2009年推出"I-Japan"升级战略,主要聚焦物联网在电子政府、医疗保健服务、教育和人才事业等方面的应用服务。韩国则于2006年发布"U-Korea"战略的计划和构想,并将物联网明确作为新的经济增长动力。

我国政府一直以来高度重视物联网的发展。早在1999年,我国便开始启动传感网络的研究。2005年4月,中国RFID射频识别技术产业联盟正式宣布成立,时任总理温家宝在无锡进行考察时发表讲话，着重提出要早一点在传感网的发展中谋划未来，攻破核心技术，并提出迅速构建“感知中国”的中心，中心大楼外景如图 4-3 所示。在 2010 年和 2011 年的政府工作报告中，温家宝总理又再次把加快物联网的研发应用明确写进振兴重点产业计划里，加大对战略性产业的投入和支持。自此，我国开始进入物联网飞速发展阶段。

2015 年，国务院总理李克强在政府工作报告中强调，要制定“互联网+”行动计划，持续推动物联网等信息技术与现代制造业结合，促进电子商务、工业互联网和互联网金融健康发展，引导互联网企业拓展国际市场。

二维码 4-2
工信部《关于深入推进移动物联网全面发展的通知》

2020 年 5 月，我国工业和信息化部办公厅发布了《关于深入推进移动物联网全面发展的通知》。这也是工信部 2020 年首个关于物联网的正式文件。这份通知是国家对于物联网产业发展的政策导向和战略规划，对于产业链发展具有非常明确的指导意义。

图 4-3　无锡“感知中国”中心外景图
（图片来源于无锡国家高新技术产业开发区官方网站）

【视野拓展】

“感知中国”战略

2009 年 8 月，时任国务院总理温家宝在江苏无锡物联网产业研究院进行考察时高度肯定了“感知中国”的战略建议，并决定“感知中国”中心就定在无锡市。“感知中国”是中国发展物联网的一种形象的称呼，就是指中国的物联网。通过在物体上植入各种传感器和感应芯片使其智能化，借助网络实现人与物、物与物之间的对话。“感知中国”战略的提出对于中国物联网发展具有里程碑意义，标志着我国物联网发展开始驶入快车道，迎来前所未有的机遇。

3.物联网的发展前景

近几年来，随着互联网产业的发展日趋成熟，产业链环境日渐完善，物联网这个新型产业作为下一个浪潮，成为众多厂商和业内学者关注的方向。2020 年 12 月，世界物联网大会在北京隆重召开。大会以“物联网推动世界经济复兴”为主题，汇集了全球各地多家物联网相关企业及行业内的专家学者进行探讨，此次大会再次描绘出物联网技术未来的发展宏图。可见，物联网将会成为万物互联智能世界一个新的基础设施。美国《财富》杂志的数据显示，预计到 2026 年，物联网全球市场整体规模将达到 11 026 亿美元，在预测期内以 24.7％的复合年增长率增长。

随着国内 5G 网络建设的步伐加快，按照目前的发展速度，芯片、模组、终端、网络以及应用，都在快马加鞭，紧密布局。移动物联网，在未来必将进入一个爆炸式的发展阶段。物联网技术将会继续扩展和渗透，涵盖智能家居、智慧办公、智慧医疗、智能制造等方面，造福人类的健康生活和智慧工作。

三、物联网的应用领域

物联网的潜力巨大，随着时代和科技的快速发展，物联网技术已被广泛应用在我们生活当中的方方面面，包括家庭生活、交通管理、农业种植等等，它的发展正对人们的生活产生着潜移默化的影响。其应用的领域如图 4-4 所示。

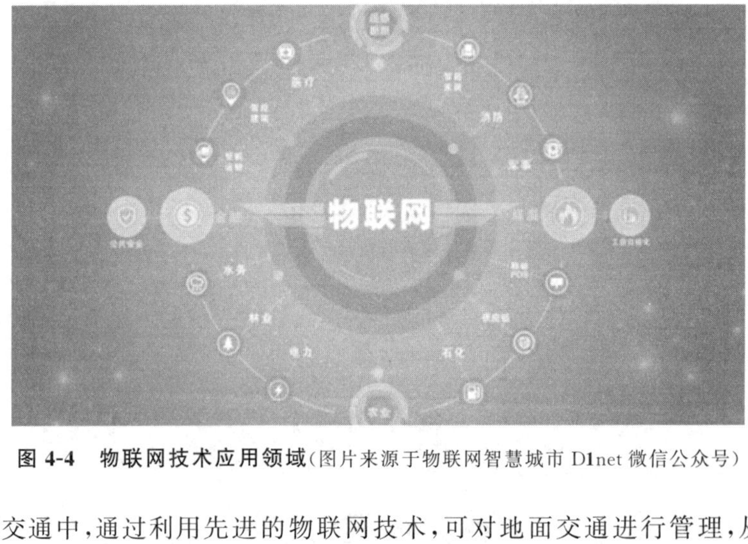

图 4-4　物联网技术应用领域(图片来源于物联网智慧城市 D1net 微信公众号)

在智慧交通中，通过利用先进的物联网技术，可对地面交通进行管理，从而实现人、车、路三者的和谐统一，减轻交通负荷和环境污染，提高运输效率，保障交通安全。在智能家居中，通过物联网技术实现对家庭生活相关设施的管理和使用，建成功能高效的居所，提高家庭日常生活的便利性，让家庭环境更加舒适宜人。而智慧农业则是将物联网技术应用于传统农业，改造传统农业的作业管理方式，通过各种物联网设备和无线通信网络，可以实现农业环境的信息采集、智能感知、智能分析、高效预警、智能决策等，为农业生产提供更为精准的管理过程。关于物联网在农业中的具体应用还会在本项目任务五中做进一步的详细介绍。

除此之外，智慧校园、智能电网、智慧物流、智能医疗等都是物联网技术的充分应用。总之，物联网的应用涵盖多个领域与行业，赋予物体智慧，从而实现高效生产、便利生活的美好愿景。

任务二　物联网的基本架构

人类为了从外界获取信息，必须借助耳鼻口等感官系统。我们用味觉来品尝美食佳肴，用听觉来感受天籁之音，用嗅觉来体悟花香四溢，用视觉来欣赏秀美山河。当这些感官系统去感知现实情境后，便能将获取的信息通过全身的神经系统，传输至我们的大脑，进行分析处理，形成思维记忆，使我们感受美好，收获愉悦。

因此，在人体系统结构中，五官接受外界信息，神经系统传递信息至大脑，由大脑分析后发出相应的指令，来驱使人们完成相应的动作。人体系统结构示意如图 4-5 所示。

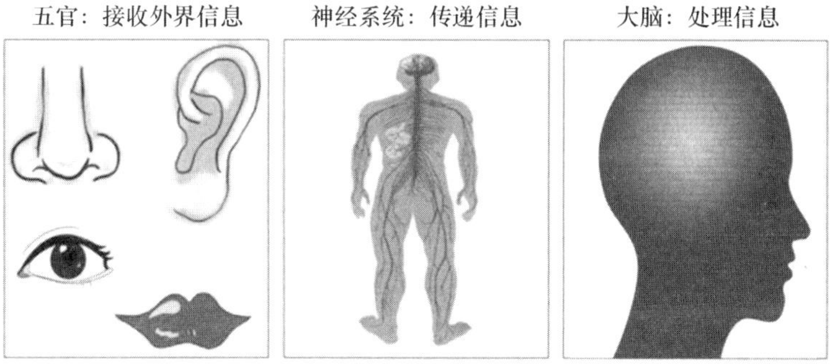

图 4-5　人体系统结构示意

同样，物联网系统其实与人体结构相似，也包含了信息感知、信息传递、信息应用三个层级。由于物体本身不具备与人相同的感官能力，这就需要借助外部的传感器设备来进行信息的采集和识读。在物体上安装海量的传感器，每个传感器都是一个信息源，相当于一个触觉，不同类别的传感器所捕获的信息内容和信息格式不同。例如，光敏传感器对应人类的视觉，声敏传感器对应人类的听觉，气敏传感器对应人类的嗅觉，温、湿度传感器对应人类的触觉，化学传感器对应人类的味觉等等。传感器获得的数据具有实时性，按一定的频率周期性采集环境信息，不断更新数据。通过互联网把这些大数据传输至相应的应用设备，通过能力超级强大的中心计算机群，对其中的人、机器、设备进行处理，这就实现了人类与物理系统的整合与交流。因此，一个完整的物联网体系，可以划分为感知层、网络层和应用层三个层级。层级结构如图 4-6 所示。这三个层级形成了目前正普遍使用的物联网的基本架构。

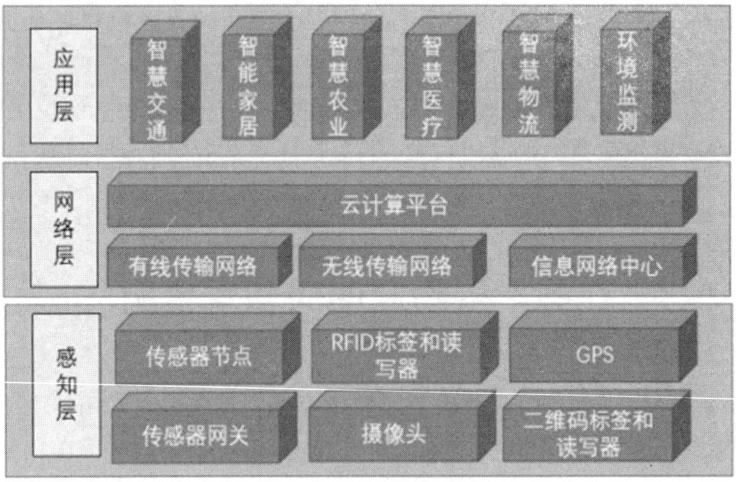

图 4-6 物联网体系结构

一、物联网的感知层

感知层主要用于识别物体、采集信息和数据。它包括二维码标签和识读器、RFID 标签和读写器、各种传感器等。感知层是物联网系统架构中的最底层，也是最基础的层级，它解决了人类世界和物理世界的信息获取问题，主要用来进行对“物”的识别，因此感知层也相当于人的鼻子、眼睛、耳朵、嘴巴、四肢，实现了视觉、听觉、嗅觉、触觉等器官的功能。

物联网感知层的数据采集涉及传感器技术、RFID 射频识别技术、多媒体信息采集、二维码和实时定位等技术。作为物联网系统的最基本的一层，它具有十分重要的作用。

二、物联网的网络层

网络层是包含各种移动通信网络、互联网、网络管理中心、广电网络等的传输网络。它是在现有网络的基础上建立起来的，与目前的移动通信网、国际互联网等一样，主要承担数据传输的功能，它将感知层采集到的数据信息，传输到系统管理中心，是物联网实现的保障。而作为海量感知数据的存储和分析平台，对于网络层而言，其云计算处理平台将是网络层的重要组成部分。网络层所需要的关键技术包括有线通信技术和无线通信技术等。

三、物联网的应用层

应用层是物联网发展的目的。它的主要作用是将前期采集到的感知数据，通过云计算、数据挖掘等技术进行分析处理后，做出正确的控制和决策，实现对物体的自动控制和智能管理应用服务。物联网的应用层分为监控型(物流监控、环境监控)、查询型(电网远程抄表、智能检索)、控制型(智能家居、智慧交通)和扫描型(手机钱包、高速公路不停车收费)。

例如，在水产养殖系统中，就有物联网的应用。当温度传感器检测到水温降低时，通过网络层将采集到的温度信息反馈至控制终端，从而使得水泵自动运行释放冷水，直至水温回升到指定温度后，水泵才会自动停止。在这个过程中，实现了对水泵的自动开合控制和水温的智能化处理应用。

任务三　物联网的关键技术

物联网技术本身就是交叉学科，它所涉及的技术包罗万象。国际电信联盟组织曾在2005年的物联网报告中，重点描述了与物联网相关的4个关键性应用技术——标签事物的RFID技术、感知事物的传感器技术、思考事物的智能技术、微缩事物的纳米技术。目前，随着国内外物联网技术的飞速发展，物联网关键的技术热点主要集中在传感器、RFID、云计算及普适服务等领域。对物联网所涉及的核心技术进行归类和梳理，物联网的关键技术主要包括感知与标识技术、网络与通信技术、数据存储与处理技术三大体系。

一、感知与标识技术

物联网的感知层主要是用来识别与采集、监测物体信息的。在该层级中，物联网可以通过传感器、二维码识别器、RFID读写器、GPS定位系统等，进行温湿度、标签、位置情况等环境信息的感知和获取。在感知与识别技术中，应用最普遍的主要识别技术有二维码识别技术、RFID(射频识别)技术、传感器技术、定位技术。

1.二维码识别技术

随着万物互联时代的到来，二维码对于国人来说已然不陌生，基于二维码识别的相关应用已经迅速扩展到各大领域，目前，二维码在中国最大的应用领域是移动支付，很多人已经习惯出门不带现金、“一码走天下”的便捷生活。除此之外，共享单车也是二维码识别技术的典型应用。通过“一车一码”的模式，自行车拥有了属于自己的独一无二的“身份证”，一旦手机对其进行扫码，则可实现自行车的信息识别和开锁关锁等操作。

1)二维码的概念。

二维码是在一维码的基础上扩展出来的另一维具有可读性的条纹，它是用某种特定的图形，按照一定的规律在二维方向分布的双色相间的记录数据符号信息的对象。

2)二维码的起源。

二维码技术的产生是因为一维码无法满足实际应用需求。它最早是起源于日本，是用计算机软件编码技术形成的平面几何图形，可以通过编码技术来存储数字、汉字或者图片，是一个不含电子芯片的存储器。通过给某个物品分配一个二维码，实现一物一码的独一无二的认证标志。当对物品上的二维码进行自动扫描后，则读取该物品的描述性信息。

3)二维码的原理。

二维码的工作原理是使用若干与二进制数相对应的几何图形来表示文字数值信息，

并生成一个矩形图。二维码生成后，要用专门的解码器进行解码，现在都采用红外线探头来抓取图形，一般分为硬解码和软解码。硬解码是探头抓取图形之后，直接调用其自身的软件解码，软解码是通过抓取图形之后传送到特定的二维码库去对比解码。

4)二维码的特点。

二维码是在一维码技术上的拓展，其主要特点有：①信息容量大；②安全性高；③读取率高；④错误纠正能力强。

5)二维码技术在农业上的应用。

二维码 4-3 农产品溯源—守护舌尖上的中国

“民以食为天。”随着人们生活水平的逐步提升，人们对于生活质量的标准也在发生改变，由从前的吃得好到现今的吃得健康、吃得放心，舌尖上的美食对于食品安全性和可靠性的要求也随之增加。

一物一码食品安全质量追溯是一个能够连接生产、检验、监管和消费各个环节，让消费者了解食品的生产和流通过程，提高消费者消费信心的系统。这个系统是由食品生产时的包装赋码、运输时的数据采集和关联、出库时的扫描等几大部分构成的。消费者扫描一下二维码，就可知道食品从原材料的采集到整个加工生产包装制作直至上货架的全过程相关信息，做到食品全程可追踪、可追溯，如图 4-7 所示。

图 4-7　扫描带有二维码的蔬菜(图片来源于质尊溯源官方网站)

【视野拓展】

疫情防控健康二维码，你知道它的“发明人”是谁吗？

不得不说，新冠疫情期间人人都在用的，除了口罩，就要数“健康码”了。在这个“绿码走遍天下，红码寸步难行”的时期，无论到哪儿，听到最多的问候就是：健康码出示一下！而你知道这个绿色健康码是怎么构想并实施的吗？2020年2月，杭州市疫情防控关键时期，如何有序复工复产，成为焦点。2月6日，还在杭州市公安局防疫专班奋战的钟毅接到了市局紧急召集令——研发建设“杭州健康码”。因为是一个全新的构想，“杭州健康码”没有样本可以参照，每一个细节都需要反复斟酌和确定。而这个“从无到有”的过程，钟毅和他的团队仅用了48个小时。无数的电话、讨论、会议、修改……并随机找一位普通人去注册申请试验认证。到了2月11日早上，杭州健康码正式上线，向全杭州市民开放注册。在随后的40天里，“健康码”普及全国，为我国开展新冠疫情防控工作提供了强有力的支持。

2.RFID识别技术

说到RFID(射频识别)技术，或许大多数人并不清楚其含义。但要说到其在生活中的应用，人们都不会感到生疏。例如，高速公路的ETC电子不停车收费系统就是RFID技术的典型应用。通过RFID技术，安装在车辆前挡风玻璃上的车载RFID标签与收费站车道上的RFID读写器感应识别，实现自动刷卡收费放行。该系统不仅能够减少收费人员的工作量，还能避免高速路口车辆拥堵，提高了运行效率。

1)RFID的概念。

RFID识别技术，也叫无线射频识别技术(Radio Frequency Identification ,RFID)，它是一种非接触式的无线通信技术。通过无线电信号自动识别目标对象并获取读写相关数据。在物联网的关键技术中，RFID技术是应用最广泛，也是最基础的技术之一。

2)RFID的起源。

RFID技术最早起源于英国。二战期间，为了识别英国自己和盟军的战机，英国皇家空军在盟军的飞机上安装了一个无线电收发器。控制塔向返航的飞机发送询问信号后，如果飞机上的收发器接收到信号后回传信号，那么控制塔就可以识别出是盟军飞机。这就是早期RFID技术的萌芽，也是RFID技术的第一次实际应用。而后随着技术的逐渐普及，到了20世纪60年代，市场上开始出现用于商业用途的简单的RFID系统设备，主要用在仓库物品的监督管理。

3)RFID的原理。

一个简单的RFID系统由电子标签和读写器、应用系统软件组成。当带有电子标签的物体通过读写器可识别的范围区域内时，标签被读写器激活并通过无线电波将标签中携带的信息传送到读写器中，读写器接收到信息，完成自动采集工作。其工作原理如图4-8所示。

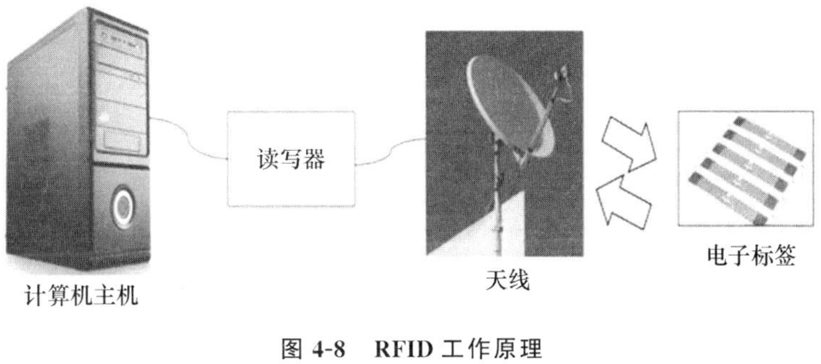

图4-8　RFID工作原理

4)RFID的分类。

RFID产品的分类方式有两种,主要如下:

①根据工作频率来分,RFID系统可分为低频、高频、超高频、微波。

②根据电子标签的供电方式来分,RFID系统可分为有源RFID产品、无源RFID产品、半有源RFID产品。

5)RFID的特点。

RFID技术之所以应用领域如此广泛,得益于其具备以下几方面的特点:

①体积小型化形状多样化;②抗污染能力和耐久性强;③可重复使用;④快速扫描;⑤穿透性强和无屏障阅读;⑥安全性高;⑦数据的记忆容量大。

6)RFID识别技术在农业上的应用。

RFID是21世纪十大重要技术之一,被认为是影响未来全球产业发展的重要技术,广受各方注目,尤其在农产品的物流与追溯信息上的应用,可使农产品的追踪更为实时迅速,对农业整体产销价值链将产生巨大的影响。例如,在动物养殖的识别与跟踪应用中,在动物身上安装电子标签,并写入代表该动物的ID代码。当该动物进入RFID识读器的识别范围时,或者是工作人员拿着手持式阅读器靠近动物时,阅读器就会自动将动物的数据信息识别出来。同时通过无线网络将阅读器的数据传输至动物管理信息系统,实现对动物的监控和跟踪。具体如图4-9所示。

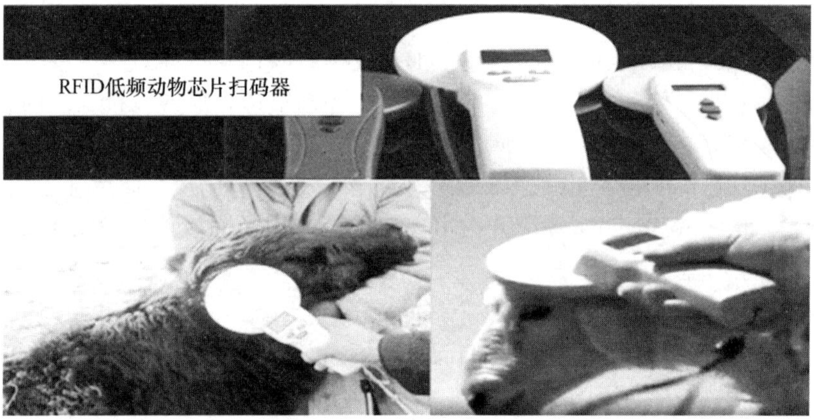

图4-9 RFID低频动物扫码器(图片来源于百度图片搜索)

【视野拓展】

全球最大种子资源库——每粒种子都有"身份编码"

电影《流浪地球》中,科学家们在空间站冷藏了1亿颗农作物种子,以防备环境的变化导致作物灭绝。这是地球毁灭时，人类文明延续计划“火种”的一部分。而在现实中，这样的“种子库”还真的存在。2006年开工建设的斯瓦尔巴全球种子库(Svalbard Global Seed Vault)是挪威政府于北冰洋斯瓦巴群岛上建造的非营利储藏库，2008年2月投入使用，用于保存全世界的农作物种子，为全球最大的种子库。建立斯瓦尔巴全球种子库是为了在大规模的区域性或全球性危机出现期间，防止某些种子基因的遗失，并进一步保存和备份种子的样本，因此近年来斯瓦尔巴全球种子库亦被称为末日种子库或末日地窖。

我国最大的国家作物种子库位于北京。在这里，来自全国各地的各种种子被分装在无数小纸袋中，上面标注着它们的“身份编码”，这份“种子身份证”能够轻松识别出它们来自何方、是何种类、有何特殊之处等信息。近些年，此类种子库越来越多，如英国的“冰冻诺亚方舟”计划、美国的“月球方舟”计划等等。我国也正在建设一座新的种质库。新库使用了更多的科技设备，将是一个全自动的智能库，设计容量为150万份，是全球单体量最大的国家级种质库。

3.传感器技术

传感器技术是实现自动控制和人工智能的关键技术和基础。随着信息化时代的到来，人们可以利用海量信息来帮助决策和工作，而获取准确可靠信息的重要途径和手段则是传感器。目前传感器技术早已渗透到生产生活的方方面面。

1)传感器的概念。

传感器是一种能感受实物的状态，并能将被感受到的信息按照一定的规律，转换成为电信号或其他所需形式的信息输出的器件或装置。

根据传感器的定义，其包含以下几层含义：①传感器是一种测量装置，它可以完成检测任务；②传感器可以检测某一种非电量，它可以是物理量、化学量或者生物量；③传感器可以将非电量经过其内部的电路转换后，输出某种物理量，但是主要是输出电信号。

如果说人体通过感官系统接收外界信号，并将这些信息传送给大脑，由大脑进行分析处理后传递给肌体完成动作，那么传感器就好比人体的五官和皮肤，它将采集到的信息传递给计算机，由计算机进行处理后驱动相应执行机构进行动作，由此，传感器也被称作“电五官”。

传感器系统与人体系统对比如图4-10所示。

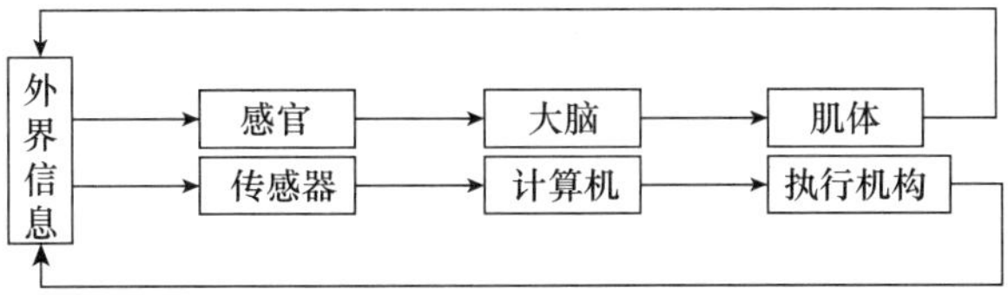

图4-10 传感器系统与人体系统对比

2)传感器的原理。

传感器的工作原理如图4-11所示。传感器的组成结构包括：敏感元件、转换元件和辅助元件。敏感元件指的是传感器中能直接感受、检测出被测对象的特征量的元件,如压力传感器中的压敏元件。转换元件指的是传感器中能将敏感元件所感受到的信息转换成电信号或其他形式信号的部分。辅助元件通常指的是电源。

其工作过程为:将被测量(非电量)通过传感器的敏感元件进行感应后,再经传感器内部的转换元件及转换电路,变成电量的形式输出。

图 4-11　传感器工作原理

3)传感器的分类。

传感器有很多种分类方法,如表 4-1 所示。

表 4-1　传感器元件分类

分类方式	传感器元件
被测对象	温度传感器、湿度传感器、压力传感器、位移传感器、速度传感器
工作原理	电阻应变式传感器、电容式传感器、电感式传感器、光电式传感器
输出信号的形式	模拟传感器、数字传感器、开关传感器
能量关系	能量控制型传感器、能量转换型传感器

4)传感器的特点。

物联网的发展离不开传感器的存在,如今市场上的传感器种类繁多,通常具备以下主要特点:

①微型化。

由于计算机技术和集成电路技术的飞速发展,微机电系统技术也应用于传感器技术中。微型传感器以新的工作机制和物化效应,使用标准半导体工艺兼容的材料,通过微机电系统加工技术制备,具有小型化、集成化的特点,可以极大地提高传感器性能。

②智能化。

传感器目前的进步方向是逐渐智能化,让传感器具有自诊断、自校准、自补偿功能,能够实现对信息的存储和记忆,能够完成多传感器多参数混合测量和对信号数据的实时处理,并且实现数字量的输出。

③多功能化。

传统的传感器,单独一个元件仅能实现一种采集功能。而新型的多功能传感器则可以借助于敏感元件中不同的物理结构或化学物质及其各不相同的表征方式,用单独一个传感器系统来同时实现多种传感器的功能。例如,微型数字式三端口传感器就是同时采用热敏元件、光敏元件和磁敏元件进行组配,从而达到探测多种信号的目的。

④网络化。

随着无线通信网络技术的发展，无线技术也可应用在传感器中。无线传感器网络则是由成千上万个传感器构成的，每个传感器相当于网络中的一个节点，通过无线通信形成网络，来感知周边环境的信息，并通过层层网络传递至用户终端。

5)传感器技术在农业的应用。

传感器技术在农业当中的应用十分广泛。例如，在进行农作物种植的过程中，土壤的信息对于农作物的生长起着重要的作用。而若想获取土壤温度、湿度、有机质等含量，则需要采用温度传感器、湿度传感器、营养成分传感器等进行在线监测和分析。这些数据对于农田的有效经营管理，以及农作物产量的预测，具有一定的意义。图 4-12 所示为土壤温湿度传感器。

图 4-12　土壤温湿度传感器

(图片来源于沃德智能官方网站)

4.定位识别技术

1)定位技术的概念。

定位是指通过声光以及无线电等方式对目标当前位置信息的获取。常见的定位技术有超声波定位技术、激光定位技术、GNSS 定位技术、WIFI 定位技术、蓝牙定位技术、超宽带定位技术等。

2)定位技术的起源。

早期的航海活动主要通过沿着海岸线建造在航道的关键部位的灯塔来对船只进行导航。但是定位技术的精度非常差，并且覆盖范围不广。无线电技术出现以后，人们可以进行更大范围和更加精确的定位。最早的基于无线电技术的定位系统是罗兰远程导航系统，建立于 20 世纪 40 年代，其最初的目的是用于海军中的中程无线电导航。随着人造卫星技术的发展，人们开始利用人造卫星来构建更精确，覆盖范围更广的定位/导航系统。

1958 年，美国军方为了能够为军事提供实时、全天候、全球性的导航服务，从而进行情报手机、应急通讯等军事目的，经过三军联合研制，到了 20 世纪 70 年代研发出了第一代卫星定位系统 GPS。经过 20 多年的研究实验，耗资 300 亿美元，到 1994 年，全球覆盖率高达 98%的 24 颗 GPS 卫星星座已布设完成。

中国高度重视卫星导航系统的建设，自 20 世纪 80 年代开始探索适合国情的卫星导航系统发展道路，形成了“三步走”发展战略：2000 年年底，建成北斗一号系统，向中国提供服务；2012 年年底，建成北斗二号系统，向亚太地区提供服务；2020 年，建成北斗三号系统，向全球提供服务。2020 年 7 月 31 日上午，北斗三号全球卫星导航系统正式开通。中国北斗卫星导航系统(BeiDou Navigation Satellite System)是中国自行研制的全球卫星导航系统，也是继 GPS、GLONASS 之后的第三个成熟的卫星导航系统。

3)定位技术在农业上的应用。

定位技术在农业当中的应用主要是用于对田间信息进行采集、对农具进行定位导航以及对农田作业进行准确定位。在农田生产过程中，定位技术可以对土壤信息进行采样，确定采样点处的土壤含水量、营养物质含量以及作物生长情况、病虫害情况等，从而为农业灌溉、施肥、除草、喷药等农田操作提供位置信息。除此之外，定位技术还可以给农业机械设备（如无人机）提供位置导航信息，实现农业机械设备的精准作业。图 4-13 所示为植保无人机定点喷洒。

图 4-13 植保无人机定点喷洒（图片来源于搜狐网新华社媒体号）

二、网络通信技术

物联网的网络层位于三层架构的中间层级，它是衔接感知层和应用层的关键环节，主要的作用便是通过现有的通信网络实现感知层采集到的信息的传递。而网络层中所用到的关键技术则是网络与通信技术。根据信号传输介质的形式，网络与通信技术可以分类为有线通信方式和无线通信方式两种。在有线通信方式中，其主要形式是短距离的现场总线通信方式和中长距离的广域网络方式，大多应用于农田信息采集；无线通信技术可分为短距离通信技术（蓝牙、ZigBee 等）和长距离通信技术（GSM、GPRS 等）。蓝牙、ZigBee 和 RFID 在温室环境监控、农产品溯源、农业物流识别等方面发挥作用；而 GSM、GPRS 借助于移动通信网络，可以对农业信息进行远程采集和对设备进行远程监控。

1.有线通信技术

所谓的有线通信技术，指的是必须通过一些有形的介质来进行信号的传输。常见的传输介质包括电缆或者光缆，电缆或者光缆可以对信号进行有效传输。正是因为多了特定的通信设备，其成本增加。其优点在于，由于传输过程需要通过传输介质进行，因此传输的过程更为稳定可靠。

2.无线通信技术

由于农田环境特殊性的影响，采用有线通信方式进行线缆布置来实现通信和传输存在一定困难，因此，在一些场合只能采用无线方式实现农田信息的自动测量和自动传输。随着信息技术的不断发展，无线传输的方式得到了更为广泛的应用。

1）短距离无线通信。

短距离无线通信技术指的是通信收发的双方通过无线电波来传输信息，传输距离的范围较短，一般在几十米以内，因此称之为短距离通信技术。短距离无线通信技术的代表主要有蓝牙技术、ZigBee 技术，目前在设施农业和节水农业上得到了示范应用。

2)长距离无线通信。

长距离无线通信技术指的是超过 1 200 米的无线通信方式，广泛应用于农田信息的传输中。例如，基于 GPRS 的网络就是其中一种在农田应用中的无线信息传输方式。基于 GPRS 网络的传感器系统中，农业现场的温度、湿度、CO_2、风速等参数在经过不同的传感器采集后，通过传输线送到微控制器。经微处理器处理后，通过 GPRS 模块，根据需要将信息发送到农场监控室的 PC 机或者管理所携带的手机上，同时单片机对数据与原设数据进行比较后，通过启动现场的设备如点击喷药喷肥等执行系统完成对农场的灌溉等控制功能。

三、数据处理技术

由于物联网涉及大量数据信息的采集等，对于海量感知数据信息的相关处理、存储、服务与支撑技术也是必不可少的。物联网的数据量究竟有多大？有人预言，在未来八年，地球产生的数据量将超过 40 ZB。面对这些海量数据，究竟该如何进行处理，这时则需要用到数据处理技术。数据处理技术分为数据存储技术、数据管理技术、数据分析技术、智能决策技术四个方面。在农业物联网中，数据处理技术指的是对于农业生产过程中采集到的数据信息进行存储、管理和处理分析，为农业研究者、生产者、经营者和管理者提供资料查询、技术咨询、辅助决策。

【视野拓展】

打造“广西农业云”，积极推进大数据

目前，广西积极响应号召，在全国率先建设广西农业大数据中心，打造智慧农业，助力广西农业振兴发展。广西农业大数据中心通过建立农产品价格采集点，对农产品的产地和批发市场价格进行监测采集与预判，以每周发布“图说农业大数据”，跟踪农业产品价格行情，为生产者和管理部门了解市场走势，调整种养架构规模提供参考性意见。

任务四　物联网在农业领域的应用

随着电子信息技术的不断发展，信息化技术在农业方面的应用也越来越受到广泛重视。针对传统农业的弊端，如何有效提高农业生产的信息化技术，提高农产品的质量以及生产效率，是亟须解决的问题。因此，为了解决农业生产过程当中的效率低下、利用率

低、信息化和产业化能力不足等问题，智慧农业技术的理念应运而生。

智慧农业的发展离不开物联网技术的应用。农业物联网在一定程度上实现了“人—机—物”一体化互联，这不仅有助于农业经营与管理的精细化、动态化，还提升了人们对农业环境、生命信息等的认知以及对农业突发情况的处理能力。目前农业物联网技术备受世界各国的重视，成为现代农业发展水平的重要标志。

一、农业物联网的定义

农业物联网是指物联网技术在农业生产、经营、管理和服务中的具体应用，具体而言，就是通过物联网中的各类传感器等，广泛地采集农业生产养殖运输过程中的信息，并且通过建立数据传输和处理方式，利用网络传输通道，实现农业信息的多尺度的可靠传输，最终将获取的海量信息进行融合处理，通过智能化操作终端，实现农业生产过程中的自动化生产、最优化控制、智能化管理过程，进而实现农业高产、优质、高效生态、安全的目标。概念示意如图 4-14 所示。

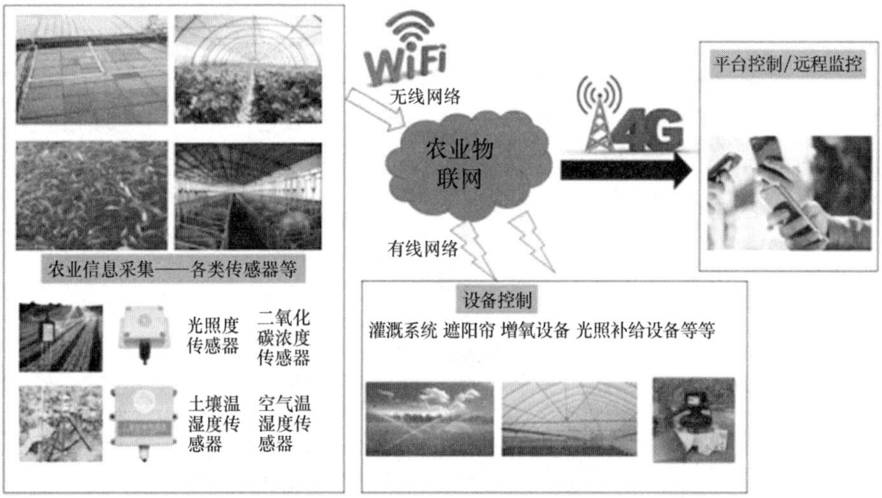

图 4-14　农业物联网示意

二、农业物联网的发展前景

我国是一个农业历史悠久的国家，农业在整个国民经济中占有重要的地位。传统的农业生产方式是在自然经济条件下，采用人力、畜力等为主的手工劳动方式，靠世代积累下来的传统经验开展劳作，呈现产出率较低、人力输出大、受气候等环境因素影响大等特点。然而近年来，随着物联网技术在农业应用上的大力推广，我国智慧化农业也得到了进一步发展，正在减小与发达国家的差距。

政策方面，自 2012 年以来，每年的中央一号文件均涉及与智慧农业相关的政策，如在农业基础设施条件、农机设备等方面都有所提及。历年发布政策内容如表 4-2 所示。

表 4-2　2012—2020 年涉及智慧农业相关国策

年份	主旨	涉及智慧农业部分
2012	加快推进农业科技创新	依靠科技创新引领现代农业建设
2013	加快发展现代农业，进一步增强农村发展活力	加强科技创新，发展农机装备的研发
2014	全面深化农村改革	建设以农业物联网和精准装备为重点的农业信息化
2015	价格改革创新力度	加快农业科技创新，在智能农业领域取得重大突破
2016	加快农业现代化，实现全面小康目标	大力推进“互联网＋”现代农业，大力发展智慧气象和农业遥感技术
2017	农业供给侧结构性改革	加快科技研发，实施智慧农业工程，推进农业物联网和农业装备智能化
2018	实施乡村振兴战略	发展高端农机装备制造，发展数字农业，推进物联网实验示范和遥感技术应用
2019	坚持农业农村优先发展	推动智慧农业等领域自主创新
2020	“互联网＋”农产品出村进城工程试点工作方案	计划在 100 个县开展“互联网＋”农产品出村进城工程试点
2021	全面推进乡村振兴，加快农业农村现代化	发展智慧农业，建立农业农村大数据体系，推动新一代信息技术与农业生产经营深度融合

（信息来源于中商产业研究院发布）

目前越来越多的物联网试验示范基地已完成建设。各地在现代农业产业园经费安排上提倡优先扶持，并鼓励引导新型农业经营主体积极开展农业物联网技术应用，对于申报与农业物联网应用相关的项目也给以优先考虑。无论是中央一号文件中提及的智慧农业的发展方向，还是通过与企业合作建设智慧农业项目，都表明了在农业现代化过程中，发展智慧农业已成为未来的趋势。

三、农业物联网的基本架构

1.系统架构说明

农业物联网体系同样也是由三个部分组成的，分别是信息感知层、网络层、应用层，如图 4-15 所示。首先是信息感知层，它在整个体系中起着基础性的作用，主要功能是通过一些传感监测设备等来感知、采集获取相应的农业数据信息，如土壤氮磷钾含量、土壤温湿度等。网络层作为整个体系的中间层，主要作用是将感知层采集获取的信息数据接入互联网，通过数据传输给应用层提供服务。最后是应用层，它是直接面向用户提供服务的，它可以对传输层传输的数据进行存储以及自动处理分析，根据用户实际需求，指导生产实践过程，比如农作物种植、农产品溯源、农产品质量安全检测等，实现对生产过程的智能化控制和管理。

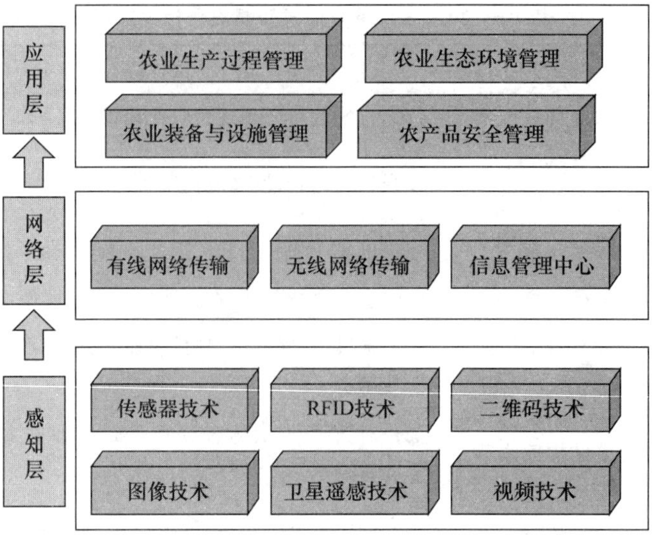

图 4-15　农业物联网架构

2.系统架构举例

智慧蔬菜大棚是物联网技术的典型应用之一，如图 4-16 所示。

图 4-16　智慧蔬菜大棚(图片来源于恺易物联网官方网站)

智慧蔬菜大棚通过传感器对大棚里的温度、湿度、二氧化碳浓度、光照度以及土壤等情况进行采集，并通过网络上传至智能控制终端，从而实现对种植过程的监控和管理。在物联网技术的控制下，它可以实现：当湿度不够时，自动进行喷灌以便对蔬菜进行水分补充；当外界光照不足时，自动进行人造补光，促进光合作用的进行；当温度偏高或偏低时，自动调节棚内温度，为农作物的生长提供适宜的恒温环境，促进农作物的产量提升。因此，对于智慧蔬菜大棚而言，它同样也具备物联网的三层体系架构：感知层、网络层和应用层。

在感知层，对大棚内的各种信息进行全面采集与监测；

在网络层,通过光纤、以太网、无线传输方式对信息进行传输与汇集;

在应用层,对信息进行处理,智能决策,发布信息,对大棚内的各项应用设备进行管控。

依据蔬菜大棚的智能控制需求,通过分析,可知其三个层级所包含的设备如表4-3所示。

表4-3 蔬菜大棚物联网层级设备

物联网层级	主要设备
感知层	空气温湿度传感器:用于检测收集空气温湿度; 土壤温湿度传感器:用于检测收集土壤温湿度; 光照度传感器:用于检测收集大棚内光照强度; CO_2 传感器:用于检测收集大棚内 CO_2 浓度。
网络层	WIFI无线网关:用于大棚内的无线WIFI网络管理; 无线路由器。
应用层	主控机房; 智能终端及软件系统; 加湿器:调节大棚内湿度; 加热器:调节大棚内温度; 鼓风机:调节大棚内 CO_2 含量; 遮阳网:调节大棚内光照强度。

【视野拓展】

中粮农业生态谷——中国第一个世界级智慧农场!

由中粮集团打造的“中国北京农业生态谷”坐落于北京市房山区。中国北京农业生态谷以打造“世界级水平的集现代都市农业、健康科技产业、田园养生于一体”的生态卫星城为目标,全面贯彻“自然、生态、健康、绿色”的开发理念,建设世界领先的现代都市农业示范中心,为中国现代农业的健康可持续发展提供解决方案,为中国新型城镇化建设与现代农业相结合提供示范样本。

四、农业物联网的关键技术

农业物联网的关键技术仍然是与感知标识技术、网络通信技术以及数据处理技术相关联。农业物联网关键技术具体可以分为农业信息感知技术、农业信息传输技术、农业信息处理技术三个方面。

1.农业信息感知技术

农业信息感知技术是农业物联网的基础和前提，是农业物联网系统运行的保障。它是指利用物理、化学、电子、生物等技术获取农业水体、土壤、气候、动植物个体、环境位置等农业信息。只有当感知和采集监测到的农业信息准确实时有效时，才能为后续的农业生产、经营、管理、决策和判断提供可靠依据。农业信息感知技术具体包括农业传感器技术、农业遥感技术、农业个体识别技术、农业导航定位技术。

1）农业传感器技术。

农业传感器技术主要是通过各类传感器原件采集各个农业生产要素信息，包括常规农业气象信息、种植业中的土壤信息及作物生理信息、畜禽养殖中的动物生理信息、有害气体浓度信息，以及水产养殖中的水体信息等。目前比较常用的农业类传感器设备包括温湿度传感器、光照度传感器、营养元素传感器、含氧量检测传感器等。

【视野拓展】

我的中国“芯”——筑牢我国物联网技术事业根基

二维码 4-4 我的中国“芯”—国产传感器技术的进步

随着5G时代来临以及物联网、人工智能等技术的发展，传感器作为其中的基础信息采集元件，扮演着至关重要的角色。我国的传感器技术一直处于较为劣势的地位，尤其是中高端传感器产品，美国欧洲日本产品占据主要市场。

在国家政策的大力支持下，目前国内诸多电子产品研发公司深耕传感技术领域，并取得不少收获成果，研制出诸如水蒸气传感器芯片、红外热成像传感器芯片、流量传感器芯片、湿敏电容芯片等各种芯片，此类芯片可应用于物联网、自动驾驶、机器视觉等领域，符合智能化、数字化转型的实际需要，未来将持续引领科技创新，为我国物联网事业积基树本。

2）农业个体识别技术。

农业个体识别技术是指利用RFID射频识别技术等实现对农业物联网中的每个农业个体的准确识别，快速读取每个农业个体的身份、产地、生长过程等信息，从而可以实现精细化养殖和农产品可靠安全流通。

3）农业遥感技术。

农业遥感技术是指将遥感技术与农业生产相结合，利用遥感技术对土地资源、农作物长势、病虫害预测等进行调查评估。通过获取农作物的遥感影像数据，进行大面积作物长势监测、水分监测、养分信息情况监测以及农作物的产量估算等。根据遥感平台的不同，可以把农业遥感分为卫星遥感、航空遥感和无人机遥感三种类型。

4)农业定位导航技术。

农业定位导航技术是指利用导航卫星为农业生产作业提供实时位置信息。农业导航技术在大田种植中的起垄、播种、收割、中耕等各个环节都可以发挥重要作用。目前主流的导航系统包括美国的全球定位系统(GPS)和北斗卫星导航系统(BDS)。

农业定位导航技术的应用可以保证耕种的株距更加的均匀,增加有效耕地的面积,进而提高产量,同时避免重播漏播,另外对驾驶员的技能没有特殊的要求,新手也能驾驶自如,相对而言,可减少人力成本。

2.农业信息传输技术

农业信息传输技术是指以通信网络为载体,高效及时稳定地传输感知层获取的数据和应用层加工后的数据,在感知层和应用层之间起到一个承上启下的作用。主要农业信息传输包括无线传感器网络、移动通信网、互联网和局域网。

3.农业信息处理技术

农业信息处理技术是指通过对农业生产的各种信息进行采集、存储、处理和分析之后,为农业生产提供相应的参考资讯、辅助决策和自动调控等服务。它包括农业预测预警、农业智能控制、农业智能决策等。

例如,在农业预测预警中,依据农业物联网采集的传感数据和作物资料,对农业研究对象未来发展的可能性进行推测和估计,对生态环境可能出现不利于农作物或者养殖对象正常生长发育的极端情景进行一个提前的预警,以便及时采取合理的应对措施。马铃薯晚疫病监测系统就是农业预测预警系统的一个典型的应用。由特定的算法综合考虑实施气象数据,结合气象预报等信息,就可以准确地预测该病态发生的可能性。

农业智能控制,则是实时监测农业生产环境信息、个体信息,结合动植物生长模型,采用智能控制手段和方法,调控农业生产设施,保障动植物生长和最佳的环境,实现农业生产过程的全面优化。以温室生产智能控制与管理技术平台为例,如图 4-17 所示。平台可以通过采集温室中的温度传感器、湿度传感器、光照传感器的信息,结合这个作物的生长模型,从而实现风机、水泵、补光灯、营养液的智能自动调节。

二维码 4-5
智慧农业物联网

图 4-17　温室智能化控制系统(图片来源于锐达电子厂家智能温室控制系统)

五、农业物联网的典型应用

近年来，农业物联网的各种技术与开发广泛应用在农业技术研究和应用实践中，下面对一些典型应用领域进行简要介绍。

1.农田种植物联网应用

物联网技术在农田种植方向的应用主要通过构建农业物联网，感知各种农田环境信息，进行传输计算，以实现对农作物生长环境调控，建立优质、高产、高效的农业生产管理模式，从而能够保障农产品的数量和质量。它可以根据不同地区的农业生产条件，如土壤的类型、灌溉的水源、种植的主要农作物等来统筹划分，通过建设对土壤含水量和营养成分、水质信息的自动采集监测点，并通过灌溉预报和信息监测时报系统，将最佳的土壤灌溉信息等数据发布给农业技术人员，农业技术人员可据此制定相应防控措施。应用示意如图 4-18 所示。

图 4-18　农田种植物联网应用(图片来源于河南财经网新闻)

2.果园农业物联网应用

果园农业是物联网技术在农业当中的重要应用，如图 4-19 所示。我国是传统的农业大国，一直以来果树的种植主要是靠果农的经验来进行管理，无法对果树生长过程中的各种环境信息进行精确检测和调控。然而果树的种植受所处地域的环境、气候等因素影响较大，如若不能及时进行监测，对果树的生长情况无法及时掌握，则无法实现最大程度的种植成效。

果树农业的物联网应用则是通过先进的传感器采集技术、无线网络传输技术和信息处理技术，对果树的种植环境过程中的环境参数如土壤、温度、气象、水体、病虫害等情况进行采集、监测和处理。一旦环境参数超过所需设定的值，则对果园管理人员和操作系统终端发出预警通知，使管理人员和系统及时采取处理措施，以确保果园种植的正常进行。架构图如图 4-20 所示。

图 4-19　脐橙果园气象监测站(图片来源于赣州市人民政府官方网站)

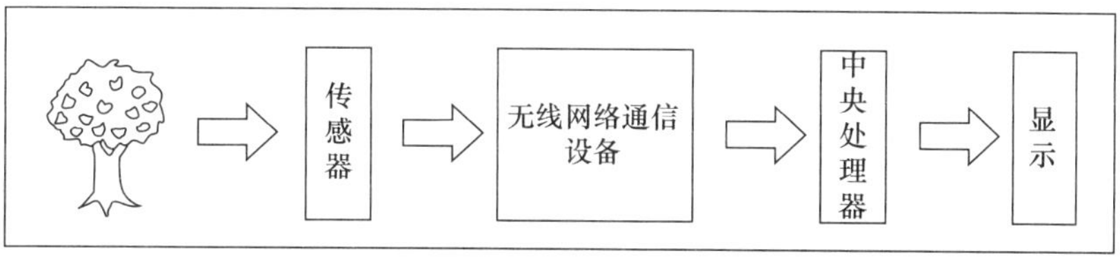

图 4-20　果园农业物联网应用系统架构图

3.设施农业物联网应用

设施农业指的是借助温室大棚等具有特定结构和性能的配套设施,来调节和控制农作物生长所需的环境,改善或创造局部条件,为种植业、养殖业等提供相对可控制的最适宜温度、湿度、光照度等,在一定程度上摆脱对自然环境的依赖而进行的有效生产。

物联网技术的发展也给设施农业带来了新的机遇。设施农业就是通过在温室内布置光照、温度和湿度等传感器,并与摄像头、控制器进行有机结合,使养殖人员可以通过手机终端或计算机进行远程监测和控制,并可随时获取温室内的相关情况。

设施农业物联网技术应用控制相较于人工控制的优势则在于,可以实时掌握温室内的环境信息,并可自动维持室内相对稳定的参数,这对于对环境要求比较苛刻的农作物而言,能够有效避免因人为因素而造成的损失,提高农产品的产量与质量。

4.畜禽农业物联网应用

在农业生产中,养殖业也是一类主要构成部分。在国内农业生产的持续发展下,国内的养殖企业、养殖农场数量不断增长,养殖规模也在不断扩大。在传统养殖中,需要养殖方进行大量物力、人力的投入,且养殖时间消耗较长,养殖效果也无法充分保障。在物联网技术的应用下,通过对畜禽养殖环境信息的智能感知、快速安全传输和智能处理,养殖户可以实时了解畜禽养殖环境内的信息,并且在计算机的帮助下,实现养殖环境信息的实时监控,以此达成精细喂养、身体状况监测、疾病诊断和育种繁殖有效管理的目标,让养殖的各项成本投入得到有效缩减。畜禽养殖物联网应用如图 4-21 所示。

图 4-21 畜禽养殖物联网应用(图片来源于禅云物联网公司官网)

5.农产品安全溯源应用

随着我国综合国力的不断增长和现代科技的快速发展,国民的生活水平实现了极大的提升,人们对生活水准的追求更高,对食品安全的关注度更大。近几年,食品相关的安全问题屡屡发生,时常引起社会恐慌。生产加工、储存、运输、售卖过程的每一环节,均有可能出现安全问题。若人们误食了有害食品,不仅会影响身体健康,严重状况下更会危及生命。因此,针对农产品的安全质量检测便非常关键。

物联网技术的应用,能让农产品安全质量检测达成追溯产品发源地、检查实际质量的目标。在他的应用中,主要通过信息传输器、传感器或信息处理等技术,有效记录各农产品的生长环境、来源等信息,以此实现追溯产品发源的目标,协助用户查询产品质量。

例如,通过物联网技术中的二维码技术、RFID 技术和组件技术,可记录交易的每一件农产品的来源地、交易时间、安全检测结果等,并将记录信息的电子标签贴在每一件进入市场流通的商品上。使用识读器便可以扫描采集属于该产品的相关信息,并能通过短信的形式传递给应用系统。农产品溯源物联网应用如图 4-22 所示。

图 4-22 农产品溯源物联网应用(图片来源于百度图片)

6.农产品物流应用

在农产品流通中，使用物联网技术，可以优化农产品仓储管理，及时提醒相关工作人员补充货物，提高农产品零售环节的管理水平。此外，企业还可以利用物联网技术，实时监测和控制货物存储环境的温度和湿度，确保食品储存和运输过程中的安全。

目前，在农产品仓储管理中，大量使用了RFID射频识别技术。一般农产品都贴有标签，利用识读器识别这些标签，相关信息就会得到有效保存，包括产品生产地、生产日期、储存环境的温湿度、品质等级和进出库时间等。

以猪肉产品的流通为例，为保证产品质量，在生猪肉流通销售环节，要优先选用冷链物流，使生猪从生产、贮藏、运输、销售直至消费前的各个环节，始终处于规定的低温环境下。而冷链物流的实时监控则离不开物联网技术。系统通过采用温度传感器，对猪肉运输过程中的温度变化进行监控，并结合GPS定位技术，实现车、物、地点、温度的信息化统一，同时采用无线通信技术进行信息传输和实时化监测。监控系统可以实时与客户在线通信，客户可以通过计算机、手机APP查询系统数据，实现远程控制，保障冷链物流不断链，确保食品安全。农产品物流物联网应用如图4-23所示。

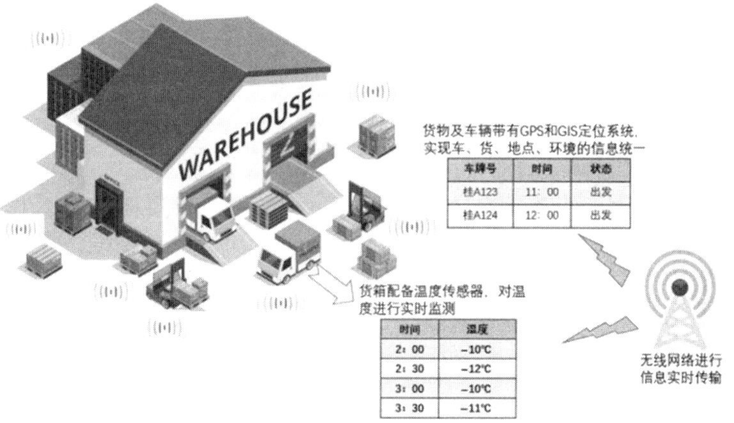

图4-23　农产品物流物联网应用

【实　训】

基于移动通信网络的养殖水质监测系统搭建

一、实训目的

在农业水产养殖中，水质的好坏，决定了池塘生态系统的稳定与否。如何对水体质量及生物成分进行有效控制是养殖中的难点。智能生态鱼塘控制管理系统则是物联网技术在生态养殖中的典型应用，它包含了水质监测、环境监测、视频监测、远程控制、短信通知等功能。该系统利用物联网技术,实现对水产苗种繁育阶段的水温、水质pH和溶氧量等各项基本参数的实时监测预警,一旦发现问题,能够及时自动处理或通过智能手机及时通知相关人员。

本实训项目通过选取水质pH监测这一子项目,进行生态鱼塘水质pH监测系统的模拟搭建,使同学们对物联网系统的三层架构:感知层、网络层及应用层有进一步的了解,同时熟悉物联网技术在农业当中的应用方法。

二、任务要求

1)完成水质pH监测系统的硬件安装;

2)完成水质pH监测系统的组网和连接;

3)完成水质pH监测系统的调试;

4)完成实训报告编写并提交。

三、实训材料

pH传感器、物联网智能控制器、报警蜂鸣器、标准酸碱溶液试剂、水杯容器、电源、导线、水泵组件等。

四、实训步骤

1.系统硬件搭建

将pH传感器、电源线、水泵组件、蜂鸣器等连接至物联网控制器,系统上电运行,确保接线正确和运行正常。

2.手机APP获取

通过手机扫描物联网控制器上的二维码,下载与控制器相配套的手机APP,并完成手机APP账号注册及登录。

3.系统网络连接

登录手机APP,在软件界面进行网络配置,实现手机APP与物联网控制器的网络连接与绑定,并设置添加对应的传感器型号,实现手机界面对传感器采集参数的实时显示和监测。

4.系统调试

1)pH矫正。

通过使用标准酸碱溶液试剂(pH=4、pH=7、pH=9.18)对pH测量值进行误差矫正,调整手机APP显示的pH与标准试剂实际pH相符。

2)报警功能调试。

根据鱼塘养殖的水质pH要求7～8.5,将手机上的pH正常范围设置在此区间。验证当pH超出此范围时,是否即可发出报警通知。

3)水质自动调节功能调试。

利用酸性溶液模拟酸雨,验证当水质pH低于7时,控制器可发送指令驱使水泵启停,实现对鱼塘水质的自动调节效果。

五、任务评价

<table>
<tr><td colspan="3">基于移动通信网络的养殖水质监测系统搭建</td></tr>
<tr><td>班级：</td><td>任务签领人：</td><td>日期：</td></tr>
<tr><td>项目内容</td><td>得分标准</td><td>得分情况</td></tr>
<tr><td rowspan="2">系统硬件搭建
（20 分）</td><td>电源线、传感器、蜂鸣器、水泵等接线端子连接正确，导线不能裸露在外，工艺符合安全规范（12 分）</td><td></td></tr>
<tr><td>系统上电后运行正常（8 分）</td><td></td></tr>
<tr><td>手机 APP 获取
（5 分）</td><td>扫描物联网控制器上的二维码，下载控制系统 APP，并注册登录成功（5 分）</td><td></td></tr>
<tr><td rowspan="3">配置 WIFI 网络
（15 分）</td><td>进行 APP 设置，移动通信网络连接成功（5 分）</td><td></td></tr>
<tr><td>进行 APP 设置，将控制器与手机 APP 绑定成功（5 分）</td><td></td></tr>
<tr><td>进行 APP 设置，将传感器与手机 APP 绑定成功（5 分）</td><td></td></tr>
<tr><td rowspan="3">系统运行调试
（40 分）</td><td>pH 矫正（10 分）</td><td></td></tr>
<tr><td>报警功能调试（15 分）</td><td></td></tr>
<tr><td>水质自动调节功能调试（15 分）</td><td></td></tr>
<tr><td rowspan="2">实训报告规范性
（10 分）</td><td>实训报告书写规范，字迹工整（4 分）</td><td></td></tr>
<tr><td>实训过程记录翔实（6 分）</td><td></td></tr>
<tr><td rowspan="2">工作纪律及态度
（10 分）</td><td>实训过程小组成员互相配合，遵守课堂纪律（5 分）</td><td></td></tr>
<tr><td>工作态度积极认真严谨，操作过程符合安全操作注意事项（5 分）</td><td></td></tr>
</table>

六、注意事项

1）在实训过程中，应注意用电安全性和安装规范性。

2）实训过程中涉及化学试剂的使用时，请注意佩戴防腐蚀手套进行操作。

七、思考讨论

1）在该实训项目中，哪些设备元件属于感知层、网络层、应用层？

2）如需要监测的物理量是池塘的水温，应如何进行该监测系统的设计与搭建？

【归纳与提高】

物联网技术是继计算机、互联网和移动通信之后的又一次信息技术革命浪潮，它是利用现今无处不在的网络技术建立，并对自动化、计算机、电子通信等众多的技术领域进行有效融合的一门新兴技术。物联网的架构主要分为感知层、网络层和应用层。它包含了感知与识别技术、网络与通信技术、数据处理技术等关键技术。随着信息化时代的发展，物联网技术在农业中的应用日益广泛，在智慧农业系统中，物联网技术在农业生产环境监测、生物养殖、产品溯源等方面发挥着重要的作用。

【知识巩固与技能训练】

一、单项选择题

1.权威的物联网的概念是(　　)年国际电信联盟发布的《物联网》报告中所提出的定义。

A.1998　　B.1999　　C.2000　　D.2005

2.智慧地球是(　　)提出来的。

A.德国　　B.日本　　C.法国　　D.美国

3.2009年,温总理视察(　　)时提出迅速建立中国的感知中国中心。

A.无锡　　B.武汉　　C.杭州　　D.上海

4.土壤温湿度传感器属于农业物联网架构中的(　　)。

A.网络层　　B.应用层　　C.感知层　　D.信息层

二、多项选择题

1.物联网的基本结构分为(　　)。

A.感知层　　B.应用层　　C.网络层　　D.信息层

2.物联网的关键技术为(　　)。

A.电力电子技术　　B.感知与标识技术

C.网络通信技术　　D.数据处理技术

三、复习思考题

1.物联网的定义是什么?

2.物联网技术在农业中的应用有哪些?请列举说明。

参考答案

一、单项选择题

1.D　2.D　3.A　4.C

二、多项选择题

1.ACD　2.BCD

三、复习思考题

1.物联网的定义:物联网是通过二维码识读设备、射频识别(RFID)装置、红外感应器、全球定位系统和激光扫描器等信息传感设备,按照约定的协议,把任何物品与互联网相连接,进行信息交换和通信,以实现智能化识别、定位、跟踪、监控和管理的一种网络。

2.物联网在农业中的应用:在农田环境监测的应用、在果园农业种植方面的管理应用、在设施农业管理方面的应用、在畜禽养殖方面的应用、在农产品安全溯源方面的应用。

项目五
农业领域的机器学习技术

学习目标

【知识目标】

1.掌握机器学习的一般流程。
2.了解机器学习在现代农业领域的应用。
3.理解机器学习的流程和主要算法。

【技能目标】

1.能用 kNN 算法进行简单问题的处理。
2.能用朴素贝叶斯算法进行简单问题的处理。
3.能用决策树与随机森林算法进行简单问题的处理。
4.编程完成机器学习典型应用实例,对机器学习工程编程有初步的训练。

【素质目标】

1.培养以机器学习的思想解决实际问题。
2.培养学生分析问题、解决问题的思维能力。

【思政目标】

1.树立科技报国的使命担当。
2.培养刻苦钻研的工匠精神。
3.培养树立理想信念,引领技术创新,具备钻研精神。

引入案例

支付宝开放宠物鼻纹识别技术　狗和喵星人也能“刷脸”投保了

来源：环球网

2021年7月20日，支付宝保险平台宣布开放宠物鼻纹识别技术(和人的指纹类似，宠物的鼻纹也具有唯一性，并且不会随着年龄增长而发生改变)，并联合大地保险、众安保险将这一技术首次应用于宠物保险。

目前，这款“宠物医疗险”可接受猫、狗两大类宠物投保。投保时，支付宝保险平台根据鼻纹信息为宠物建立专属电子档案。理赔时，刷鼻纹核实宠物身份就可一键完成理赔。据悉，宠物鼻纹识别技术的识别成功率超过99%。

支付宝保险财产险负责人王方表示，此次的宠物鼻纹识别技术突破了三大难点：一是采集难，宠物配合度低，拍摄起来比较难；二是三维结构复杂，宠物脸的相对深度比人要大，比对难度高；三是数据少，对于宠物的鼻纹和照片，行业积累较少。

支付宝宠物险产品专家龙光指出，虽然宠物鼻纹识别技术目前只能应用在宠物医疗保险领域，但随着技术和应用的成熟及底层数据积累，支付宝未来还会推出宠物责任险和绝育保险。

思考：1.宠物鼻纹识别用到哪些机器学习技术？

2.机器学习与人工智能的区别和联系？

任务一　机器学习的概念和发展历程

一、机器学习的概念

机器学习(Machine Learning，ML)是一门多领域交叉学科，涉及概率论、统计学、逼近论、凸分析、算法复杂度理论等多门学科。专门研究计算机怎样模拟或实现人类的学习行为，以获取新的知识或技能，重新组织已有的知识结构使之不断改善自身的性能。它是人工智能(Artificial Intelligence，AI)核心，是使计算机具有智能的根本途径。

传统的机器工作模式是程序员向机器输入一连串的指令，然后机器按照这些指令一步一步执行下去，结果通常是程序员可以事先预料的。但这种逻辑在机器学习里是行不通的，机器学习是程序员向机器中输入数据，然后机器会根据数据返回结果，这些结果是通过数据自我学习得到的，学习的过程通过事先编写好的算法来完成。所以，机器学习方法是计算机利用已有的数据(经验)得出了某种模型，并利用这些模型预测未来的一种方法。这个过程其实与人的学习过程极为相似，只不过机器是一个可以进行大维度数据分析而且可以不知疲倦地学习的“超脑”而已，如图5-1所示。

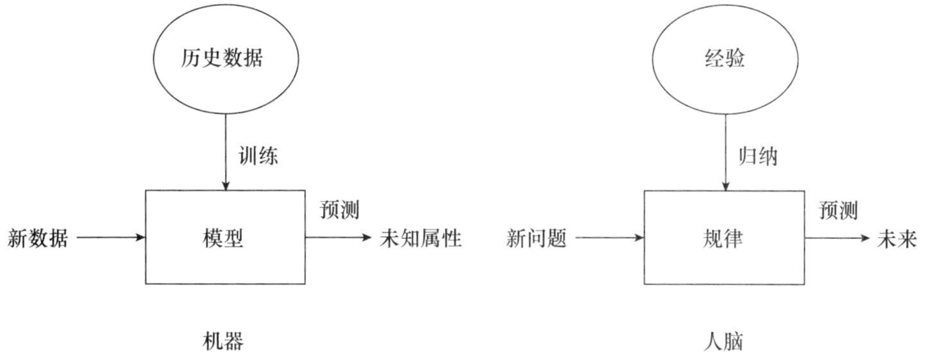

图 5-1　机器学习与人类学习比较

二、机器学习发展历程

机器学习实际上已经存在了几个世纪。追溯到 17 世纪，贝叶斯、拉普拉斯关于最小二乘法的推导和马尔可夫链，这些构成了机器学习广泛使用的工具和基础。

从 20 世纪 50 年代研究机器学习以来，不同时期的研究途径和目标并不相同，可以划分为四个阶段。

第一阶段是 20 世纪 50 年代中叶到 60 年代中叶，这个时期主要研究“有无知识的学习”。这类方法主要是研究系统的执行能力。这个时期，主要通过对机器的环境及其相应性能参数的改变来检测系统所反馈的数据，如给系统一个程序，通过改变它们的自由空间作用，系统将会受到程序的影响而改变自身的组织，最后这个系统将会选择一个最优的环境生存。在这个时期最具有代表性的研究是 Samuel 跳棋游戏。该下棋程序是亚瑟·塞缪尔(Arthur Samuel)在 20 年的主要工作中教计算机玩跳棋(图 5-2)。这是世界上第一个公认的自我学习项目，但这种机器学习的方法还远远不能满足人类的需要。

图 5-2　Arthur Samuel 和跳棋游戏

第二阶段从20世纪60年代中叶到70年代中叶，这个时期主要研究将各个领域的知识植入系统里，在本阶段的目的是通过机器模拟人类学习的过程。同时还采用了图结构及其逻辑结构方面的知识进行系统描述，在这一研究阶段，主要是用各种符号来表示机器语言，研究人员在进行实验时意识到学习是一个长期的过程，从这种系统环境中无法学到更加深入的知识，因此研究人员将各专家学者的知识加入系统里，经过实践证明这种方法取得了一定的成效。在这一阶段具有代表性的工作有Hayes-Roth和Winson的对结构学习系统方法。

第三阶段从20世纪70年代中叶到80年代中叶，称为复兴时期。在此期间，人们从学习单个概念扩展到学习多个概念，探索不同的学习策略和学习方法，且在本阶段已开始把学习系统与各种应用结合起来，并取得很大的成功。同时，专家系统在知识获取方面的需求也极大地刺激了机器学习的研究和发展。在出现第一个专家学习系统之后，示例归纳学习系统成为研究的主流，自动知识获取成为机器学习应用的研究目标。1980年，在美国的卡内基梅隆(CMU)召开了第一届机器学习国际研讨会，标志着机器学习研究已在全世界兴起。此后，机器学习开始得到了大量的应用。

第四阶段20世纪80年代中叶，是机器学习的最新阶段。这个时期的机器学习具有如下特点：

(1)机器学习已成为新的学科，它综合应用了心理学、生物学、神经生理学、数学、自动化和计算机科学等形成了机器学习理论基础。

(2)融合了各种学习方法，且形式多样的集成学习系统研究正在兴起。

(3)机器学习与人工智能各种基础问题的统一性观点正在形成。

(4)各种学习方法的应用范围不断扩大，部分应用研究成果已转化为产品。

(5)与机器学习有关的学术活动空前活跃。

三、机器学习的应用场景

1.电子商务平台智能推荐

电子商务拥有海量的用户和商品数据。当然，为了让平台的成交总额不断提高，电子商务必须精确地为用户提供商品优惠信息。这就要求电子商务要通过机器学习，来对用户的行为进行预测。比如某个男性用户的浏览记录和购买记录中有大量的数码产品，而且系统识别出该用户访问平台时使用的设备是HUAWEI Mate40，则算法很有可能会给该用户推荐Mate40 pro的购买链接。而另外一个女性用户浏览和购买最多的是化妆品和奢侈品，那么机器就会把最新款的Hermes或者LOUIS VUITTON产品推荐给她。

2.社交网络投放广告

社交网络平台主要盈利模式是通过在社交网络中投放效果广告，从而为商家提供精准营销服务。在这种盈利模式下，社交网络需要保证广告的投放尽可能精准地到达受众群体，并转化为销售。因此需要机器学习算法来预测用户可能感兴趣的广告内容，并且将符合要求的内容推荐给用户。比如，某用户经常转发或者点赞汽车有关的信息，那么系统就会把某品牌新车上市的广告推荐给用户。

3.车辆识别

车辆抓拍识别已非常常见，利用机器学习从视频画面中根据车牌、车型和车标快速检索出车辆的行驶轨迹、活动范围，从而实现系统对布控车辆、缉拿拦截的应用。再实际根据路径节点实现车辆的定位追踪，现有卡口系统对车牌进行了机器识别，可以根据车牌从海量抓拍图片中自动查找车辆。

【思政园地】

2016 年 5 月 30 日，习近平总书记在全国科技创新大会、两院院士大会、中国科协第九次全国代表大会上发表重要讲话，强调实现“两个一百年”奋斗目标，实现中华民族伟大复兴的中国梦，必须坚持走中国特色自主创新道路，面向世界科技前沿、面向经济主战场、面向国家重大需求，加快各领域科技创新，掌握全球科技竞争先机。习近平总书记的重要讲话吹响了建设世界科技强国的号角，而人工智能机器学习领域的发展是其中的重要组成部分。2020 年，11 月 20 日，在中国移动全球合作伙伴大会上，中国工程院院士钟南山充分肯定了人工智能在抗疫中发挥的作用，他提到疫情初期，通过人工智能机器学习分析了近百万张 CT，从而帮助了年轻医生正确确诊新冠肺炎，而且知道如何预测重症疾病，这样就能采取更好的医疗手段来预防。此外，基于 2003 年 SARS 数据进行训练的 AI 方法，通过机器学习来预测本次疫情的流行趋势。根据这些预测结果，钟南山团队对于严格的防控措施给出了有力有效的建议。此外，百度、腾讯、阿里、华为等公司纷纷开放了亿级计算资源，这些免费算力让疾控单位和科研单位可以将疫情的数据检测以几何倍数缩短。智能语音技术也没有缺席，助力疫情防控机器人替代社区人力，向海量辖区居民进行疫情随调。还有主打“非接触”的智能语音电梯、人脸识别测温等都体现出了实用价值。

四、机器学习如何入门

1.从一种编程语言开始

目前市面上常用的编程语言有很多种，如 C＋＋、Java、Python、R 等，在数据科学领域，Python 已经成为一门通用的编程语言。它既有通用编程语言的强大能力，同时还具有诸如 MATLAB 或者 R 之类针对某个专门领域语言的易用性。同时丰富和强大的库，让 Python 在数据挖掘、数据可视化、图像处理、自然语言处理等领域都有非常不俗的表现。

由于 Python 语言的简洁性、易读性以及可扩展性，国内外用 Python 做科学计算的研究机构日益增多，越来越多大学已经采用 Python 来教授程序设计课程。众多开源的科学计算软件包都提供了 Python 的调用接口，如著名的计算机视觉库 OpenCV、三维可视化库 VTK、医学图像处理库 ITK。

2020 年，IEEE 发布 2020 年编程语言排行榜，Python 高居首位(图 5-3)。

使用 Python，还有一个重要的原因，对于用户来说，Python 的学习成本是非常低的。哪怕是完全零基础的读者，在一个月左右的努力学习之后，也可以大致掌握它的基本语法和主要的功能模块。

因此我们推荐读者使用 Python 进行机器学习方面的研究与开发，在后面的章节我们也是基于 Python 的环境编写程序。

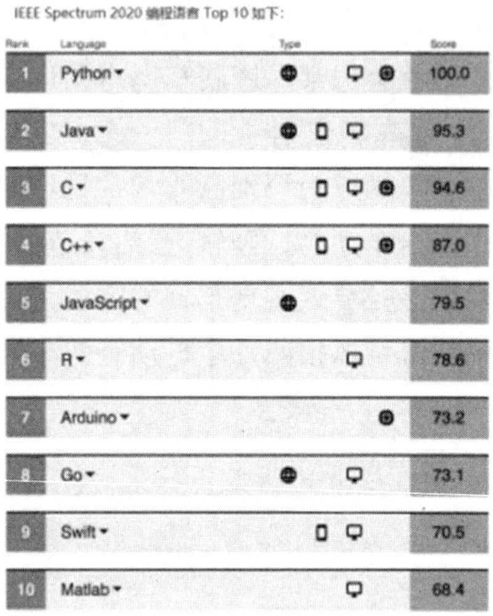

图 5-3 IEEE Spectrum 2020 年前十名编程语言

2.熟悉机器学习中的基本概念

对编程语言有了基本的掌握之后，需要熟悉机器学习中的一些基本概念，如“有监督学习”和“无监督学习”，机器学习的“分类”和“回归”应模型的“泛化”等。

3.了解机器学习中最常见的算法

了解基本概念后，进而了解机器学习中最常用的一些算法。比如 K 最近邻算法、线性模型、朴素贝叶斯、决策树、随机森林、SVMs 等。

在这个过程中，需要了解每种算法的基本原理、用途和特性。

4.掌握对数据进行处理的技巧

对小数据集进行建模并且做出一些预测。但是在真实世界中，数据往往比拿来实验的小数据集复杂很多倍。它们的特征变量会大很多，也就是说数据的维度会高很多，同时可能完全没有训练数据集供用户使用，这时需要掌握一些数据处理的技能，比如：对数据进行降维，或者聚类，从而让数据更容易被理解，并从中找到关键点，为建模奠定基础。

5.学会让模型更好地工作

学会用算法建模和对数据进行处理后，要做的是如何让模型更好地工作。如怎样做可以让算法的效率更高？怎样找到最适合的模型？模型最优的参数是什么？以及如何打造一个流水线，让几个模型在其中共同协作，以解决实际的问题。

6.实践动手操作

学习一门知识最好的办法就是使用它，因此建议一定要动手实操，这样才能对内容有更加深刻的理解。

任务二　机器学习的一般流程

机器学习一般流程分为收集数据、数据准备、选择模型、训练、评估、参数调整、预测结果。具体可参考图 5-4 所示。

图 5-4　机器学习的一般流程

为了说明每个步骤的重要性和功能，将使用一个简单模型作为示例。该模型为区分苹果和橙子。

步骤 1：收集数据

为了开发机器学习模型，第一步是收集可用于区分这两种水果的相关数据。可以使用不同的参数将水果分类为苹果或橙子。为方便起见，每类水果仅收集 2 个特征数据。第一个特征数据是水果本身的颜色，第二个特征数据是水果的形状。根据这 2 个特征，后面建立的模型可以准确地区分两种水果，见表 5-1 所示。为了收集水果颜色的数据，可以使用光谱仪，为了收集水果形状的数据，可以使用摄像头。然后将尝试获取尽可能多的不同类型的苹果和橙子，以便创建各种数据集。

这一步非常重要，因为数据的数量和质量直接决定了预测模型的好坏。收集数据的步骤是机器学习过程的基础。选择错误的功能或专注于数据集的有限类型条目等错误可能会使模型完全失效。

表 5-1　水果特征数据

颜色	形状	种类
红色	圆锥形	苹果
橙色	球形	橙子

步骤 2：数据准备

一旦收集了这两个特征的数据，下一步就是准备数据以供进一步使用。此阶段的重点是识别并最小化针对这两个特征数据集中的任何潜在偏差。首先，将随机化这两个水果的数据顺序。这是因为不希望订单与模型的选择有任何关系。此外,检查收集的数据集是否偏向某个特定水果。这有助于识别和纠正潜在的偏见,因为这将意味着该模型将能够正确地识别一种水果,但可能会与另一种水果抗争。

当数据本身没有什么问题后,将数据分成 3 个部分:训练集(60%)、验证集(20%)、测试集(20%),用于后面的验证和评估工作,如图 5-5 所示。为模型准备充分的数据可以提高其效率。它可以帮助减少模型的盲点,从而提高预测的准确性。

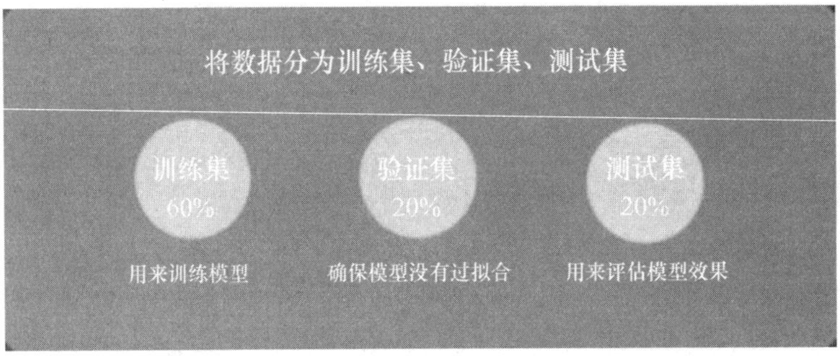

图 5-5　数据集分类

步骤 3:选择模型

由数据科学家开发的各种现有模型可以用于不同的目的,这些模型在设计时考虑了不同的目标。如:某些模型更适合处理文本,而另一些模型更适合处理图像。此处模型是简单的线性回归模型适用于区分水果。在这种情况下,水果的种类是因变量,水果的颜色和形状将是两个预测变量或自变量。

在所给的示例中,模型选择非常简单。但在更复杂的情况下,我们需要做出与预期结果相匹配的选择。可以在 3 大类中探索机器学习模型的选项。第一类是监督学习。在这样的模型中,结果是已知的,因此不断改进模型本身,直到输出达到所需的精度水平。为水果模型选择的线性回归模型是监督学习的一个例子。第二类是无监督学习。如果结果未知,则需要分类,使用无监督学习。无监督学习的示例包括 K-means 和 Apriori 算法。第三类是强化学习。它着重于学习在反复试验的基础上做出更好的决策。它们通常在商业环境中使用。马尔可夫的决策过程就是一个例子。

步骤 4:训练

机器学习过程的核心就是模型的训练,机器大量的“学习”在此阶段完成。在此阶段,使用分配给训练的数据集的一部分来教模型区分这两种成果。这个过程就不需要人参与,机器可以独立完成。整个过程就好像是在做算术题,因为机器学习的本质就是将问题转化为数学问题,然后解答数学题的过程。

步骤 5:评估

在训练好模型之后,需要对其进行测试,以查看其在现实环境中能否正常运行。这把用于评估而创建的数据集的一部分用于检查模型的熟练程度的原因。这会将模型置于一个场景中,在该场景中遇到的情况并非其训练的一部分。在本示例中,就意味着尝试确定该模型中全新的苹果或橙子的类型。但是,通过训练,该模型应具有足够的能力来推断信息并确定该水果是苹果还是橙子。

步骤 6: 参数调整

如果评估成功,则进入超参数调整步骤。此步骤试图改善在评估步骤中获得的积极结果。对于本示例,将看是否可以使模型在识别苹果和橙子方面更加出色,这就需要采用不同的方法来改进模型。一种方法是重新训练步骤,并使用训练数据集的多次扫描来训练模型。这可能会导致更高的准确性,因为训练的持续时间越长,暴露越多,越能改善模型的质量。另一种方法是优化提供给模型的初始值。随机初始值通常会因反复试验逐渐完善而产生较差的结果。

步骤 7: 预测结果

机器学习过程的最后一步是预测。在此阶段,模型已准备就绪,可以用于实际应用,模型现在应该能够回答给定的水果是苹果还是橙子的问题。该模型不受人为干扰,并根据其数据集和训练得出自己的结论。该模型所面临的挑战仍然是在不同的相关场景下其性能是否能胜过或至少与人类判断相匹配。

预测步骤是最终用户在各自行业中使用机器学习模型时看到的内容。机器学习被认为是各个行业的未来。复杂但执行良好的机器学习模型可以改善其各自所有者的决策过程。做出决定时,人类只能处理一定数量的数据和相关因素。另一方面,机器学习模型可以处理和链接大量数据。这些链接使模型可以获得独特的见解,如果采用通常的手动方法,则可能无法发现这些见解。

任务三　机器学习的主要算法

一、机器学习方式

机器学习方式可根据训练方法大致可以分为监督学习、无监督学习、强化学习三大类。

1.监督学习

监督学习(Supervised Algorithms)在训练过程中,可以由训练数据集学到或建立一个模式(函数/learning model),并依此模式推测新的实例。该算法要求特定的输入/输出,就是给算法一个数据集,并且给定正确答案。机器通过数据来学习正确答案的计算方法。主要算法包括线性回归、支持向量机、KNN 算法、朴素贝叶斯法、决策树等。

使用监督学习识别猫和狗时,先准备大量猫和狗的照片,然后让机器学会如何识别猫和狗。当使用监督学习的时候,需要给这些照片打上标签(图 5-6)。

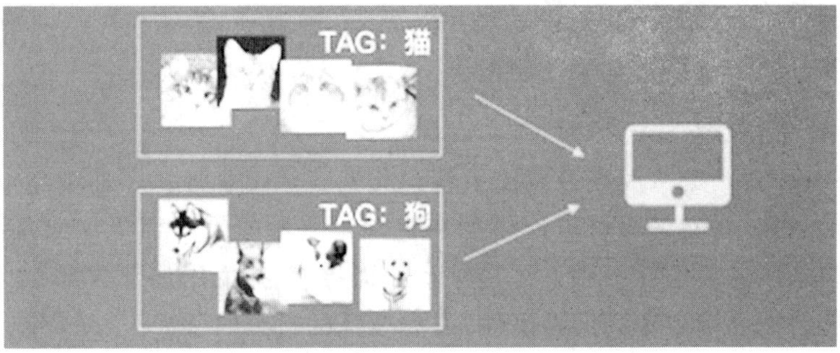

图 5-6　机器学习打好标签的照片

给照片打的标签就是“正确答案”，机器通过大量学习，就可以学会在新照片中认出猫和狗(图 5-7)。

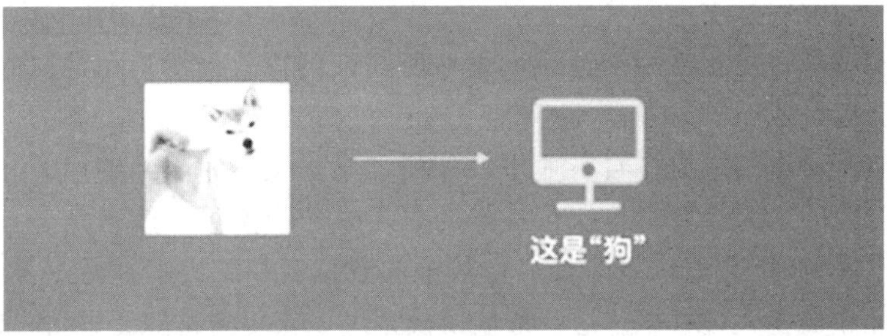

图 5-7　机器识别照片物种

这种通过大量人工打标签来帮助机器学习的方式就是监督学习。这种学习方式效果非常好，但是成本也非常高。

2.无监督学习

无监督学习 (Unsuperviseal Algorithms)算法没有特定的目标输出，也就是给定的数据集没有“正确答案”，所有的数据都是一样的。算法将数据分为不同的组。主要算法包括 k-means 聚类、高斯混合模型等。

如把一堆猫和狗的照片给机器，不给这些照片打任何标签，但是希望机器能够将这些照片分类(图 5-8)。

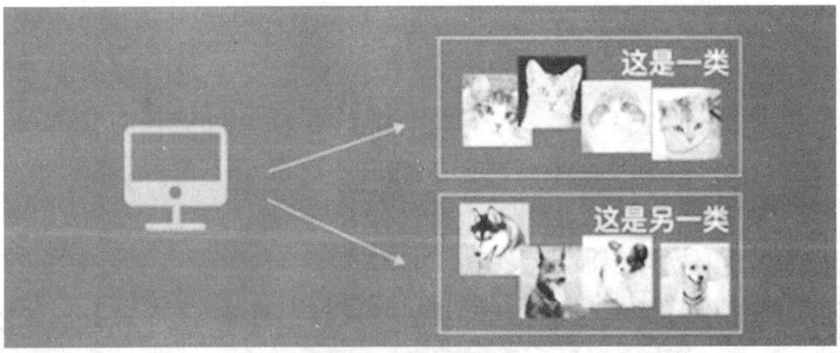

图 5-8　机器学习分类

通过学习，机器会把这些照片分为两类，一类都是猫的照片，一类都是狗的照片。虽然跟上面的监督学习看上去结果差不多，但是有着本质的差别。无监督学习中，虽然照片分为了猫和狗，但是机器并不知道哪个是猫，哪个是狗。对于机器来说，相当于分成了A、B两类，如图5-8所示。

3.强化学习

强化学习（Reinforcement Algorithms）的普适性强，主要基于决策进行训练，算法根据输出结果（决策）的成功或错误来训练自己，通过大量经验训练优化后的算法将能够给出较好的预测。类似有机体在环境给予的奖励或惩罚的刺激下，逐步形成对刺激的预期，产生能获得最大利益的习惯性行为。主要算法包括Q-Learning、Policy Optimization等。

强化学习算法的思路非常简单，以游戏为例，如果在游戏中采取某种策略可以取得较高的得分，那么就进一步“强化”这种策略，以期继续取得较好的结果。这种策略与日常生活中的各种“绩效奖励”非常类似。在“愤怒的小鸟”这款游戏中，玩家需要简单地点击操作来控制小鸟，躲过各种水管，飞的越远越好，因为飞的越远就能获得更高的积分奖励（图5-9）。

这是一个典型的强化学习场景：

①机器有一个明确的小鸟角色—代理；

②需要控制小鸟飞的更远—目标；

③整个游戏过程中需要躲避各种水管——环境；

④躲避水管的方法是让小鸟用力飞一下——行动；

⑤飞的越远，就会获得越多的积分——奖励。

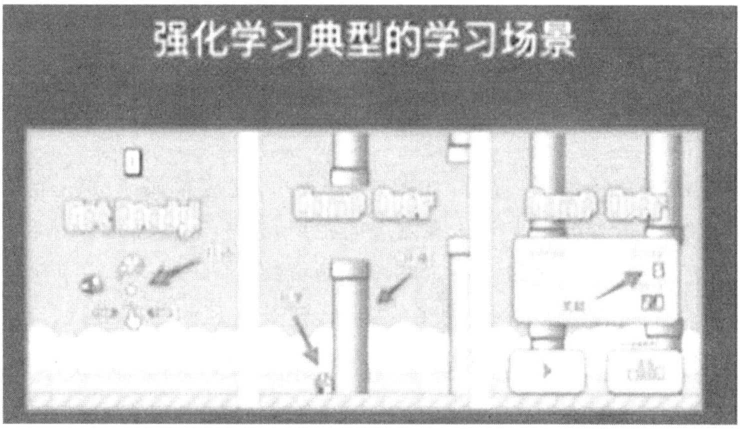

图5-9　游戏强化学习场景

强化学习与监督学习、无监督学习最大的不同就是不需要大量的“数据训练”，而是通过自己不停地尝试来学会某些技能。

二、机器学习的主要算法

1.KNN 算法

KNN 算法属于监督学习。KNN 的核心数学知识是距离的计算和权重的计算。基本思想是把需要预测的点作为中心点，然后计算其周围一定半径内的已知点距其的距离，挑选前 k 个点，进行投票，这 k 个点中，哪个类别的点多，该预测点就被判定属于哪一类。

1）KNN 算法原理。

现在给出一个点（2，5），很容易判别该点属于三角形的类别，因为它的周围全部都是三角形，如图 5-10 所示。

同样的道理，给出点（8，5），也很容易判别这一点属于圆形的类别，如图 5-11 所示。

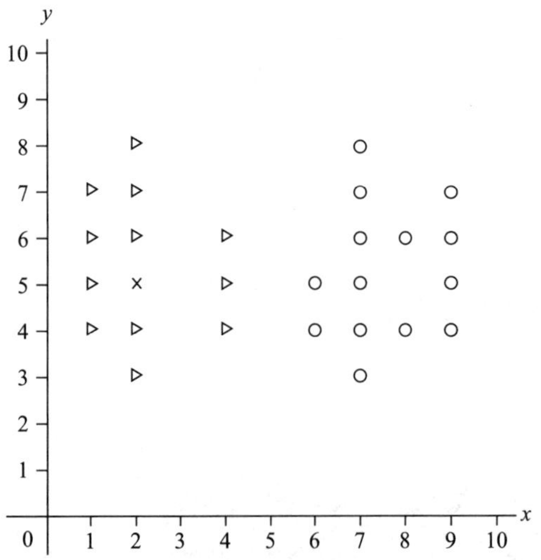

图 5-10 坐标(2,5)

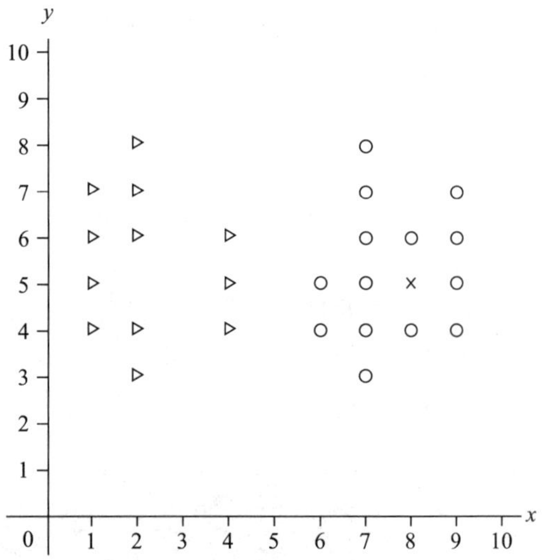

图 5-11 坐标(8,5)

但如果一点出现在(5，5)位置时，如图 5-12 所示，它应该属于哪一个类别呢？KNN 算法首先计算图像中每个样本点到该观测点的距离，如图 5-13 所示。然后将距离从小到大排序，取出前 k 个值，这里假设 $k=5$，取离观测值最近的 5 个点，如图 5-14 所示。在这 5 个值中计算各个类别的个数，个数最多的类别，就是该观测值的类别。例如，这里三角形有 3 个，圆形有 2 个，三角形的个数大于圆形的个数，所以该观测值会被判定为三角形。

选择不同的 k 值，将会导致不同的结果。例如图 5-14，当 k 取 5 时，新出现的点被归为三角形，但是当设置 k 等于 7 时，结果则恰恰相反，该点将被归为圆形，如图 5-15 所示，此时该点的周围有 4 个圆形和 3 个三角形，所以此点会被归为圆形。

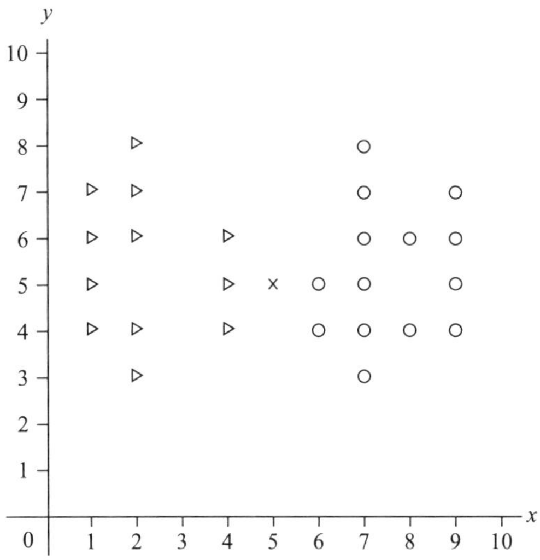

图 5-12　坐标(5,5)

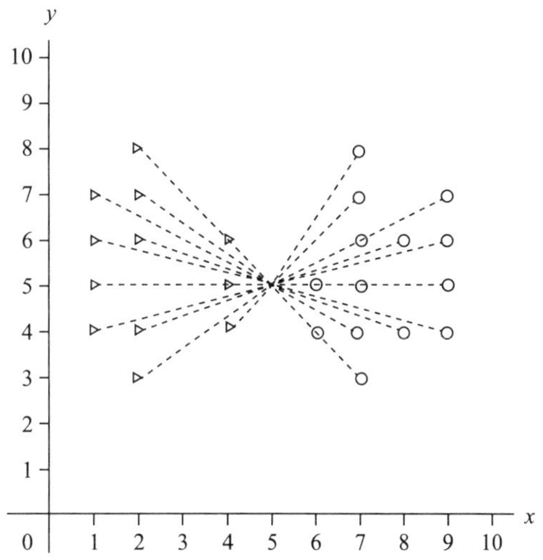

图 5-13　坐标(5,5)到附件点的距离

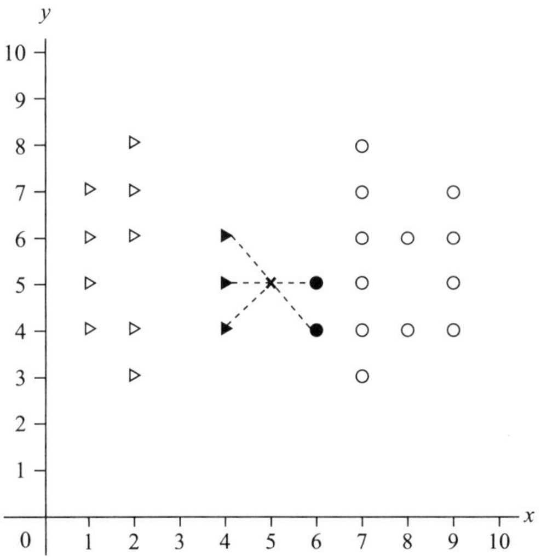

图 5-14　当 $k=5$ 时的结果

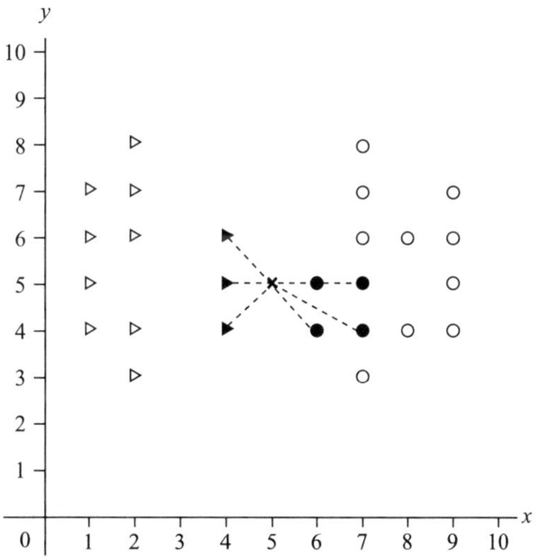

图 5-15　当 $k=7$ 时的结果

由此可知，选取不同的 k 值，会对最后的结果造成很大影响，那么如何确定 k 值？可以通过设置不同的 k 值，然后比较不同 k 值对应的最后结果的正确率来确定。

2）KNN 算法的用法。

机器学习算法是以数据为基础的，所以机器学习开发的第一步就是数据的准备。对机器学习算法的学习，互联网上有很多开源的数据集，scikit-learn 就是其中之一。在 scikit-learn 中，内置了若干个小型数据集（Toy Datasets），并且为其它规模较大的数据集准备了获取的 API。例如在 jupyter-notebook 输入代码，生成数据集，如图 5-16 所示。

```python
# 导入数据集生成器
from sklearn.datasets import make_blobs

# 导入KNN分类器
from sklearn.neighbors import KNeighborsClassifier

# 导入画图工具
import matplotlib.pyplot as plt

# 导入数据集拆分工具
from sklearn.model_selection import train_test_split

# 生成样本数为200，分类为2的数据集
data=make_blobs(n_samples=200,centers=2,random_state=8)
X,y=data

# 将生成的数据集进行可视化
plt.scatter(X[:,0],X[:,1],c=y,cmap=plt.cm.spring,edgecolor='k')

plt.show()
```

图 5-16　KNN 简单分类代码

在这段代码中，使用了 scikit-learn 的 make_blobs 函数来生成一个样本数量为 200，分类数量为 2 的数据集，并将其赋值给 X 和 y，然后借助 matplotlib 将数据用图形表示出来，运行代码，运行结果如图 5-17 所示。

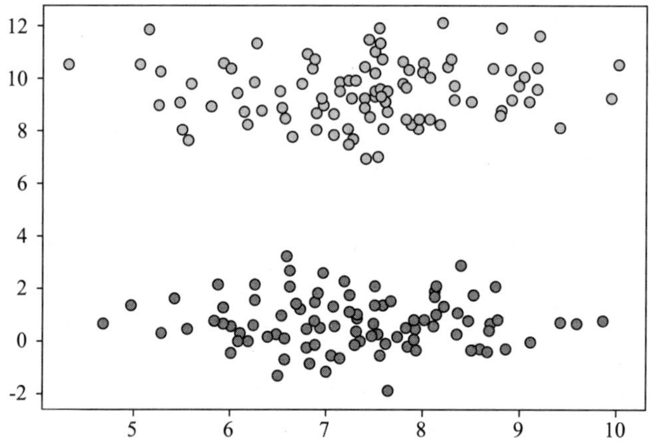

图 5-17　KNN 简单分类结果

【结果分析】从结果可以看出，make_blobs 生成的数据集一共有两类，其中一类用深色表示，而另外一类用浅色表示。

下面就使用 K 最近邻算法来拟合这些数据，输入代码如图 5-18 所示。

```
import numpy as np

clf=KNeighborsClassifier()

clf.fit(X,y)

# 下面的代码用于画图
x_min,x_max=X[:,0].min()-1,X[:,0].max()+1
y_min,y_max=X[:,1].min()-1,X[:,1].max()+1

xx,yy=np.meshgrid(np.arange(x_min,x_max,.02),np.arange(y_min,y_max,.02))

Z=clf.predict(np.c_[xx.ravel(),yy.ravel()])
Z=Z.reshape(xx.shape)

plt.pcolormesh(xx,yy,Z,cmap=plt.cm.Pastel1)
plt.scatter(X[:,0],X[:,1],c=y,cmap=plt.cm.spring,edgecolors='k')

plt.xlim(xx.min(),xx.max())
plt.ylim(yy.min(),yy.max())

plt.title("Classifier:KNN")

plt.show()
```

图 5-18　KNN 建立模型拟合数据代码(2 个)

运行代码,结果如图 5-19 所示。

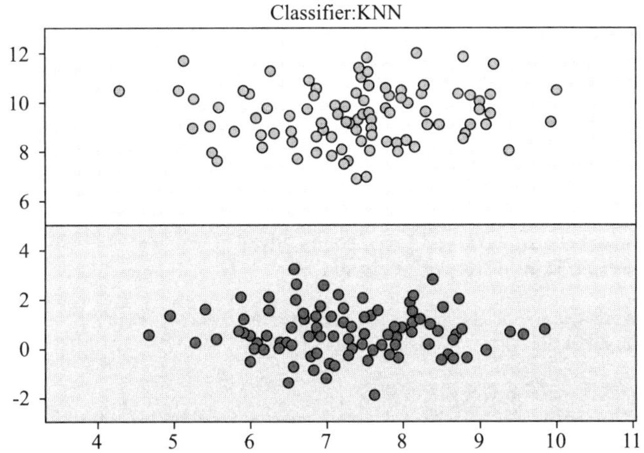

图 5-19　KNN 创建分类模型结果

【结果分析】KNN 算法基于数据集创建了一个分类模型,就是图中浅色区域和深色区域组成的部分。如果有新的数据输入的话,模型就会自动将数据分到对应的分类中。

例如,假设有一个数据点,它的两个特征值分别是 6.75 和 4.82,通过试验模型能不能将它放到正确的分类中,首先在上面那段代码中,plt.show()之前加一行代码,如图 5-20 所示。

```
# 新的数据点用五星表示出来
plt.scatter(6.75,4.82,marker="*",c="red",s=200)
```

图 5-20　测试特征值分类代码

运行结果如图 5-21 所示。

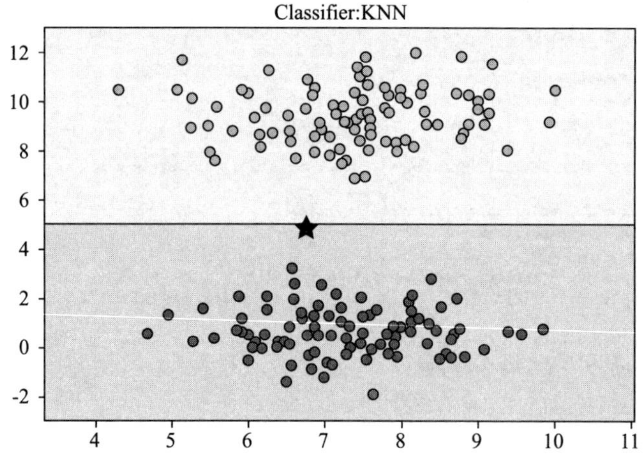

图 5-21　特征值分类结果

【结果分析】五角星就代表了新的数据点所在的位置，可以看到 KNN 算法将它放在了下方的区域，和深色的数据点归为了一类。

下面学习 KNN 算法处理多元分类任务。

1）KNN 算法处理多元分类任务。

完成 KNN 算法处理多元类任务，需要先生成多元分类任务所使用的数据集，为了加大难度，通过修改 make_blobs 的 centers 参数，把数据类型的数量增加到 5 个，同时修改 n_samples 参数，把样本量也增加到 500 个，输入代码如图 5-22 所示。

```
from sklearn.datasets import make_blobs
import matplotlib.pyplot as plt

data2=make_blobs(n_samples=500,centers=5,random_state=8)
X2,y2=data2

# 用散点图将数据集进行可视化
plt.scatter(X2[:,0],X2[:,1],c=y2,cmap=plt.cm.spring,edgecolors='k')

plt.show()
```

图 5-22　KNN 创建多元分类模型代码

运行结果如图 5-23 所示。

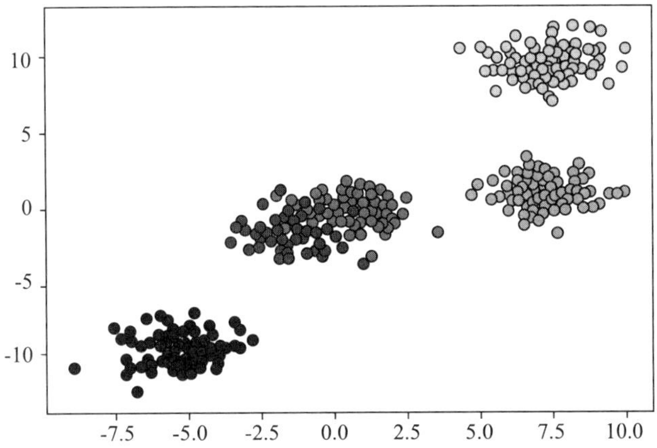

图 5-23 KNN 创建多元分类结果(5 个)

【结果分析】从图 5-23 可以看到,新的数据集的分类数量变成了 5 个,而其中有两类数据还有一些重合(图片中心位置的点)。

再次用 KNN 算法建立模型来拟合这些数据,输入代码如图 5-24 所示。

```
from sklearn.neighbors import KNeighborsClassifier

clf=KNeighborsClassifier()
clf.fit(X2,y2)

# 下面的代码用于画图
x_min,x_max=X2[:,0].min()-1,X2[:,0].max()+1
y_min,y_max=X2[:,1].min()-1,X2[:,1].max()+1

xx,yy=np.meshgrid(np.arange(x_min,x_max,.02),np.arange(y_min,y_max,.02))

Z=clf.predict(np.c_[xx.ravel(),yy.ravel()])
Z=Z.reshape(xx.shape)

plt.pcolormesh(xx,yy,Z,cmap=plt.cm.Pastel1)

plt.scatter(X2[:,0],X2[:,1],c=y2,cmap=plt.cm.spring,edgecolors='k')

plt.xlim(xx.min(),xx.max())
plt.ylim(yy.min(),yy.max())
plt.title("Classifier:KNN")

plt.show()
```

图 5-24 KNN 建立模型拟合数据代码(5 个)

运行结果如图 5-25 所示。

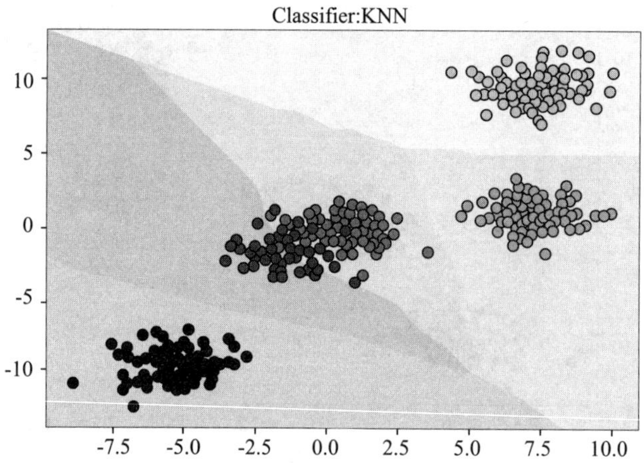

图 5-25　KNN 创建分类模型结果

【结果分析】KNN 算法仍然可以把大部分数据点放置于正确的分类中，但有一小部分数据还是放入了错误的分类中，这些分类错误的数据点基本都是互相重合的位于图像中心位置的数据点。

那么模型的正确率究竟有多高？用下面的代码来进行一下评分，如图 5-26 所示。

```
print("代码运行结果：")
print("==============================")
print("模型正确率：{:.2f}".format(clf.score(X2,y2)))
print("==============================")
```

图 5-26　模型正确率测试代码

运行结果如图 5-27 所示。

```
代码运行结果：
==============================
模型正确率：0.96
==============================
```

图 5-27　模型正确率测试结果

2)KNN 算法用于回归分析。

在 scikit-learn 的数据集生成器，有一个非常好的用于回归分析的数据集生成器—make_regression 函数，这里使用 make_regression 生成数据集来进行实验，演示 KNN 算法在回归分析中的表现。

首先还是先生成数据集，代码如图 5-28 所示。

```
# 导入make_regression数据生成器
from sklearn.datasets import make_regression

# 生成特征数量为1，噪音为50的数据集
X,y=make_regression(n_features=1,n_informative=1,noise=50,random_state=8)

# 用散点图将数据点进行可视化
plt.scatter(X,y,c='orange',edgecolors='k')

plt.show()
```

图 5-28　make_regression 生成数据集代码

运行结果如图 5-29 所示。

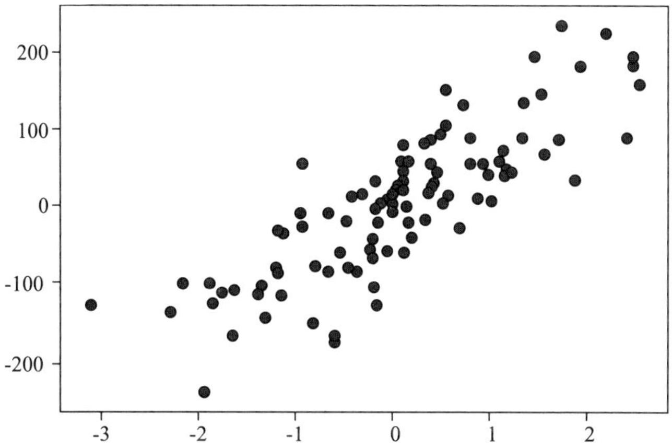

图 5-29　make_regression 生成数据集结果

下面使用 KNN 算法来进行回归分析,输入代码如图 5-30 所示。

```
# 导入用于回归分析的KNN模型
from sklearn.neighbors import KNeighborsRegressor

reg=KNeighborsRegressor()

#用KNN模型拟合数据
reg.fit(X,y)

# 把预测结果用图像进行可视化
z=np.linspace(-3,3,200).reshape(-1,1)

plt.scatter(X,y,c='orange',edgecolors='k')
plt.plot(z,reg.predict(z),c='k',linewidth=3)

# 向图像添加标题
plt.title("KNN Regressor")

plt.show()
```

图 5-30　使用 make_regression 回归分析代码

运行结果如图 5-31 所示。

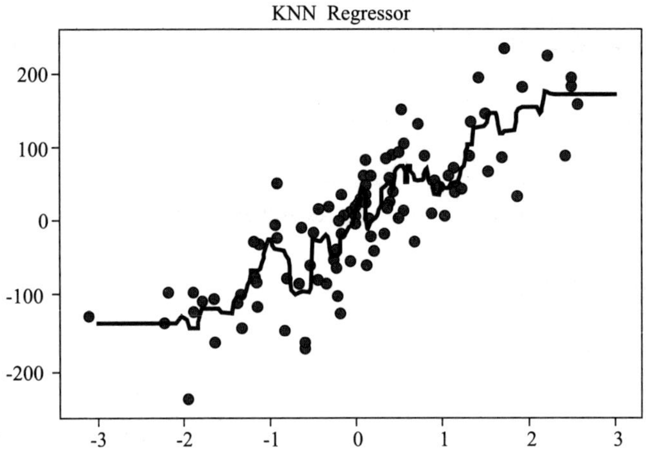

图 5-31 使用 make_regression 回归分析结果

【结果分析】黑色的曲线代表的就是 KNN 算法拟合 make_regression 生成数据所进行的模型。直观来看，模型的拟合程度并不是很好，有大量的数据点都没有被模型覆盖到。

现在给模型进行评分，看看结果如何，输入代码如图 5-32 所示。

```
print("代码运行结果：")
print("==============================")
print("模型评分：{:.2f}".format(reg.score(X,y)))
print("==============================")
```

图 5-32 使用 make_regression 给模型评分代码

运行结果如图 5-33 所示。

```
代码运行结果：
==============================
模型评分：0.77
==============================
```

图 5-33 使用 make_regression 给模型评分结果

【结果分析】模型的得分只有 0.77，这是一个差强人意的结果。为了提高模型的分数，对 KNN 算法的近邻数进行调整。默认的情况下，KNN 算法的 n_neighbors 为 5，试着尝试将它减少。

输入代码如图 5-34 所示。

```python
from sklearn.neighbors import KNeighborsRegressor

# 减少模型的n_neighbors参数为2
reg2=KNeighborsRegressor(n_neighbors=2)
reg2.fit(X,y)

# 重新进行可视化
plt.scatter(X,y,c='orange',edgecolors='k')
plt.plot(z,reg2.predict(z),c='k',linewidth=3)

plt.title("KNN Regression:n_neighbors=2")

plt.show()
```

图 5-34　KNN 对近邻数进行调整代码(n_neighbors＝2)

运行结果如图 5-35 所示。

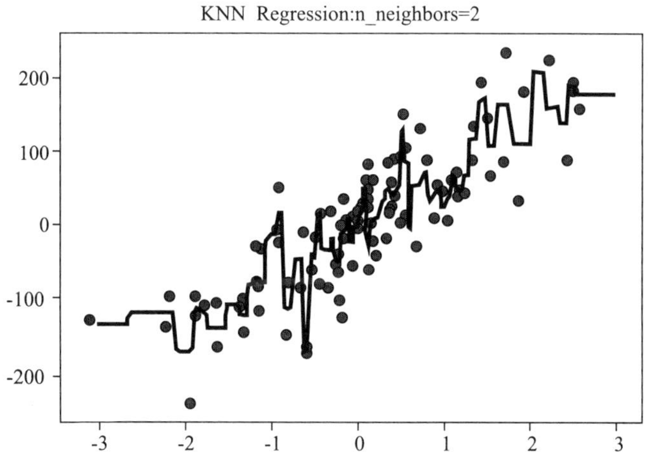

图 5-35　n_neighbors＝2 运行结果

【结果分析】相对于上图来说，黑色曲线更加积极地试图覆盖更多的数据点，也就是说，模型变得更复杂。

再次进行评分，运行结果如下。

＝＝＝＝＝＝＝＝＝＝＝＝＝＝＝

模型评分：0.86

＝＝＝＝＝＝＝＝＝＝＝＝＝＝＝

【结果分析】模型的评分从 0.77 提升到了 0.86，可以说有明显的提升。

3)KNN 算法实践——分类酒。

(1)对数据集进行分析。

使用 scikit-learn 内置的酒数据集来进行实验，这个数据集也包含在 scikit-learn 的 datasets 模块当中。首先，要把酒的数据集载入项目中，输入代码如图 5-36 所示。

```
from sklearn.datasets import load_wine
# 从sklearn的datasets模块载入数据集
wine_dataset=load_wine()
```

图 5-36　导入 load_wine 数据集代码

这个酒数据集中的数据都包含些什么？实际上，使用 load_wine 函数载入的酒数据集，是一种 Bunch 对象，它包括键（keys）和数值（values），下面查看一个酒数据集都有哪些键，代码如图 5-37 所示。

```
print("红酒数据集中的键：\n{}".format(wine_dataset.keys()))
```

图 5-37　查看酒数据集的键值代码

代码运行结果如图 5-38。

```
红酒数据集中的键：
dict_keys(['data', 'target', 'frame', 'target_names', 'DESCR', 'feature_names'])
```

图 5-38　酒数据集的键值

【结果分析】酒数据集中包括数据（data）、目标分类（target）、目标分类名称（target_names）、数据描述（DESCR）以及特征变量的名称（feature_names）。

那么这个数据集中究竟有多少样本（samples），又有多少变量（features）呢？可以使用 shape 告诉数据的大概轮廓，代码如图 5-39 所示。

```
print("数据概况：{}".format(wine_dataset['data'].shape))
```

图 5-39　shape 显示数据轮廓代码

代码运行结果如图 5-40 所示。

```
数据概况：(178, 13)
```

图 5-40　shape 显示数据轮廓结果

更细节的信息，可以通过打印 DESCR 键来获得，代码如图 5-41 所示。

```
# 打印酒的数据集中的简短描述
print(wine_dataset['DESCR'])
```

图 5-41　DESCR 使用

代码运行结果如图 5-42 所示。

```
Wine recognition dataset
________________________

**Data Set Characteristics:**

    :Number of Instances: 178 (50 in each of three classes)
    :Number of Attributes: 13 numeric, predictive attributes and the class
    :Attribute Information:
                - Alcohol
                - Malic acid
                - Ash
                - Alcalinity of ash
                - Magnesium
                - Total phenols
                - Flavanoids
                - Nonflavanoid phenols
                - Proanthocyanins
                - Color intensity
                - Hue
                - OD280/OD315 of diluted wines
                - Proline

    - class:
            - class_0
            - class_1
            - class_2
```

图 5-42　DESCR 运行结果

【结果分析】酒数据集中的 178 个样本被归纳到 3 个类别中，分别是 class_0、class_1 和 class_2，其中 class_0 中包含 59 个样本，class_1 中包含 71 个样本，class_2 中包含 48 个样本。而从 Alcohol 至 Proline 分别是 13 个特征变量，包括酒精含量、苹果酸、镁含量、青花素含量、色彩饱和度等。

(2)生成训练数据集和测试数据集。

在创建一个能够自动将酒进行分类的机器学习的算法模型之前，先要能够对模型的可信度进行评判，否则无法知道它对于新的酒所进行的分类是否准确。所以现在要做的工作是，把数据集分为两个部分：一部分称为训练数据集；另一部分称为测试数据集。训练数据集就如缝制衣服时所用到的模特的身材，而测试数据集则是用来测试这件衣服，有多少人能符合模特的身材。

在 scikit-learn 中，有一个 train_test_split 函数，它是用来帮助用户把数据集拆分的工具，其工作原理是：train_test_split 函数将数据集进行随机排列，在默认情况下将其中 75%的数据及所对应的标签划归到训练数据集，并将其余 25%的数据和所对应的标签划归到测试数据集。

需要注意的是一般用大写的 X 表示数据的特征，而用小写的 y 表示数据对应的标签。这是因为 X 是一个二维数组，也称为矩阵；而 y 是一个一维数组，或者说是一个向量。

接下来，使用 train_test_split 函数将酒的数据分为训练数据集和测试数据集。代码如图 5-43 所示。

```
# 导入数据集拆分工具
from sklearn.model_selection import train_test_split

# 将数据集拆分为训练数据集和测试数据集
X_train,X_test,y_train,y_test=train_test_split(wine_dataset['data'],wine_dataset['target'],random_state=0)
```

图 5-43　用 train_test_split 拆分数据集代码

此时，已经对酒数据集完成了拆分。在上述代码中，出现一个参数 random_state，并且将它指定为 0，这是因为 train_test_split 函数会生成一个伪随机数，并根据这个伪随机数对数据集进行拆分。而有时候需要在一个项目中让多次生成的伪随机数相同，方法就是通过固定 random_state 参数的数值，相同的 random_state 参数会一直生成同样的伪随机数，但当这个值设为 0，或者保持缺省的时候，则每次生成的伪随机数均不同。

下面查看一个 train_test_split 函数拆分后的数据集的结果，运行代码如图 5-44 所示。

```
print("X_train shape:{}".format(X_train.shape))
print("X_test shape:{}".format(X_test.shape))
print("y_train shape:{}".format(y_train.shape))
print("y_test shape:{}".format(y_test.shape))
```

图 5-44　rain_test_split 拆分数据集

代码运行结果如图 5-45 所示。

```
X_train shape:(133, 13)
X_test shape:(45, 13)
y_train shape:(133,)
y_test shape:(45,)
```

图 5-45　rain_test_split 拆分数据集结果

【结果分析】在训练数据集中，样本 X 数量和其对应的标签 y 数量均为 133 个，约占样本总量的 74.7%，而测试数据集中的样本 X 数量和标签 y 数量均为 45 个，约占样本总数的 25.3%。同时，无论是在训练数据集中，还是在测试数据集中，特征变量都是 13 个。

(3)使用 KNN 算法进行建模。

KNN 算法根据训练数据集进行建模，在训练数据集中寻找和新输入的数据最近的数据点，然后把这个数据点的标签分配给新的数据点，以此对新的样本进行分类，如图 5-46 所示。

```
# 导入KNN分类模型
from sklearn.neighbors import KNeighborsClassifier

# 指定模型的n_neighbors参数值为1
knn=KNeighborsClassifier(n_neighbors=1)
```

图 5-46　对新样本分类代码

在 scikit-learn 中，机器学习模块都是在其固定的类中运行的，而 KNN 算法是在 neighbors 模块中的 KNeighborsClassifier 类中运行的，从一个类中创建对象的时候，就需要给模型指定一个参数。对于 KNeighborsClassifier 类来说，最关键的参数就是近邻的数量，也就是 n_neighbors。而 knn 则是在 KNeighborsClassifier 类中创建的一个对象。

(4)使用模型对新样本进行预测。

现在可以使用前面建好的模型对新的样本分类进行预测了。在这之前，先用测试数据集对模型进行打分。测试数据集并不参与建模，但是可以用模型对测试数据集进行分类，然后和测试数据集中的样本实际分类进行对比，看吻合度有多高。吻合度越高，模型的得分越高，说明模型的预测越准确，满分是 1.0，如图 5-47 所示。

```
print("测试数据集得分：{:.2f}".format(knn.score(X_test,y_test)))
```

```
测试数据集得分：0.76
```

图 5-47　使用模型对新样本进行预测代码及结果

下面假设得到了一瓶新的酒，它的特征变量值如表 5-2 所示。

表 5-2　酒的特征变量值

Alcohol	13.2
Malic acid	2.77
Ash	2.51
Alcalinity of ash	18.5
Magnesium	96.6
Total phenols	1.04
Flavanoids	2.55
Nonflavonoid phenols	0.57
Proanthocyanins	1.47
Color intensity	6.2
Hue	1.05
OD280/OD315 of diluted wines	3.33
Proline	820

用建好的模型对新酒做出分类预测，输入代码，如图 5-48 所示。

```
import numpy as np

# 输入新的数据点
X_new=np.array([[13.2,2.77,2.51,18.5,96.6,1.04,2.55,0.57,1.47,6.2,1.05,3.33,820]])

# 使用predict 进行预测
prediction=knn.predict(X_new)
print("预测新红酒的分类为：{}".format(wine_dataset['target_names'][prediction]))
```

图 5-48　用建好的模型对新酒做出分类预测代码

代码运行结果如图 5-49 所示。

预测新红酒的分类为：['class_2']

图 5-49　对新酒做出分类预测结果

【结果分析】模型把新酒的分类预测为 class_2，虽然准确率只有 76%，但对于该项目来说，还是相当不错的。

【思政园地】

KNN 是一种有监督的机器学习算法，可用于解决分类和回归问题。它基于一个非常简单的想法，数据点的值由它周围的数据点决定。考虑的数据点数量由 k 值确定，因此，k 值是算法的核心。选择最优 k 值是建立一个合理、精确的 KNN 模型的必要条件，如果 k 值太低，则模型会变得过于具体，不能很好地泛化，它对噪声也很敏感。该模型在训练组上实现了很高的精度，但对于新的、以前看不到的数据点，该模型的预测能力较差。因此，我们很可能最终得到一个过拟合的模型；如果 k 选择得太大，模型就会变得过于泛化，无法准确预测训练和测试集中的数据点，这种情况被称为欠拟合。为了得到合适的优化模型，往往需要对模型的参数进行反复训练、不断调整。在这个过程中，要专注每一次训练结果和参数调整的要点，要在挫折中不断寻找成功的方向，在实践中逐步培养严谨、耐心、专注的品质和刻苦钻研的工匠精神。

2.朴素贝叶斯算法

朴素贝叶斯（Naive Bayes）算法是一种基于贝叶斯理论的监督学习算法，旨在解决分类问题。之所以说“朴素”，是因为这个算法是基于样本特征之间互相独立的“朴素”假设的。正因为如此，由于不用考虑样本特征之间的关系，朴素贝叶斯分类器的效率是非常高的。

(1)朴素贝叶斯基本概念。

贝叶斯（Thomas Bayes）是一个英国数学家，贝叶斯在数学方面主要研究概率论，他创立了贝叶斯统计理论，该理论对现代概率论和数理统计又有很重要的作用。

(2)朴素贝叶斯定理。

这个定理解决了现实生活里经常遇到的问题：已知某条件概率，如何得到两个事件交换后的概率，也就是在已知 $P(A|B)$ 的情况下如何求得 $P(B|A)$。

条件概率 $P(A|B)$ 表示事件 B 已经发生的前提下，事件 A 发生的概率，叫做事件 B 发生下事件 A 的条件概率。其基本求解公式为：$P(A|B)=\dfrac{P(AB)}{P(B)}$。

贝叶斯定理之所以有用，是因为在生活中经常遇到这种情况：我们可以很容易直接得出 $P(A|B)$，$P(B|A)$ 则很难直接得出，但更关心 $P(B|A)$，贝叶斯定理就打通从

$P(A|B)$获得$P(B|A)$的道路。贝叶斯定理：

$$P(B|A)=\frac{P(A|B)P(B)}{P(A)}$$

例如，在一个傍晚，准备回家。问题来了，要不要带伞呢？已知：

①天气预报说今天降水概率为$P(A)=50\%$

②晚高峰堵车的概率为$P(B)=80\%$

③如果下雨，晚高峰堵车的概率是$P(B|A)=95\%$

根据贝叶斯定理：$P(A|B)P(B)=P(B|A)P(A)$，求得下雨的概率为：$0.5\times0.95/0.8=0.594$，所以果断拿上了雨伞。

(3)朴素贝叶斯分类。

朴素贝叶斯分类是一种十分简单的分类算法，其思想基础是对给出的待分类项，求解在此项出现的条件下各个类别出现的概率，哪个最大就认为此待分类项属于哪个类别。

朴素贝叶斯分类的正式定义如下：

①设$x=\{a_1,a_2,\cdots,a_m\}$为一个待分类项，而每个a为x的一个特征属性。

②有类别集合$C=\{y_1,y_2,\cdots,y_n\}$。

③计算$P(y_1|x),P(y_2|x),\cdots,P(y_n|x)$。

④如果$P(y_k|x)=max\{P(y_1|x),P(y_2|x),\cdots,P(y_n|x)\}$，则。$x\in y_k$。

整个朴素贝叶斯分类分为如下三个阶段。

第一阶段——创建数据集阶段。这个阶段的任务是为朴素贝叶斯分类做必要的准备，主要工作是根据具体情况确定特征属性，并对每个特征属性进行适当划分，然后由人工对一部分待分类项进行分类，形成训练样本集合。这一阶段的输入是所有待分类数据，输出是特征属性和训练样本。这一阶段是整个朴素贝叶斯分类中唯一需要人工完成的阶段，其质量对整个过程将有重要影响，分类器的质量很大程度上由特征属性、特征属性划分及训练样本质量决定。

第二阶段——训练阶段。这个阶段的任务就是生成分类器，主要工作是计算每个类别在训练样本中的出现频率及每个特征属性划分对每个类别的条件概率估计，并将结果记录。其输入是特征属性和训练样本，输出是分类器。这一阶段是机械性阶段，根据前面的公式可以由程序自动计算完成。

第三阶段——预测阶段。这个阶段的任务是使用分类器对待分类项进行分类，其输入是分类器和待分类项，输出是待分类项与类别的映射关系。这一阶段也是机械性阶段，由程序完成。

最后就得到了朴素贝叶斯分类的概率模型，针对不同的概率分布可以得到不同的朴素贝叶斯分类方法。常见的算法包括：多项式朴素贝叶斯分类、高斯朴素贝叶斯分类、伯努利朴素贝叶斯分类等。

(4)朴素贝叶斯的简单应用。

有如表5-3所示的水果的样本数据集，特征分别为形状(圆、椭圆)，颜色(红色、绿色），大小（大、中、小），甜度（甜、不甜），水果分三类：苹果、葡萄、西瓜。

表 5-3　水果的样本数据集

形状	颜色	大小	甜度	水果
圆	红色	中	不甜	苹果
椭圆	绿色	小	甜	葡萄
圆	红色	中	不甜	葡萄
圆	红色	小	甜	葡萄
椭圆	绿色	中	甜	西瓜
圆	绿色	中	不甜	苹果
椭圆	绿色	小	甜	葡萄
圆	绿色	大	甜	西瓜
圆	红色	中	甜	苹果
椭圆	绿色	中	不甜	西瓜

有一个“形状为圆，颜色为绿色，大小为中，甜度为甜”的样本数据，应该被分成哪一类？以多项式朴素贝叶斯分类为例：

分类为 k 的概率可以通过分类 k 在所有样本中出现的频率来估计，即分类为 k 的样本数 N_k 除以总样本数 N。在分类为 k 时，第 i 个特征为 x_i 的概率等于分类为 k 并且特征为 x_i 的样本数除以分类为 k 的样本数 N_k，数学表达式如下。

$$P(k)= N_k/N$$

$$P(x_i \mid k)=N_{kx_i}/N_k$$

用上面的样本数据来计算当分类为西瓜时，甜度为甜的频率如下。

P(甜度＝甜｜水果＝西瓜)＝2/3。

接下来解决上面的样本数据的问题，分别使用多项式朴素贝叶斯分类来求出苹果、葡萄、西瓜在上述条件下的概率。

P(苹果｜圆，绿色，中，甜) ∝P(苹果)×P(圆苹果)×P(绿色｜苹果)×P(中苹果)×P(甜｜苹果)∝3/10×3/3×1/3×3/3×1/3∝1/30≈0.033。

P(葡萄｜圆，绿色，中，甜) ∝P(葡萄)×P(圆｜葡萄)×P(绿色｜葡萄)×P(中｜葡萄)×P(甜｜葡萄)∝4/10×2/4×2/4×1/4×3/4∝3/160≈0.019。

P(西瓜｜圆，绿色，中，甜) ∝P(西瓜)×P(圆｜西瓜)×P(绿色｜西瓜)×P(中｜西瓜)×P(甜｜西瓜)∝3/10×1/3×3/3×2/3×2/3∝2/45≈0.044。

最后的结果是 P(西瓜｜圆，绿色，中，甜)最大，所以形状为圆，颜色为绿色、大小为中、甜度为甜的样本数据应该被分为西瓜。

上面的结果若当一种特征中某个分类下没有出现过，例如分类为西瓜时颜色为红色、分类为葡萄时大小为大的情况下，会发现用上面的方式计算出的概率为零，这会使得最后的后验概率也等于零。

$$P(颜色=红色 \mid 水果=西瓜)=0$$

对数据做平滑处理，在计算频率时引入一个平滑参数来避免计算中出现 0 的问题，数学表达式如下。

$$P(k)=(N_k+\alpha)/(N+M\alpha)$$

$$P(x_i \mid k)=(N_{kx_i}+\alpha)/(N_k+M_i\alpha)$$

其中 α 为平滑参数，M 为分类的数量，M_i 为第 i 个特征的类型数量，在上面水果的例子中，水果有苹果、葡萄、西瓜三种，所以 $M=3$，特征形状有圆、椭圆两种，所以 $M\_i=2$，依此类推，该方式被称为拉普拉斯平滑。当样本数足够多时，即 $N>M$，这种平滑处理对结果的影响较小。

同理，分别使用多项式朴素贝叶斯分类来求出苹果、葡萄、西瓜在上述条件下的概率，这次加上拉普拉斯平滑处理得到如下。

P(苹果 | 圆，绿色，中，甜)∝P(苹果)×P(圆 | 苹果)×P(绿色 | 苹果)×P(中 | 苹果)×P(甜 | 苹果) ∝4/13×4/5×2/5×4/6×2/5∝128/4875≈0.026。

P(葡萄 | 圆，绿色，中，甜) ∝P(葡萄)×P(圆 | 葡萄)×P(绿色 | 葡萄)×P(中 | 葡萄)×P(甜 | 葡萄) ∝5/13×3/6×3/6×2/7×4/6∝5/273≈0.018。

P(西瓜 | 圆，绿色，中，甜) ∝P(西瓜)×P(圆 | 西瓜)×P(绿色 | 西瓜)×P(中 | 西瓜)×P(甜 | 西瓜) ∝4/13×2/5×4/5×3/6×3/5∝48/1625≈0.030。

3.决策树

在生活中，我们经常遇到一些事情需要作出决策来应对。说到决策，自然想到决策树算法。

(1)决策树算法概述。

决策树是数据挖掘中应用最广泛的技术之一，是用于分类和预测的主要技术，决策树学习是以实例为基础的归纳学习算法，着眼于从一组无次序、无规则的事例中推理出决策树表示形式的分类规则。它是运用于分类的一种树结构，其中的每个内部节点非叶子节点代表对某个属性的一次测试，一条边代表一个测试结果，叶子代表某个类或者类的分布，最上面的节点是根节点。用决策树进行分类首先利用训练集建立并精化一棵决策树，建立决策树模型，然后利用生成的决策树对输入数据进行分类，从根节点依次测试记录的属性值，直到到达某个叶子节点，从而找到该记录所在的类。

(2)决策树的基本原理。

为了更直观地理解决策树，现在来构建一个简单的邮件分类系统，如图 5-50 所示。

首先检测发送邮件域名地址，如果地址为 com，则放置于“无聊时需要阅读的邮件”分类；如果不是这个地址，那么再次检测。检查邮件是否有单词“曲棍球”；若包含单词“曲棍球”，则放置于“需要及时处理的朋友邮件”分类；若不包含单词“曲棍球”，则放置于“无需阅读的垃圾邮件”分类。

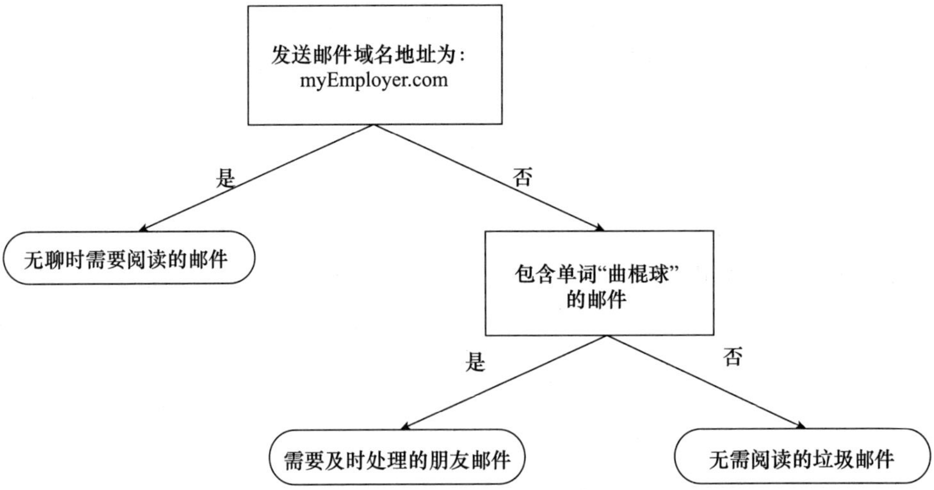

图 5-50　决策树的基本原理

(3)决策树的构成。

①根节点(图 5-50 顶部矩形)。第一个需要判断的条件,往往也是最具有特征条件。

②中间节点(图 5-50 中间矩形)。节点总是要往下分,并不是最终的结果。

③边(带有文字的有箭头的有向线段)。线的一端连的是中间节点、另一端连的是另一个中间节点或叶节点,然后线段上还有文字。

④叶节点(图 5-50 圆角矩形)。它是最后的结果。

再次使用酒的数据集来演示决策树的构建。先载入酒的数据集,然后将它做成训练集和测试集,输入代码如图 5-51 所示。

```
# 导入numpy
import numpy as np

# 导入画图工具
import matplotlib.pyplot as plt
from matplotlib.colors import ListedColormap

# 导入tree模型和数据集加载工具
from sklearn import tree,datasets

# 导入数据集拆分工具
from sklearn.model_selection import train_test_split

wine=datasets.load_wine()

# 只选取数据集的前两个特征
X=wine.data[:, :2]
y=wine.target

# 将数据集拆分为训练集和测试集
X_train,X_test,y_train,y_test=train_test_split(X,y)
```

图 5-51　准备决策树数据集代码

现在完成了数据集的准备，开始用决策树分类器进行分类。

需要注意是为了便于图形进行演示，仍然只选取了数据集中样本的前两个特征，代码如图 5-52 所示。

```
# 设定决策树分类器最大深度为1
clf=tree.DecisionTreeClassifier(max_depth=1)

# 拟合训练数据集
clf.fit(X_train,y_train)
```

图 5-52　决策树分类代码

运行结果如下。

```
DecisionTreeClassifier(class_weight=None, criterion='gini', max_depth=1,
            max_features=None, max_leaf_nodes=None,
            min_impurity_decrease=0.0, min_impurity_split=None,
            min_samples_leaf=1, min_samples_split=2,
            min_weight_fraction_leaf=0.0, presort=False, random_state=None,
            splitter='best')
```

【结果分析】把分类器的参数返回，这些参数中，max_depth 是决策树的深度，也就是所问问题的数量，问题数量越多，就代表决策树的深度。

现在看分类器的表现如何，代码如图 5-53 所示。

```
# 定义图像中分区的颜色和散点的颜色
cmap_light=ListedColormap(['#FFAAAA','#AAFFAA','#AAAAFF'])
cmap_bold=ListedColormap(['#FF0000','#00FF00','#0000FF'])

# 分别用样本的两个特征创建图像和横轴和纵轴
x_min,x_max=X_train[:,0].min()-1,X_train[:,0].max()+1
y_min,y_max=X_train[:,1].min()-1,X_train[:,1].max()+1

xx,yy=np.meshgrid(np.arange(x_min,x_max,.02),np.arange(y_min,y_max,.02))

z=clf.predict(np.c_[xx.ravel(),yy.ravel()])

# 给每个分类中的样本分配不同的颜色
Z=z.reshape(xx.shape)

plt.figure()
plt.pcolormesh(xx,yy,Z,cmap=cmap_light)

# 用散点图把样本表示出来
plt.scatter(X[:,0],X[:,1],c=y,cmap=cmap_bold,edgecolors='k',s=20)

plt.xlim(xx.min(),xx.max())
plt.ylim(yy.min(),yy.max())

plt.title("Classifier:(max_depth=1)")

plt.show()
```

图 5-53　决策树分类

运行结果如图 5-54 所示。

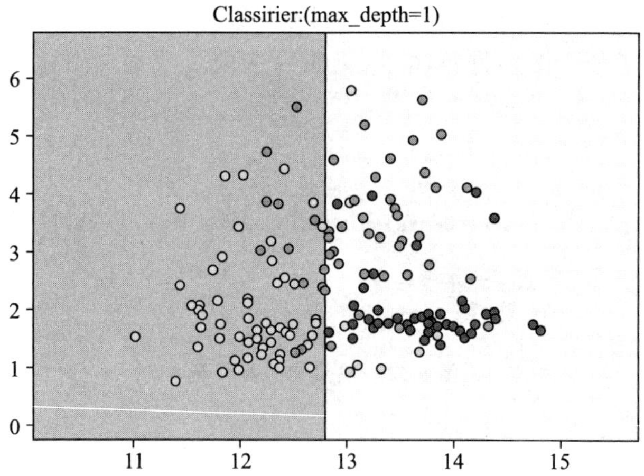

图 5-54　决策树 max_depth＝2 分类结果

【结果分析】很显然，最大深度等于 1 时分类器的表现肯定不会太好，分类器只分了两类。需要加大深度，使 max_depth＝3，代码如图 5-55 所示。

```
# 设定决策树最大深度为3
clf2=tree.DecisionTreeClassifier(max_depth=3)

# 重新拟合数据
clf2.fit(X_train,y_train)
```

图 5-55　设置决策树分类深度 max_depth＝3

再进行绘图，代码如图 5-56 所示。

```
# 定义图像中分区的颜色和散点的颜色
cmap_light=ListedColormap(['#FFAAAA','#AAFFAA','#AAAAFF'])
cmap_bold=ListedColormap(['#FF0000','#00FF00','#0000FF'])

# 分别用样本的两个特征创建图像和横轴和纵轴
x_min,x_max=X_train[:,0].min()-1,X_train[:,0].max()+1
y_min,y_max=X_train[:,1].min()-1,X_train[:,1].max()+1
xx,yy=np.meshgrid(np.arange(x_min,x_max,.02),np.arange(y_min,y_max,.02))

z=clf2.predict(np.c_[xx.ravel(),yy.ravel()])

# 给每个分类中的样本分配不同的颜色
Z=z.reshape(xx.shape)

plt.figure()
plt.pcolormesh(xx,yy,Z,cmap=cmap_light)

# 用散点图把样本表示出来
plt.scatter(X[:,0],X[:,1],c=y,cmap=cmap_bold,edgecolors='k',s=20)

plt.xlim(xx.min(),xx.max())
plt.ylim(yy.min(),yy.max())

plt.title("Classifier:(max_depth=3)")

plt.show()
```

图 5-56　决策树分类深度 max_depth＝3 绘图代码

运行上面代码，得到如图 5-57 所示结果。

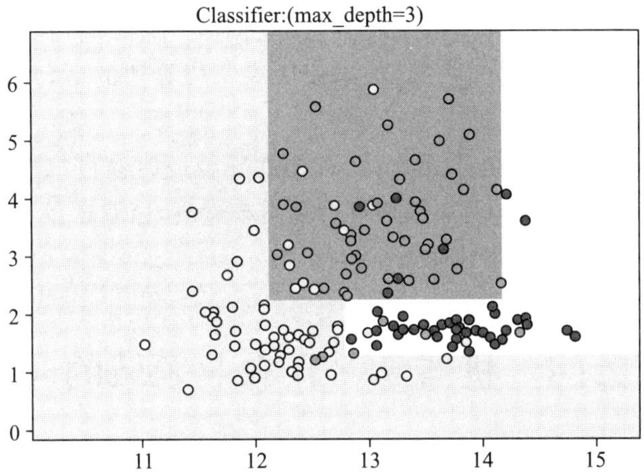

图 5-57　决策树 max_depth＝3 分类结果

【结果分析】当决策树最大深度设为 3 的时候，分类器能够进行 3 个分类的识别，而且大部分数据点都进入了正确的分类，当然还有一小部分数据点的分类是错误的。

对上述代码进一步调整 max_depth 的值，使得 max_depth＝5，其他不变，如图 5-58 所示。

```
# 设定决策树最大深度为5
clf3=tree.DecisionTreeClassifier(max_depth=5)
# 重新拟合数据
clf3.fit(X_train,y_train)
```

图 5-58　修改决策树分类深度 max_depth＝5

运行结果如图 5-59 所示。

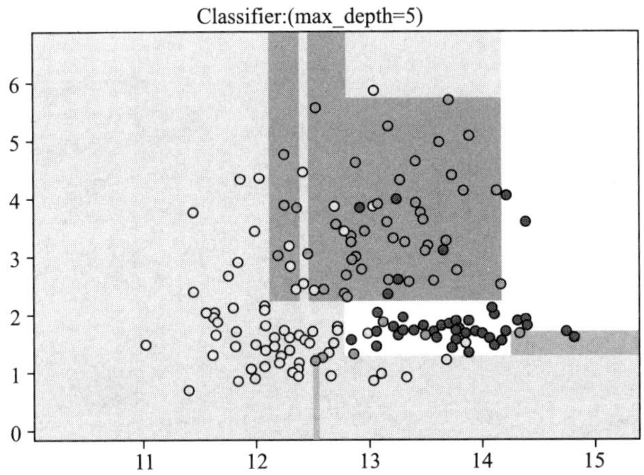

图 5-59　决策树 max_depth＝5 分类结果

(4)决策树的优势和不足。

相比其他算法,决策树有一个非常大的优势,就是可以很容易地将模型进行可视化,就像在上图中所做的一样。另外,由于决策树算法对每个样本特征进行单独处理,因此并不需要对数据进行转换。这样一来,如果使用决策树算法的话,几乎不需要对数据进行预处理。这也是决策树算法的一个优点。

当然,决策树算法也有它的不足之处,即便在建模的时候可以使用类似 max_depth 或是 max_leaf_nodes 等参数来对决策树进行预剪枝处理,但它还是不可避免会出现过拟合的问题,这也就让模型的泛化性能大打折扣了。

任务四　机器学习在农业领域的应用

农业、农村是国之根本,其现代化的发展水平是我国综合实力的体现。在新时代下,机器学习、人工智能和芯片技术等新一代信息技术为现代农业发展注入新的生机活力。未来机器学习新技术将快速渗透、融入农业产业中,现代化农业的发展将迎来新的机遇。机器学习技术在现代农业中正在发挥着积极的重要作用。

一、作物育种

作物表型易受环境、气候等因素影响,依赖于经验育种效率低,且成本高、田间管理难度大。过去几千年来,基本是沿用这种方式,并无大的突破。直到 20 世纪 50 年代,分子生物学与基因工程的诞生,打开了人类认识生命本质的大门。作物育种(图 5-60)从经验育种时代进入了分子定向育种时代,育种专家可在明确基因型的表型效应的情况下,有的放矢地把符合预期要求的基因型进行组合。伴随着高通量基因组测序技术的发展,越来越多的作物全基因组密码被解开,在海量的基因组数据面前,控制优良性状的基因以及基因怎么组合才能产出最优的作物品种,明确哪些分子标记和哪些性状相关联等因素,需要借助机器学习模型帮助育种家根据基因型预测表型。机器学习突破了人的经验,使作物育种更加精准而高效。

图 5-60　作物育种

二、农作物病害识别

病害是导致农作物减产的重要因素之一，传统的农作物病害识别方法基本上是依靠相关专家的专业知识和工作经验进行识别，费时费力，效率较低，并且容易产生人为误差，严重影响农作物病害防治工作的高效性。深度学习（机器学习的一个子集）通过训练大量农作物病害图像，能够从中自动学习每种病害特征的表示，并建立相应的预测模型。农户将遥感卫星和无人机等拍下的农田影像资料以及智能手机拍摄的照片上传到云平台后，模型能够自动确定其所属的病害类别，不仅提高了检测的效率，而且实现了更精准的病害诊断，减少了因失误造成的资源浪费。图 5-61 所示为手机 APP 农作物病害识别。

图 5-61　手机 APP 农作物病害识别

【视野拓展】

深度学习

深度学习（Deep Learning，也称为深度结构学习 Deep Structured Learning、层次学习 Hierarchical Learning 或者是深度机器学习 Deep Machine Learning）是一类算法集合，其概念起源于神经网络，采用了神经网络相似的分层结构，系统由输入层→隐藏层→输出层组成的多层网络，只有相邻层节点之间有连接，同一层以及跨层节点之间相互无连接。这种分层结构比较接近人类大脑结构，一般来说隐藏层大于 2 的神经网络就叫做深度神经网络，深度学习就是采用像深度神经网络这种深层架构的一种机器学习方法。深度学习能够较好地解决神经网络过拟合（输入参数过多）和运算速度较慢问题，现深度学习已超越了神经网络这个框架，含多隐层的多层感知器就是深度学习机构。至今已有数种深度学习框架，如深度神经网络、卷积神经网络和深度置信网络和递归神经网络等，已被应用计算机视觉、语音识别、自然语言处理、音频识别与生物信息学等领域并获取了极好的效果，如无人驾驶汽车，预防性医疗保健，甚至是更好的电影推荐等。

二维码 5-1
深度学习

“拍照识别病虫害”：用户可以对发病的作物叶片或者果实进行拍照，裁剪对应发病区域，等待 2～3 秒即可以返回匹配率最高的三个疾病，并将识别率标记到对应的疾病卡片上，显示在照片的上方。用户可以通过拍照识别结构卡片，获取对应疾病的具体信息、危害病症、传播途径、发病条件和治理方法，从而快速找到解决方法，对症下药。图 5-62 所示为通过热图检测番茄植物病害。

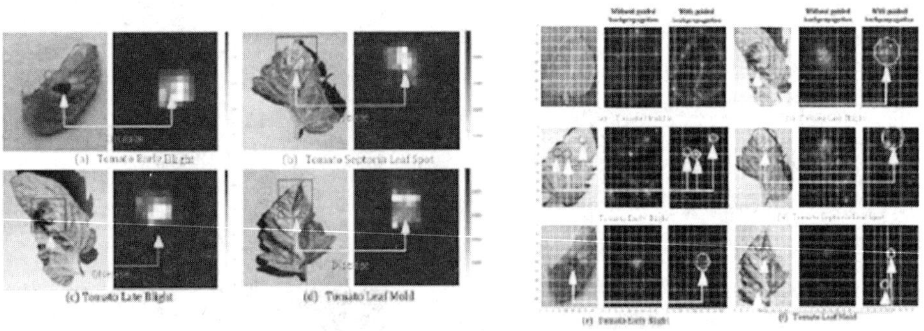

图 5-62　通过热图检测番茄植物病害

三、农作物虫害预测

虫害是危害农作物产量和质量的重要因素，我国农作物虫害种类多、影响范围广，防治不及时易爆发，对作物生产造成严重影响。对虫害发生程度进行准确的预测，在我国的农作物安全生产中具有重要的地位。只有准确预测农作物虫害的发生才能为各类农业政策的制定提供有效参考，及时地采取预防措施，做到早防早治，降低造成的经济损失。通过对虫害发生程度与空气气温、土壤湿度、天气状况和农药施用量等多个外部环境因子建立回归模型，掌握其发生规律，能够有效对未来虫害发生程度进行预报。图 5-63 所示为农作物虫害预测系统(局部)。

害虫检测采集系统、网关　害虫检测采集系统　环境传感器节点　环境传感器无线网关

图 5-63　农作物虫害预测系统(局部)

四、灌溉用水分析

在确保农作物生长所需用水量的前提下，减少因水量不足或过多所导致的农作物旱涝情况的发生，保证农作物高产稳产，是现代农业灌溉中急需解决的问题之一。利用机器学习技术对所述环境数据进行特征工程处理，得到预测变量数据，发送所述预测变量数据到灌溉效果预测模型，所述灌溉效果预测模型基于有标签的历史数据训练获得，所述标签采用人工方法或机器学习方法生成，获取所述灌溉效果预测模型输出的目标变量值，利用所述目标变量值生成灌溉方案，根据所述灌溉方案向出水阀发送控制信号，如图 5-64所示。智能灌溉系统可利用物联网技术在监测控制区域部署无线网络、传感器节点和灌溉设备，通过感知土壤水分，对土壤质量实时监测，来设置科学合理的灌溉水量，针对不同环境灵活选择不同的灌溉模式，在保证农作物生长的同时，也节约了灌溉用水。农业智能灌溉如图 5-65 所示。

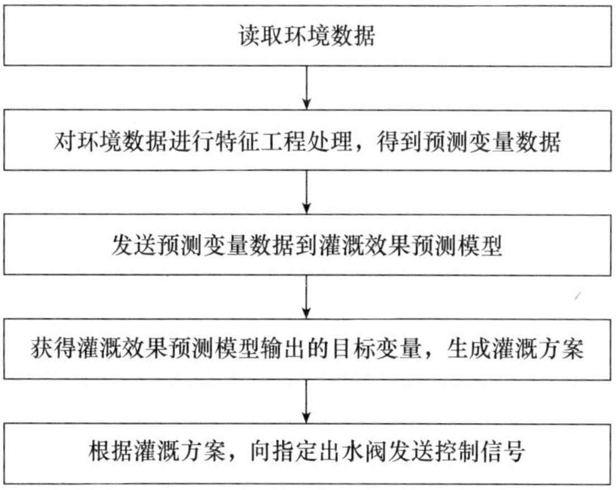

图 5-64　农业智能灌溉处理流程

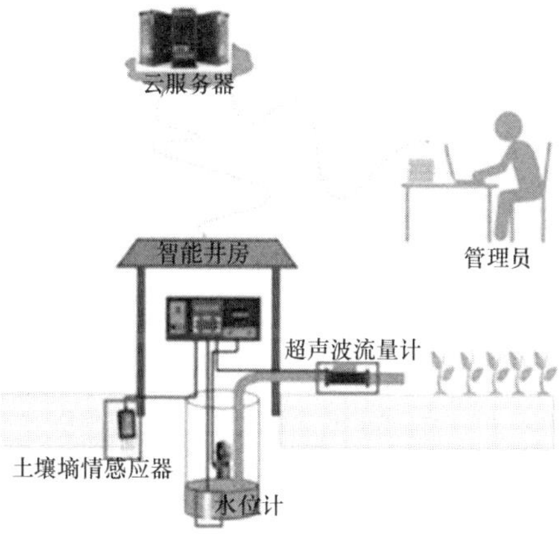

图 5-65　农业智能灌溉

五、农业专家系统

农业专家系统应用机器学习等人工智能技术，用计算机模拟农业专家的智能，通过各种算法进行推理和判断，为农业中面临的各种问题提供决策帮助。它是传播各类农业知识和农业科技的一种途径。农业专家系统的研制已经成为我国农业信息技术研究的热点。我国从事农作物种植的主体多数文化程度不高，农业专业知识匮乏，因此农业专家系统就显得尤为重要。基于知识学习的机器学习，模型的训练就是新知识的推理过程。农业是一个基于专业知识和实践经验的领域，具有充足数据库的农业专家系统可以为农业发展做出积极的贡献。图 5-66 所示为农业专家系统的应用。

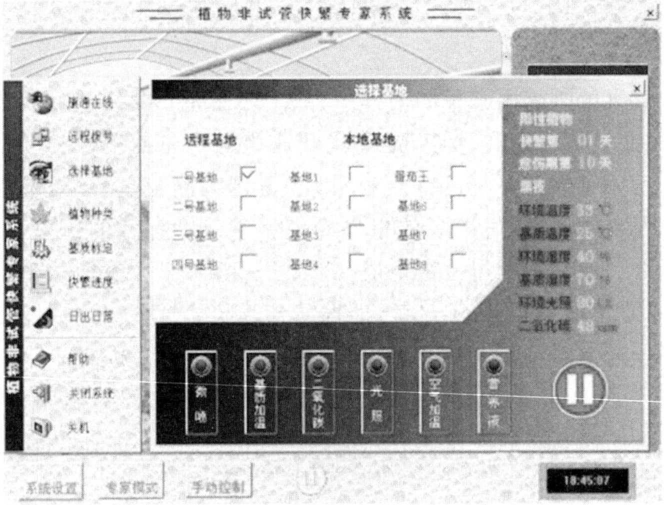

图 5-66　农业专家系统(来源于百度图片)

六、农产品电商

农产品电商是现代农业新型商业运作方式,集买卖、线上交易、电子支付及各类综合服务于一体,解决了农产品市场流通渠道窄、供应链信息不对称等问题,给农产品零售业带来了新的商机。农产品的电商平台积累了海量的文本数据和图像数据,如商品描述、用户评论和用户咨询等各种商品的图像等等。这些数据不仅反映了产品特性,也蕴含了用户的需求以及使用反馈。通过机器学习和深度学习算法,可以精细化定位产品与服务的不足。例如,可以利用机器学习中的决策树方法、贝叶斯分类等算法,能够从农产品电商平台大数据中提取用户和产品等各类数据,分析各类用户的消费兴趣、消费行为和习惯,挖掘用户潜在消费意向和可能的潜在用户,提高农产品交易成功率,营造良好的消费生态环境。图 5-67 所示为机器学习对农产品进行智能推荐。

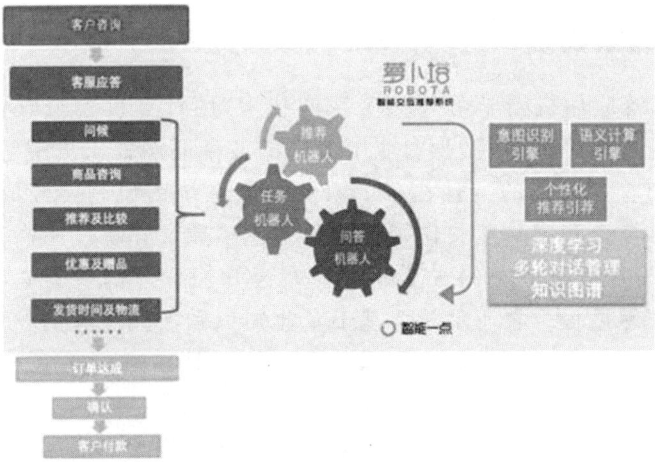

图 5-67　机器学习对农产品进行智能推荐

【思政园地】

机器学习对农产品进行智能推荐

如今，机器学习得到了飞速的发展，关系国计民生诸多领域均有其身影，农业领域也不例外。机器学习在我国得到了广泛的关注，也取得了一定的成绩，但大多数研究集中在数据挖掘层面，我国从事纯粹机器学习或者基础学科研究的人才屈指可数。在计算机学术界，理论、方法等基础性的研究没有得到足够重视，一些理论背景深厚的领域甚至被边缘化。这使得我国在国际主流机器学习领域中缺乏竞争力和影响力，一个国家在国际社会没有自己核心技术，会长期受制于人，作为当代大学生，应该站在新的历史起点上，要从国家急迫需要和长远需求出发，面向国家重大战略需求，去突破关键核心技术，解决"卡脖子"的问题，努力掌握科技创新的主动权，要勇攀科学技术高峰。

【实　训】

机器学习——用KNN算法进行鸢尾花分类并对样本进行预测

一、实训内容

试用KNN算法进行鸢尾花分类并对样本进行预测。

二、实训目的

了解KNN算法流程。

三、实训思路

1)获取数据集

2)数据集拆分

3)观察数据

4)构建模型

5)评估模型

6)预测

四、思考讨论

通过预测结果，谈谈你的看法。

【归纳与提高】

机器学习通过使用算法来解析数据、从中学习，然后对真实世界中的事件做出决策和预测。与传统为解决特定任务、硬编码的软件程序不同，机器学习使用大量的数据来“训练”，通过各种算法从数据中学习如何完成任务。机器学习来源于早期的人工智能领域，传统算法主要包括决策树学习、聚类、分类、回归、强化学习和贝叶斯网络等等。从学习方法上来分，机器学习算法可以分为监督学习（如分类问题）、无监督学习（如聚类问题）、强化学习。未来几年，机器学习将会被广泛应用于大数据的预测，并且通过人工神经网络建立精度越来越高的模型，推动人工智能和人机交互的发展。

【知识巩固与技能训练】

一、单项选择题

1.机器人能与人对话，主要是用了人工智能中的（　　）。

A.机器翻译　　B.自然语言处理　　C.多媒体技术　　D.语音识别

2.下列选项中，属于机器学习应用的是（　　）。

A.人与计算机下棋　　B.利用计算机播放视频

C.利用计算机制作动画　　D.利用计算机进行英译汉的翻译

3.下列选项中，属于图像识别技术应用的是（　　）。

A.人脸识别支付　　B.编写 word 文档

C.制作多媒体　　D.制作 PPT

4.机器学习的实质是（　　）。

A.根据现有数据，寻找输入数据和输出数据的映射关系/函数

B.建立数据模型

C.衡量输入数据和输出数据的映射关系/函数的好坏

D.挑出输入数据和输出数据的最佳映射关系/函数

5.下面属于机器学习的先天本能是（　　）。

A.人们依据现有数据抽象出来的数学模型

B.学习 training data set（数据训练集）中输入输出数据间的关系

C.举一反三学习 training data set（数据训练集）中数据

D.优化输入数据和输出数据的映射关系/函数好坏的评价函数

6.朴素贝叶斯是一种典型的基于概率的机器学习方法，它利用了（　　）。

A.先验概率　　B.后验概率　　C.以上都是　　D.以上都不是

7.以下哪个是 Python 机器学习库（　　）。

A.scikit-learn　　B.scikit　　C.scipy　　D.pandas

二、判断题

1.深度学习不是机器学习。（　　）

2.机器学习应用于农业上，可以对动物疾病、植物病虫害，通过传感器进行远程诊断。（　　）

3.回归和分类都是有监督学习。（　　）

4.决策树的适用面较广，对于分类应用和回归应用，决策树都可以被用来构建模型。（　　）

5.基于 KNN 回归算法所生成的模型不需要进行训练。（　　）

三、思考题

1.试述机器学习在互联网搜索的哪些环节起作用？

2.试用 python 对本节“朴素贝叶斯算法”中数据集对苹果、葡萄、西瓜进行分类。

参考答案

一、单项选择题

1.D　2.A　3.A　4.A　5.A　6.C　7.A

二、判断题

1.X　2.√　3.√　4.√　5.√

项目六
农业领域的计算机视觉技术

学习目标

【知识目标】

1.了解计算机视觉的概念和发展历程。
2.了解基础的图像处理知识。
3.理解人脸识别系统的工作原理和步骤。
4.认识计算机视觉技术在农业领域的应用

【技能目标】

1.能用 OpenCV 对图像进行灰度处理。
2.能利用背景差分法捕捉视频中的移动物体。
3.能利用颜色空间进行目标跟踪。
4.能实现图像中的人脸检测。

【素质目标】

1.培养逻辑思维能力。
2.培养系统分析问题与解决问题的能力。
3.培养利用信息技术为三农服务的意识。

【思政目标】

1.厚植家国情怀,树立牢记使命的意识。
2.培养用科学技术服务于人民的意识。
3.培养用实干苦干推进科技创新的意识。

引入案例

农民的智慧之眼

曾经，看天吃饭就是对农业最形象的概括，一场"及时雨"就是农民全年收成的希望，而一旦插秧的时节干旱，可能就意味着全年的收成受到影响，甚至颗粒无收。现在，人工智能领域的计算机视觉技术可以给予农民们一双"智慧之眼"，这双眼睛可以说神通广大，不仅能够看懂天气，可能出现暴雨或干旱的时候能够提前预警做好防灾减损，而且能够看懂农作物病虫害并分析长势，让农民能够对症下药，减少农药的滥用和浪费，还能够帮农户 24 小时看着猪圈，而且光是看着就能够测量每一头猪的体长和体重，并进一步分析异常情况。计算机视觉技术的厉害还不止于此，在可预见的未来，计算机视觉技术会推进我国农业向着高质量、高产量的方向不断发展。

思考：1.计算机视觉是什么样的技术？

2.计算机视觉技术在农业领域的应用有哪些？

任务一　计算机视觉的概念和发展历程

一、计算机视觉概述

在人工智能中，语音识别模拟了人类"听"的能力，自然语言处理模拟了人类"说"的能力，而计算机视觉则模拟了人类"看"的能力。据统计，人类获取的外界信息中有 80% 以上是通过"看"获得的，由此可见计算机视觉的重要性。

计算机视觉(Computer Vision，CV)是用计算机来模拟人的视觉机理获取和处理信息的能力，是指用摄影机和电脑代替人眼对目标进行识别、跟踪和测量等机器视觉，并进一步做图形处理，用电脑处理成为更适合人眼观察或传送给仪器检测图像的技术。

与计算机视觉密切相关的概念有视觉感知（Visual Perception）、视觉认知（Visual Cognition）、图像和视频理解（Image And Video Understanding）。这些概念有一些共性之处，也有本质不同。而对计算机视觉概念更好的理解，就看是否包含了三个内容：①对图像中的客观对象构建明确而有意义的描述；②从一个或多个数字图像中计算三维世界的特性；③基于感知图像做出对客观对象和场景有用的决策。目前计算机视觉还主要聚焦在图像信息的组织和识别阶段，对事件解释还处于非常初级的阶段。

总的来说，计算机视觉的核心任务是以图像、视频为输入，以对环境的表达和理解为目标，研究图像信息组织、物体和场景识别等问题，包括但不限于物体分类、物体检测、物体分割、物体追踪、三维重建等内容。图 6-1 所示为计算机视觉经典任务。

图 6-1　计算机视觉经典任务(图片来源于斯坦福 cs231n)

物体分类(Object Classification)任务要求回答图像中是否包含某种物体,如一张图像中的动物是猫还是狗。物体检测(Object Detection)任务不仅需要识别出图像中所含物体的种类,而且需要指出该物体所处的位置并且使用边框标出。物体分割(Object Segmentation)任务在尺度上更细,往往在像素尺度进行分类,将不同的物体分割。

计算机视觉中,一个场景的二维表示往往会丢失物体的某些信息,而三维表示能够更全面地描述一个场景或者物体,所以有一些研究者将目光聚焦在同时定位与地图创建、三维重建等。

【视野拓展】

三维重建是指对三维物体建立适合计算机表示和处理的数学模型,是在计算机环境下对其进行处理、操作和分析其性质的基础,也是在计算机中建立表达客观世界的虚拟现实的关键技术。

二、计算机视觉的发展历程

20 世纪 50 年代,是计算机视觉的萌芽时期。这一时期科学家主要针对二维图像的分析和识别进行研究。神经生理学家 David Hubel 和 Torsten Wiesel 通过猫的视觉实验,首次发现了视觉初级皮层神经元对于移动边缘刺激敏感,发现了视功能柱结构,为视觉神经研究奠定了基础—促成了计算机视觉技术 40 年后的突破性发展,奠定了深度学习之后的核心准则。1959 年,Russell 研制了一台可以把图片转化为被二进制机器所理解的灰度值的仪器——这是第一台数字图像扫描仪,处理数字图像开始成为可能。

20 世纪 60 年代,人们开创了以三维视觉理解为目的的研究。1965 年,Larry Roberts 开创了以理解三维场景为目的的计算机视觉研究。他对积木世界的创造性研究给人们带来极大的启发,之后人们开始对积木世界进行深入的研究,从边缘的检测、角点特征的提取,到线条、平面、曲线等几何要素分析,再到图像明暗、纹理、运动以及成像几何等，并建立了各种数据结构和推理规则，如图 6-2 所示。1966 年，Seymour 和 Gerald Sussman 将设计一个可以自动执行背景/前景分割，并从真实世界的图像中提取非重叠物体的平台，虽然未成功，但却是计算机视觉作为一个科学领域正式诞生的标志。1969 年秋天，贝尔实验室的两位科学家 Willard S.Boyle 和 George E.Smith 研究出一种能够将光子转化为电脉冲的电荷耦合器件（CCD），该器件很快成为高质量数字图像采集任务的新宠，逐渐应用于工业相机传感器，标志着计算机视觉走上应用舞台，投入工业机器视觉中。

输入图形　　　几何要素分析　　　在新视角下渲染推理好的三维模型

图 6-2　积木的几何要素分析

20 世纪 70 年代，出现课程和明确理论体系。70 年代中期，麻省理工学院（MIT）人工智能（AI）实验室 CSAIL 正式开设计算机视觉课程。1977 年 David Marr 在 MIT 的 AI 实验室提出了计算机视觉理论（Computational Vision），这项理论主要包含两个主要观点：首先，人类视觉的主要功能是复原三维场景的可见几何表面，即三维重建问题；其次，这种从二维图像到三维几何结构的复原过程是可以通过计算完成的，并提出了一套完整的计算理论和方法。因此，这项计算机视觉理论在一些文献中也被称为三维重建理论。这是与 Lawrence Roberts 当初引领的积木世界分析方法截然不同的理论。计算机视觉理论成为 20 世纪 80 年代计算机视觉重要理论框架，使计算机视觉有了明确的体系，促进了计算机视觉的发展。

20 世纪 80 年代，独立学科形成，理论从实验室走向应用。《视觉》（Marr，1982）一书的问世，标志着计算机视觉成为一门独立学科。1982 年，日本 COGEX 公司生产的视觉系统 DataMan，是世界第一套工业光学字符识别（OCR）系统。1989 年，法国的 Yann LeCun 将一种后向传播风格学习算法应用于 Fukushima 的卷积神经网络结构。现在卷积神经网络已经是图像、语音和手写识别系统中的重要组成部分。

20 世纪 90 年代，特征对象识别开始成为重点。1999 年，David Lowe 发表《基于局部尺度不变特征（SIFT 特征）的物体识别》，标志着研究人员开始停止通过创建三维模型重建对象，而转向基于特征的对象识别。这个过程一般包括图像预处理、特征提取、模型训练和对象识别四个阶段，旨在使用训练图像，训练出识别模型，并利用这个模型识别新图像中的对象。

21 世纪初，计算机视觉已经俨然成为计算机领域的一个大学科。2001 年，Paul

Viola 和 Michael Jones 推出了第一个实时工作的人脸检测框架。虽然不是基于深度学习，但算法仍然具有深刻的学习风格，因为在处理图像时，通过一些特征可以帮助定位面部。该功能依赖于 Viola/Jones 算法，五年后，Fujitsu 发布了一款具有实时人脸检测功能的相机。2009 年基于特征的图像识别成了一个大热门，斯坦福大学的李菲菲教授牵头创立了一个非常庞大的图像数据库 ImageNet。ImageNet 里包含超过 1 500 万张图像，大概 22 000 个类别。基于这个数据库，自 2010 年开始，每年举办一次的大规模视觉识别挑战比赛（ImageNet Large Scale Visual Recognition Challenge，ILSVRC），采用了 ImageNet 里 1 000 个子类目的超过 120 万张图片作为数据，参赛者来自世界各国的大学、研究机构和公司，这成为了计算机视觉领域最受关注的事件之一。

2012 年至今，深度学习在视觉中流行，在应用上百花齐放。2012 年，Alex Krizhevsky、Ilya Sutskever 和 Geoffrey Hinton 创造了一个“大型的深度卷积神经网络”，即现在众所周知的 AlexNet，赢得了当年的 ILSVRC。这是史上第一次有模型在 ImageNet 数据集上表现如此出色。论文“ImageNet Classification with Deep Convolutional Networks”，迄今被引用约 7 000 次，被业内普遍视为行业最重要的论文之一，该论文真正展示了卷积神经网络（Convolutional Neural Networks，CNN）的优点。机器识别的错误率从 25%左右降低了 16%左右，跟人类相比差别不大。自那时起，CNN 才成了家喻户晓的名字。

近年来，国内外巨头纷纷布局计算机视觉领域，开设计算机视觉研究实验室。以计算机视觉新系统和技术赋能原有的业务，开辟战场。如 2016 年，Facebook 的 AI Research（FAIR）在视觉方面，其 DeepFace 人脸识别算法有着 97.35%的识别准确率，几乎与人类不分上下。2017 年，Lin，Tsung-Yi 等提出特征金字塔网络，可以从深层特征图中捕获到更强的语义信息。同时提出 Mask R-CNN，用于图像的实例分割任务，它使用简单、基础的网络设计，不需要多么复杂的训练优化过程及参数设置，就能够实现当前最佳的实例分割效果，并有很高的运行效率。2016 年，亚马逊收购了一支欧洲顶级计算机视觉团队，为 Prime Air 无人机加上识别障碍和着陆区域的能力，开发无人机送货，如图 6-3 所示。

2017 年，亚马逊网络服务（AWS）宣布对其识别服务进行了一系列更新，为云客户提供基于机器学习的计算机视觉功能。客户将能够在数百万张面孔的集合上进行实时人脸搜索。例如，Recognition 可用于验证一个人的图像与现有数据库中的另一个图像相匹配，数据库高达数千万个图像，具有亚秒级延迟。2018 年末，英伟达发布视频到视频生成（Video-to-Video Synthesis），它通过精心设计的发生器、鉴别器网络以及时空对抗物镜，合成高分辨率、照片级真实、时间一致的视频，实现了让 AI 更具物理意识、更强大，并能够推广到新的和看不见的更多场景。2019 年，BigGAN 问世，它同样是一个生成式对抗网络 GAN，只不过更强大，是拥有了更聪明的课程学习技巧的 GAN，由它训练生成的图像连它自己都分辨不出真假，因为除非拿显微镜看，否则将无法判断该图像是否有任何问题，因而，它更被誉为史上最强的图像生成器。2020 年 5 月末，Facebook 发布新购物 AI，通用计算机视觉系统 GrokNet 让“一切皆可购买”。

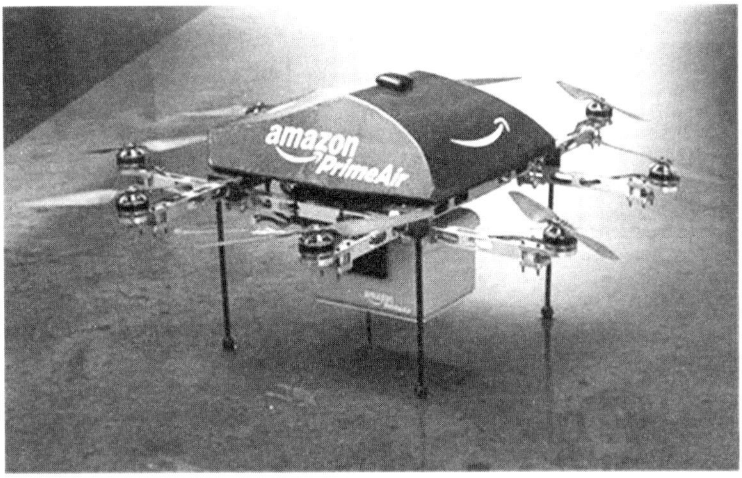

图 6-3 无人机送货

【视野拓展】

生成式对抗网络(GAN, Generative Adversarial Networks)是一种深度学习模型,是近年来复杂分布上无监督学习最具前景的方法之一。模型通过框架中的两个模块:生成模型(Generative Model)和判别模型(Discriminative Model)的互相博弈学习生成优秀的输出结果。原始 GAN 理论中,并不要求 G 和 D 都是神经网络,只需要是能拟合相应生成和判别的函数即可。但实用中一般均使用深度神经网络作为 G 和 D。一个优秀的 GAN 应用需要有良好的训练方法,否则可能由于神经网络模型的自由性而导致输出不理想。

GAN 的初衷就是生成不存在于真实世界的数据,类似于使得 AI 具有创造力或者想象力。应用场景例如:AI 作家、AI 画家等需要创造力的 AI 体;将模糊图变清晰(去雨,去雾,去抖动,去马赛克等),这需要 AI 具有所谓的“想象力”,能脑补情节。

自从 20 世纪中期开始,计算机视觉技术不断发展,研究经历了从二维图像、三维图像到视频再到真实空间的探知,操作方法从构建三维向特征识别转变,算法从浅层神经网络向深度学习发展,数据的重要性逐渐被认知,伴随着计算机从理论到应用的速度加快,高质量的各种视觉数据不断沉淀,相信无论在社会生活方面,还是在农业、工业领域,除了视频直播、游戏、电商不断发展,一定还会有更多好玩炫酷的计算机视觉应用出现。

【思政园地】

中国将成为全球人工智能市场增长的重要驱动力

来源：新华社

国际数据公司(IDC)与浪潮集团日前联合发布的《2020—2021年中国人工智能计算力发展评估报告》预测，2024年，中国在全球人工智能市场的占比将达到15.6%，成为全球市场增长的重要驱动力。

报告预测，2020年中国人工智能市场规模将达到约62.7亿美元，未来4年将保持30.4%的年复合增长率，2024年将达到172.2亿美元的市场规模。虽然受疫情影响，中国人工智能整体市场规模增速未达到IDC2019年预期，但仍将高于预测期内全球人工智能市场20.1%的平均增速。

从应用类型来看，计算机视觉目前仍然是中国最大的应用市场，也是2019年增长最快的应用类型。2019年计算机视觉市场规模占整体市场的40.6%，其次是对话式客服、自然语言处理和语音分析，占比分别达20.5%、17.8%和11.7%。随着自然语言处理算法模型的快速发展，预计未来语音语义市场规模也会进一步快速增长。

从人工智能行业应用渗透度来看，互联网依然稳居第一，电信和制造业的应用场景更加丰富，市场潜力预计将有较大的提升。2020年上半年，医疗行业在疫情的影响下加速了人工智能应用的落地，在多方面取得了显著成效，人工智能应用渗透度大幅提升。

报告分析，除了人工智能投入相对集中的行业之外，在业务需求的推动下，很多碎片化应用也开始被广泛使用，并辐射到媒体娱乐、现代农业、智能家居、智慧电力等多个不同领域。包括生物识别、智能客服、精准营销在内的通用型应用场景已经具有相当的成熟度，“AI产业化”已经从点到面，从通用应用场景渗透到更多行业特定场景，并从早期的试点逐渐成为企业发展和生存的刚需。

三、计算机视觉的一般应用领域

如今，计算机视觉技术在现实生活中的应用越来越广，在包括工业、交通、医学、生物识别等主要领域都发挥着重要的作用，部分典型的实际应用如下所示。

1)光学字符识别(OCR)。针对印刷体字符，采用光学的方式将照片中的文字转换成为黑白点阵的图像文件，并通过识别软件将图像中的文字转换成文本格式，供文字处理软件进一步编辑加工的技术，如文字识别、身份证识别、行驶证识别等。

2)机器检验。为保证机器设备质量而快速检验部件，使用立体视觉在专门的光照下测量飞机机翼或汽车车身配件的容差，或使用X光视觉检查钢铸件的缺欠。

3)3D建模(摄影测量学)。在诸如百度地图、高德地图中使用无人机从航空拍摄的道路、地形照片构建3D模型。

4)医学成像。手术前和手术中的医学成像,基于人体内器官的病变检测,病理图像的三维建模等。

5)汽车安全领域。自动驾驶技术中用于检测意外障碍物,比如街道上的行人,如图6-4所示。

图6-4　自动驾驶障碍物检测

二维码6-1
车道线检测——车辆识别与测距

6)匹配运动。通过跟踪源视频中的特征点来估计摄像机的3D运动和环境的形状,将计算机生成的影像(CGI)与实景真人动作脚本相融合。这样的技术在好莱坞得到广泛使用(如电影《侏罗纪公园》)。

7)运动捕捉。使用从多台摄像机拍摄反光材料标记或其他视觉方法来捕捉演员的动作,以便用于计算机动画。

8)监视。监控入侵者,分析高速公路的交通状况,监控游泳池以防溺水事件的发生。

9)指纹识别和生物测定学。用于自动准入身份验证以及司法应用。

10)人脸识别。用于电子支付、上班刷脸打卡、刷脸门禁等应用。

11)农业应用。如病虫识别、植物生长监测等,计算机视觉技术在农业领域的应用将在任务四中详细介绍。

二维码6-2
运动捕捉——乒乓球的实时时空视频分析

【思政园地】

世界上第一个解出完整新冠病毒真实结构的科研团队

来源:清华大学微信公众号

2021年1月21日,深夜,清华医学科学楼内,四周安静,只有仪器工作声偶尔回荡。

清华大学结构生物学高精尖创新中心PI生命科学学院研究员李赛正目不转睛地盯着电脑屏幕，他用颤抖的手拨通了实验室电话："通知所有人，停下工作，来我办公室，新冠全病毒结构解出来了，我们也许是世界上第一个如此真实、清晰地看见它的团队！"。7个人100天，这只平均年龄不到28岁的清华课题组，首次解开了新冠病毒真实的全病毒三维结构，开创性地"向病毒内部打了手电"，将这一"恶魔"进行曝光！展示了迄今为止最完整的新冠病毒形象，如图6-5所示。

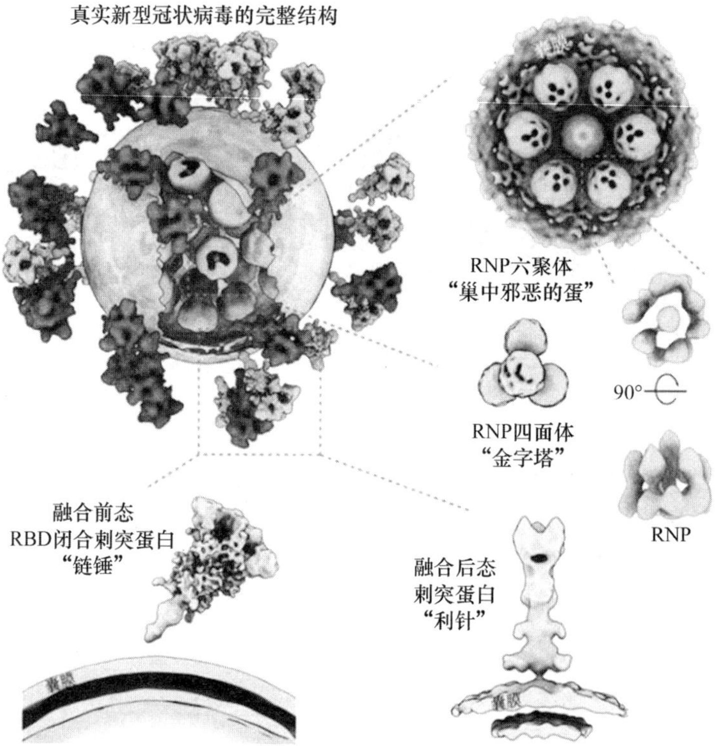

图6-5　灭活新冠病毒全病毒三维精细结构（图片来源于清华大学李赛实验室）

在清华大学的实验室中，灭活新冠病毒被置于冷冻电镜下，每旋转3°拍摄一张照片，总共拍摄41张，随后利用计算机视觉技术进行三维立体重建，就像给病毒做"全身CT检查"。

团队还向病毒内部"打手电"，穿过囊膜，清晰地照亮了病毒内部核糖核蛋白复合物的排列结构，展示出迄今为止最完整的新冠病毒形象。

任务二　计算机视觉的一般处理流程

在计算机视觉的模拟过程中，一般可分为下面几个流程，它们形成了视觉处理的整体。

一、数字化图像的获取

外部世界中存在动态、静态等多种景物，它们可以借助以摄像设备为代表的图像传感器转换成计算机内的数字化图像，这是一种 $n \times m$ 的点阵结构。点阵中的每个点称像素，可用数字表示，它反映图像的灰度。这种图像是一种最基本的 2D 黑白图像。如果点阵中的每个点用矢量表示，那么矢量中的分量可分别表示颜色，颜色由三个分量表示，分别反映红、绿、蓝三色，分量的值则反映了对应颜色的浓度。这就组成了 3D 彩色的 4D 点阵图像。

二维码 6-3
计算机视觉

外界景物的数字化就是将外界景物转换成计算机内的用数字表示的图像，称为数字化图像（图 6-6 所示），转换是由以摄像设备为代表的图像传感器完成的，这种设备可以获取外界图像，一般可以起到人类“眼睛”的作用。图像的数字化首先要把一幅画面分解为若干个像素，这便相当于“取样”。组成画面的像素越多，相当于所取的样值越多，出来的图像也越清晰。

图 6-6　图像数字化

除了摄像设备外，目前还有很多相应的图像传感器用以实现外界景物的数字化，如热成像相机、高光谱成像仪雷达设备、激光设备、X 射线仪、红外线仪器、磁共振仪器、超声仪器等多种接口设备与仪器，它们不仅具有人类“眼睛”的功能，还具有很多人类“眼睛”所无法观察到的能力。从这个观点看，计算机视觉可以部分超过人类视觉的能力。

二、数字化图像的处理

进行数字化之后的图像可在计算机内用数字计算完成图像处理。常用的图像处理如下。

1）图像增强和复原。

图像增强和复原可改善图像的视觉效果和提高图像的品质。如图 6-7 所示,原始图较暗且动态范围较小,直方图占据灰度值范围比较窄,且集中在低灰度一边。图 6-8 是利用灰度直方图修正法对图像增强后的效果,直方图均匀化增加了图像灰度动态范围,增加了图像的对比度,反映在图像上就是图像有较大的反差,许多细节可看得比较清晰。

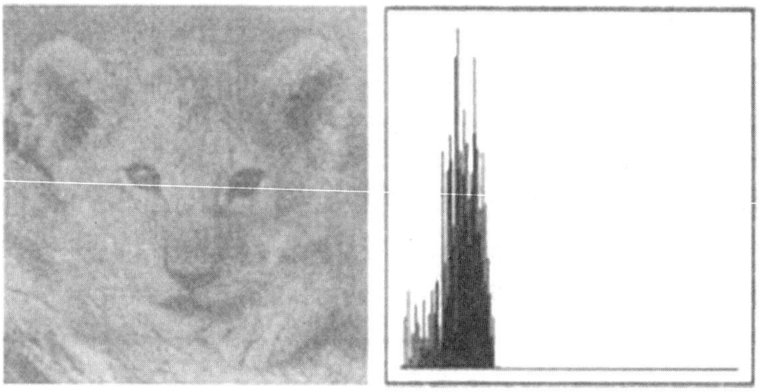

图 6-7　原始图像和对应的直方图

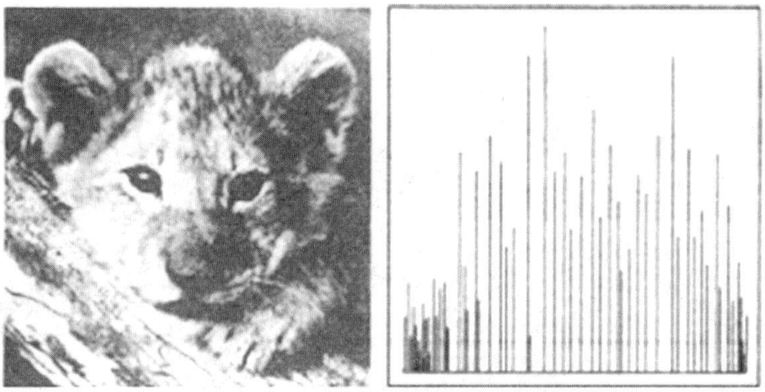

图 6-8　增强图像和对应的直方图

2)图像数据的变换和压缩。

为了便于图像的存储和传输,可对图像数据进行变换和编码压缩。由于图像阵列很大,图像处理时的计算量会很大,因此,往往通过各种图像变换方法,将空间域的处理转换为变换域的处理,如傅里叶变换、沃尔什变换、离散余弦变换、小波变换等,以减少计算量或者获得在空间域中很难甚至无法获取的特性。图像编码压缩技术可减少图像数据量,节省图像的传输、处理时间,以及减少占用的存储容量。压缩可以在不失真的前提下进行,也可以在允许失真的条件下进行。

3)图像分割。

图像分割是指根据几何特性或图像灰度选定的特征,将图像中有意义的特征部分提取出来,包括图像中的边缘、区域等,这是进一步进行图像识别、分析和理解的基础。图 6-9 所示为人物图像分割。

图 6-9　人物图像分割

4)图像分解与拼接。

图像分解指的是将图像中的一部分从整体中抽取出来。图像拼接指的是将若干幅图像组合成一幅图像。

5)图像重建。

通过从物体外部测量的数据，主要是摄像设备与物体之间的距离，经数字处理后将二维平面物体转换成三维立体物体的技术称为图像重建。图像重建如图 6-10 和图 6-11 所示。

图 6-10　左、右船体二维图像

图 6-11　转换后的船体三维模型

6)图像管理。

图像管理也属于图像处理，包括图像的有组织存储，称为图像库，同时也包括对图像库的操作管理,如图像的调用、图像的增/删/改操作以及图像库的安全性保护和故障恢复等功能。

【视野拓展】

图像直方图(Image Histogram)是用以表示数字图像中亮度分布的直方图,标绘了图像中每个亮度值的像素数。在这种直方图中,横坐标的左侧为纯黑、较暗的区域,而右侧为较亮、纯白的区域。因此一张较暗图片的直方图中的数据多集中于左侧和中间部分,而整体明亮、只有少量阴影的图像则相反。CV领域常借助图像直方图来实现图像的二值化。

直方图的意义如下:

- 直方图是图像中像素强度分布的图形表达方式。
- 它统计了每一个强度值所具有的像素个数。

直方图是对数据的统计集合,这里的数据不仅仅指灰度值,且统计数据可能是任何有效描述图像的特征。

三、图像的分析和理解

图像的分析和理解是指从现实世界中的景物提取高维数据以便产生数字或符号信息,它们可以转换为与其他思维过程交互且可引出适当行动的描述。图像的分析和理解包括图像描述、目标检测、特征提取、目标跟踪、物体识别与分类等,此外还包括高层次的信息分析,如动作分析、行为分析、场景语义分析等。

图像处理是指通过计算机对图像进行去除噪声、增强、复原、分割、提取特征等处理的方法和技术。图像的分析和理解是对人类大脑视觉的一种模拟,一般需要人工智能参与操作,因此又称智能图像处理,是计算机视觉的关键技术。

1)图像特征提取。

图像特征提取指的是提取图像中包含的某些特征或特殊信息,为分析图像提供便利。图像提取的特征包括很多方面,如频域特征、灰度或颜色特征、边界特征、区域特征、纹理特征、形状特征、拓扑特征和关系结构等。

2)图像描述。

图像描述是进行图像分析和理解的必要前提。最简单的图像描述可采用几何特性描述物体,可分为边界描述和区域描述两类。图像描述主要针对图像中感兴趣的目标进行检测和测量以获得它们的客观信息,为图像分析提供基础。

3)图像的分类、识别。

图像的分类、识别属于机器学习范畴,主要是对图像进行分类判别以识别图像。图像的分类经常采用浅层机器学习和深层机器学习等方法。

图像分析中的数据可以是对目标特征测量的结果,或是基于测量的符号表示。图像分析涉及图像表达、特征提取、目标检测、目标跟踪和目标识别等多项技术内容。具体过程是将原来以像素描述的数字化图像通过多个步骤最终转换成简单的非图像的符号描述,如得到图像中目标的类型。然而,图像处理中更高级的图像分析是图像理解,包括图像目标动作分析、图像目标行为分析和图像场景语义分析。图像理解阶段的目标是使计算机具有通过二维图像认知三维环境信息的能力,这种能力将使计算机感知三维环境中物体的几何信息,包括它们的形状、位置、姿态、运动等。图像理解也属人工智能范畴,并大量使用机器学习方法。

【思政园地】

工信部点赞!深兰科技猫头鹰“AI功夫”保驾常态化防疫

来源:亿欧网

近日,工业和信息化部科技司在其发布的《在科技支撑抗击新冠肺炎疫情中表现突出的人工智能企业名单》,重点提到了阿里云、百度、京东、腾讯、深兰科技等知名企业的突出表现。

作为“新基建”在AI领域的技术代表,深兰科技因积极研发猫头鹰测温系统在内的抗疫防疫产品,并将相关解决方案及智能化产品服务武汉、上海、北京等多地的抗疫防疫工作,还特别收到了工信部发来的证书奖章。

这是一款“非常能打”的AI测温系统,无需搭棚就能实现15米+300人同测,再加上人脸加体态识别等特点,精准地满足了当下户外场景测温需求。同时在高精密测量、监控、追踪等方面实现的多个技术创新,也体现了深兰科技六年来持续研发投入积累的经验和能力。

针对疫情防控的现实需求,深兰科技在最短时间内即推出了这款功能强大的“猫头鹰”,其率先在设备上搭载了高精度旋转云台,成为国内唯一可以在户外无需搭棚便可以对目标进行远达15米距离测温追踪的产品,可以对广场、开放的公交集散地,密集出口的商场、农贸市场、食堂等区域同时300人快速自动扫描,一旦发现体温异常者将随时上报。

任务三　计算机视觉的关键技术

一、图像的基本操作和处理

众所周知,电影、动画等视频画面都是由一帧一帧的图像组成的。因此,需要对视频内容进行分析时，一般不会对连续播放的视频进行采样分析，而是进行逐帧分析，在计算机视觉领域中对视频的分析也是如此。计算机视觉就是一门研究如何对图像中的信息进行分析处理的学科。

要学习计算机视觉，首先要掌握基础的图像处理技术，PythonWare 公司提供了免费的图像处理工具包 PIL(Python Image Library)，该软件包提供了基本的图像处理功能，如改变图像大小、旋转图像、图像格式转换、色场空间转换、图像增强、直方图处理、插值和滤波等等。虽然在这个软件包上要实现类似 MATLAB 中的复杂的图像处理算法并不太适合，但是 Python 的快速开发能力以及面向对象等等诸多特点使得它非常适合用来进行原型开发。但由于 PIL 仅支持到 Python 2.7，于是一群志愿者在 PIL 的基础上创建了兼容的版本，名字叫 Pillow，支持最新 Python 3.x，又加入了许多新特性，因此，可以直接安装使用 Pillow。接下来，通过程序 6-1 来学习图像处理的基本操作。

程序 6-1 图像处理基本操作：

```
from PIL import Image
import matplotlib.pylab as plt

img1=Image.open('img.jpg')
img2=img1.convert('L')
img2=img2.rotate(90)
img2.resize((12,12))

plt.subplot(2,1,1)
plt.imshow(img1)
plt.subplot(2,1,2)
plt.imshow(img2)
plt.show()
```

输出，如图 6-12 所示。

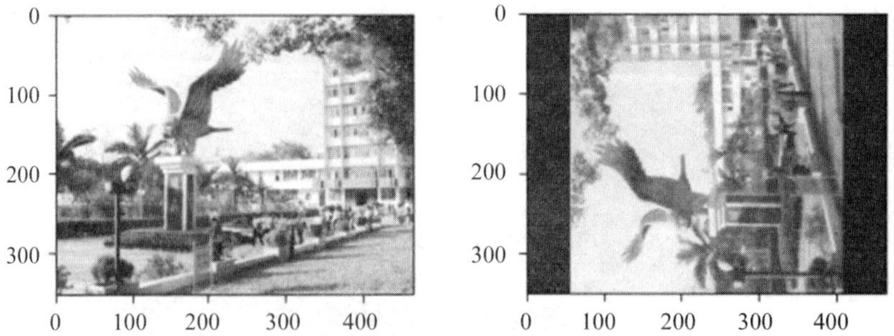

图 6-12 原图与旋转 90°并灰度转化后的图像对比

Image 是 PIL 库中一个重要的核心模块，主要用于对图像文件的读写。如程序 6-1

中使用的 open()函数用于打开一个图像文件,对任何一个图像进行操作之前,必须先通过 open()打开它。然后 convert()函数能够将图像转换成灰度图,因为对于计算机视觉来说,图像本身的颜色是无用的,甚至可能会对需要进行分析的信息产生干扰,因此一般都要先把图片转成灰度图后再进行下一步的处理。rotate()函数能够将图像旋转一定的角度。

此外,还引入了 matplotlib 库,它是 Python 中类似 MATLAB 的绘图工具,功能强大。subplot(2,1,1)表示将图片输出成 2 行 1 列的第 1 行,subplot(2,1,2)表示将图片输出成 2 行 1 列的第 2 行,因此可以在一个窗口中将两张图片上下放在一起,imshow()函数用于在内存中绘制图像,最后 show()函数用于打开一个窗口向用户展示图像处理结果,如图 6-12 所示。

一般情况下,我们主要通过对图像的像素值进行分析,进而完成对图像的分析和处理,而直方图可以直观地展示一张图像的像素分布情况,因此,可以绘制图像的直方图,进而完成图片的分析、分割和分类等操作。

程序 6-2 将绘制图 6-13 的直方图,结果如图 6-14 所示,直方图的横坐标将像素值范围划分成一定的区间,纵坐标表示在该区间范围内出现的像素数量。

程序 6-2 绘制图像的直方图:

```
from PIL import Image
from pylab import *
import numpy as np

img=np.array(Image.open('img2.jpg').convert('L'))
figure()
hist(img.flatten(),128)
show()
```

图 6-13　原图

输出，如图 6-14 所示。

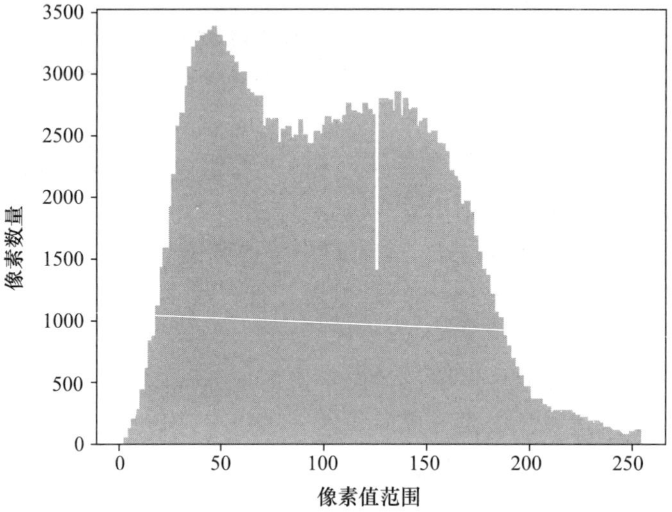

图 6-14　原图对应的直方图

在程序 6-2 中导入了 NumPy(Numerical Python)库，它是 Python 的一个扩展程序库，支持大量的维度数组与矩阵运算，此外也针对数组运算提供大量的数学函数库，是一个使用非常广泛的科学计算工具包。array()函数将图像转化成一个三元数组(行、列、颜色通道)表示像素点。直方图的绘制使用 hist()函数，hist()函数的第一个参数是输入的图像，第二个参数指定划分区间的数量。

hist()函数只能用一维数组作为输入，因此需要对图像做转换。这里就要用到 flatten()函数，flatten()函数将数组按照行优先原则转化成一维数组，转换后即可用 hist()函数进行绘图。

二、基于 OpenCV 的视频处理

OpenCV 是一个基于 BSD 许可(开源)发行的跨平台计算机视觉和机器学习软件库，实现了图像处理和计算机视觉方面的很多通用算法，如物体跟踪、探测、人脸识别、视觉探测与追踪、特征提取等计算机视觉方面的应用。OpenCV 作为一个开源的计算机视觉类库，可以在 Windows、Linux、Mac OS 和 Andoird 等多种操作系统上运行，同时也提供了大量的 Java、Python、MATLAB 接口，致力于真实世界的实时应用。计算机视觉技术的学习和应用都离不开 OpenCV。

OpenCV 于 1999 年由英特尔建立，现在由 Willow Garage 提供支持。OpenCV 致力于真实世界的实时应用，通过优化的 C 代码的编写对其执行速度带来了可观的提升，并且可以通过购买英特尔的 IPP 高性能多媒体函数库(Integrated Performance Primitives)得到更快的处理速度。

Python 是一种解释型、面向对象、动态数据类型的脚本语言，语法简洁明了，近年来 Python 得到了越来越广泛的支持，Python 作为 AI 时代头牌语言的位置基本确立。

OpenCV 的安装只需要在命令行窗口中运行 pip install opencv-python 命令，即可自动选择合适的 OpenCV 版本进行安装。

计算机视觉技术在很多场景下都用于对视频流进行分析计算和处理，对于从摄像头或视频文件中读取视频，OpenCV 能够提供很好的支持，通过对摄像头或视频文件中读取的视频帧进行分析，完成物体检测或物体跟踪等任务。程序 6-3 是一个用于读取本地视频文件，捕获视频帧并将其转换成灰度图的小案例。

程序 6-3 读取本地视频文件捕获视频帧并转换灰度图：

```
import cv2

cap=cv2.VideoCapture('video.wmv')
while True:
    ret,frame=cap.read()
    frame=cv2.cvtColor(frame,cv2.COLOR_BGR2GRAY)
    cv2.imshow('Output',frame)
    key=cv2.waitKey(10)
    if key==27:
        break
```

输出，如图 6-15 所示。

图 6-15 对获取的视频帧进行灰度处理

首先，要导入 OpenCV 的 cv2 模块，VideoCapture()函数可用于打开本地视频文件，也可以通过传递一个参数来启动摄像装置，0 代表计算机默认摄像头。打开视频/摄像头后，看到的是一个连续播放的画面，前文提到，动态的视频不利于分析问题，所以对视频的处理需要逐帧进行，这里使用 while 循环来实现对视频帧的捕获。在计算机视觉的研究过程中，最常用的 RGB 颜色模型并不适用，因此这里用 cv2 模块的 cvtColor()函数进行颜色转换，参数 cv2.COLOR_BGR2GRAY 是将 BGR 图像转化为灰度图。最后使用 waitKey()函数，这个函数可以监控键盘操作，由于 27 是 ESC 键的 ASCII 码值，所以只要按下 ESC 键就可以关闭摄像头并退出当前程序。下面，通过流程图 6-16 来进一步理解程序原理。

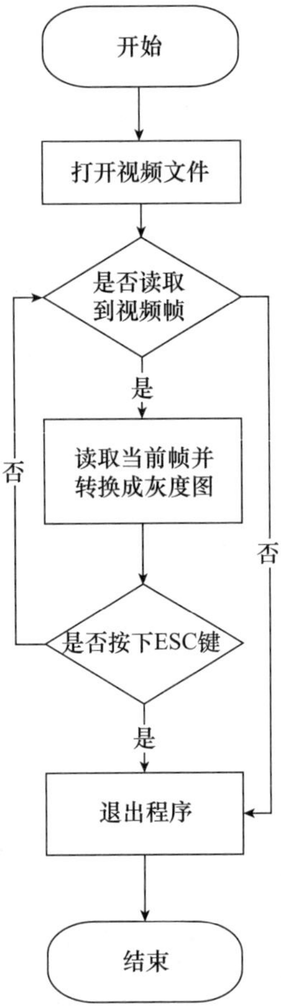

图 6-16　对视频帧进行基本操作的流程图

需要注意的是在 OpenCV 中，图像的颜色模型不是传统的 RGB，而是按照 BGR 顺序存储的。颜色空间的转换函数 cvtColor( ) 的几个常用参数有 cv2. COLOR_BGR2GRAY(转化成灰度图)、cv2.COLOR_BGR2HSV(转化成 HSV 颜色空间)等等。

三、背景差分法物体检测

通常，在计算机视觉领域的实际应用中，首要目标就是找到检测单位，然后才能对其进行后续的分析和计算任务。例如，在交通监控系统中，最主要的任务就是要通过摄像头捕捉到车辆的行驶状况，因此其首要目标就是先找到车辆，忽略无关物体。其中，车辆包含有小轿车、大货车、摩托车、自行车等不同车型，无关物体包含道路以及道路两侧的设施、树木等。还有目前很多企事业单位都用人脸识别系统作为考勤、门禁的方式，其中人脸识别的首要目标也是找到摄像头中的人脸，进而才能将捕捉到的人脸与数据库中进行比对完成身份验证。

背景差分法是一种能够完成目标检测的简单方法，它的主要原理是通过对比视频中前后的视频帧，把相同的部分看作背景并进行建模，有差异的部分就是捕获的移动物体。背景差分法跟踪目标物体的过程如图 6-17 所示。

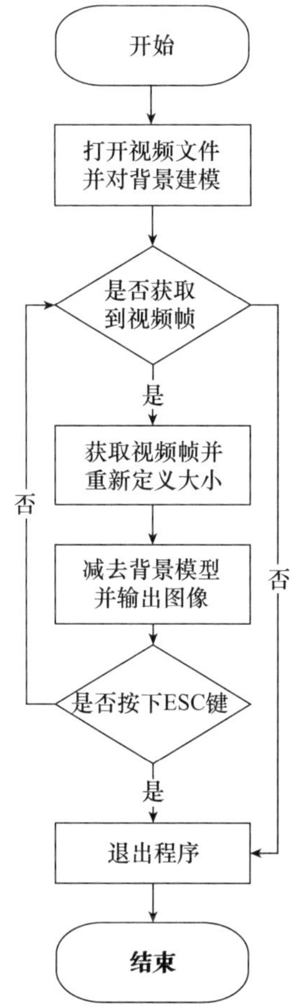

图 6-17　背景差分法跟踪物体的流程图

程序 6-4 实现了应用背景差分法对一段道路监测视频进行分析，进行物体跟踪结果。

程序 6-4 背景差分法跟踪物体：

```
import cv2

cap=cv2.VideoCapture('video2.wmv')
background_sub=cv2.createBackgroundSubtractorMOG2()
history=100
learning_rate=1.0/history
while True:
    ret,frame=cap.read()
    frame=cv2.resize(frame,None,fx=0.5,fy=0.5,interpolation=cv2.INTER_AREA)
    mask=background_sub.apply(frame,learningRate=learning_rate)
    mask=cv2.cvtColor(mask,cv2.COLOR_GRAY2BGR)
    cv2.imshow('Input',frame)
    cv2.imshow('Output',mask & frame)
    key = cv2.waitKey(400)
    if key == 27:
        break
    cv2.destroyAllWindows()
```

输出结果如图 6-18 所示。

图 6-18 原视频与进行背景差分后的视频对比图

程序 6-4 中使用了一个经典的混合高斯分布 GMM 背景建模算法，createBackgroundSubtractorMOG2()是 OpenCV 对 GMM 的封装实现，完成了背景建模。定义的参数 history 用来表示背景帧的训练数量，另一个参数 learming_rate 表示学习率。定义后捕捉的帧大小后，调用 apply()函数开始运动物体检测，得到的掩码 mask 是灰度图，需要转化成 RBG 图，可见 cvtColor()函数的参数是 cv2.COLOR_GRAY2BGR。

从运行结果图 6-18 中可以发现，道路以及道路两侧的围栏、树木、建筑等设施都被当作背景进而模型化，排除掉了背景干扰，可以清楚地捕捉到道路上飞快移动的车辆。完成了目标检测后，便可以开展后续的超速检测等具体任务。

四、颜色空间法物体检测

接下来分析另一个物体跟踪的应用场景。网球比赛中需要捕捉球的运动轨迹，进而判断是否出界，是否过网等，这种场景下背景差分法就不太适合了，因为球场上的移动物体除了球外，还有运动员，甚至观众、裁判都可能处于运动状态，而他们都不是需要捕捉的对象，这种情况下可以用颜色空间法进行物体检测，其主要原理是指定视频中要捕捉的物体颜色范围，例如在这里可以指定网球的颜色范围，这样就可以排除其他因素，专门捕捉网球的运动轨迹了。

下面还是以道路监控视频为例，利用颜色空间法进行物体检测，如程序 6-5 所示。

程序 6-5 利用 HSV 颜色模型跟踪物体：

```
import cv2
import numpy as np

cap=cv2.VideoCapture('video3.wmv')
while True:
    ret,frame=cap.read()
    frame=cv2.resize(frame,None,fx=0.75,fy=0.75,interpolation=cv2.INTER_AREA)
    hsv=cv2.cvtColor(frame,cv2.COLOR_RGB2HSV)
    lower=np.array([0,40,40])
    upper=np.array([150,255,255])
    mask=cv2.inRange(hsv,lower,upper)
    res=cv2.bitwise_and(frame,frame,mask=mask)
    img=cv2.medianBlur(res,5)
    cv2.imshow('Input',frame)
    cv2.imshow('Ouput',img)
    key=cv2.waitKey(300)
    if key == 27:
        break
cv2.destroyAllWindows()
```

输出结果如图 6-19 所示。

图 6-19　原视频与“筛选”特定颜色后的视频对比图

程序 6-5 中，cvtColor()函数的参数变成了 cv2.COLOR_RGB2HSV，这是因为需要将 RGB 图像转化成 HSV 格式。一直以来，RGB 颜色模型的应用最为广泛，但是在物体追踪中效果并不是很好，在物体追踪中通常使用 HSV 颜色模型，这是一种最接近人眼对颜色感知的模型。HSV 颜色模型包括 H(色调)、S(饱和度)、V(明度)。将图像转化成 HSV 颜色模型的图像后，设定两组数值对图像的颜色范围进行限定，得到图像中的兴趣区域(也称为掩膜 mask)，将兴趣区域外的图像值设置为 0。然后，使用了中值滤波函数 medianBlur()消除噪声，使图像边缘变得平滑。

在输出结果图 6-19 中我们可以看到，上面为原视频图像，下面为应用颜色空间法进行物体追踪后的图像。

可以看到，这个例子最后的实现效果不是很理想，由于受到光影、背景等诸多因素的影响和颜色范围界定的原因，对于目标物体的捕捉不是十分精准。

回想一下一开始提到的网球比赛案例场景，如果将颜色限定为网球的黄色，使用颜色空间法来对网球进行捕捉是否可以准确获得想要的结果呢？运动员的衣服颜色会不会对结果造成影响？如果将颜色限定为黄色，那么要如何对网球场地的界线进行捕捉呢？如果让你设计一个网球比赛的记分系统，你能想到什么样的办法？

学习了物体跟踪的两种基本方法，除此之外还有帧差分法、CAMShift 算法等，都可以进行物体跟踪。计算机视觉的应用不仅仅是物体检测和运动跟踪，还有模式识别、图像理解等方面，这是一个范围十分广泛的领域，发展的空间也很大，这里只挑选了几个比较简单的方面进行了介绍。

五、人脸检测

如今，人脸识别已经应用在我国各大企业、单位、机场等场所，作为一项核心的身份认证流程，作为生活中最常见的计算机视觉应用，人脸识别系统顾名思义就是采集人脸图像并与数据库中已经采集过的人脸图像进行比对，从而进行身份验证的系统。电视节目《最强大脑》中曾经有过这样一场特殊的比赛，百度公司开发的人工智能机器人“小度”与“最强大脑”王峰进行 PK，对近千张人物的小学照片和成年照片进行比对，最后人工智能以 3∶2 获胜。如果说，王峰对于人脸的识别是基于大致轮廓和整体气质，那么机器人“小度”就是通过算法和学习将这些特征一一分解，这个过程需要依靠大规模的神经网络算法、万亿级别的参数、千亿级别的训练数据、亿级别的特征以及一定的推理能力，这是非常强大的人工智能系统。

二维码 6-4 用 AI 技术让鲁迅先生老照片动起来

人脸识别系统的工作流程如图 6-20 所示。

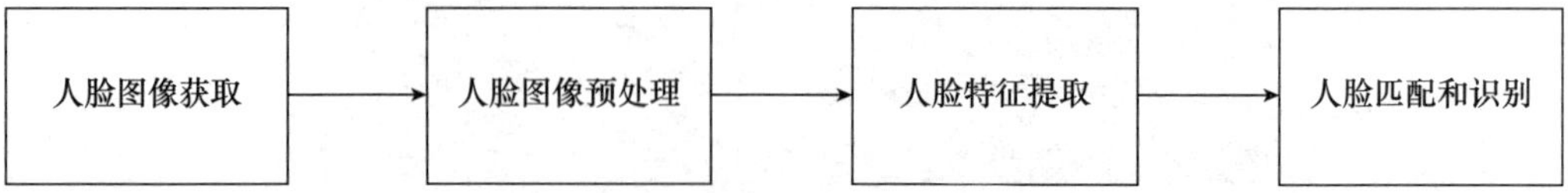

图 6-20 人脸识别系统的工作流程

首先，人脸图像获取是通过摄像头对人员脸部进行拍摄，形成面部图像文件保存在数据库中；由于不同环境下，人脸的采集会受到光照等诸多外部因素的影响，不利用后续的特征提取以及与数据库比对，所以要对采集到的人脸图像进行预处理，这个预处理操作就包括之前学习过的灰度变化、直方图均衡化，还有光线补偿、归一化等操作；特征提取是对人脸部器官进行特征建模，如五官之间的距离、各个特征之间的角度关系等；最后在进行人脸识别时，通过对摄像头采集到的人脸特征模型与数据库中已经采集过并保存的数据进行对比，最终确定人员身份。考虑到人脸识别系统的复杂性，接下来先了解人脸识别过程中的第一个步骤——人脸检测。

在进行人脸识别的时候，人物距离摄像头的远近、外界的环境均有可能对结果造成影响，因此需要先在图像中检测到哪一部分是人脸，这个过程就叫作人脸检测，如程序 6-6 所示。

程序 6-6 人脸检测：

```
import cv2

face_cascade=cv2.CascadeClassifier('haarcascade_frontalface_default.xml')
image = cv2.imread('image.jpg')
gray=cv2.cvtColor(image,cv2.COLOR_BGR2GRAY)
faces=face_cascade.detectMultiScale(gray,scaleFactor=1.15,
        minNeighbors=5,minSize=(5,5),flags=cv2.CASCADE_SCALE_IMAGE)
for(x,y,w,h) in faces:
    cv2.rectangle(image,(x,y),(x+w,y+w),(0,255,0),2)
    cv2.imshow("Find Faces!",image)
    cv2.waitKey(0)
```

输出结果如图 6-21 和图 6-22 所示。

图 6-21　原图

图 6-22　检测到人脸的图像

程序 6-6 中，使用了 CascadeClassifier() 函数，它是一种级联分类器，这里选用的是级联分类器中的 haarcascade_frontalface_default.xml，这个 XML 文件中包含有大量人脸的特征值，包括眼睛、鼻子、嘴、眉毛等特征。

后面调用的 detectMultiScale()函数可以检测出照片中的人脸，这个函数有多个参数，需要注意的是第五个参数 flags，它的值设定为 CASCADE_SCALE_IMAGE，代表函数的输出形式是 ret 型，除此之外还有 CASCADE_DO_ROUGH_SEARCH，输出的是 vector 型。而 rectangle()函数则是如它的函数名一样，画一个矩形，将识别出来的人脸部分圈起来。

以上是人脸识别系统的工作过程，实际上这个技术涉及的知识和算法远远比介绍的要复杂得多，需要考虑到的情况也更加复杂，如胖瘦变化、衰老变化、化妆、头发的遮挡等因素均应考虑在内，因此它还有很大的发展空间，随着技术的不断深入，有着很多可以优化的环节。

从 2017 年苹果公司旗下的 iPhone X 手机上市起，利用人脸识别技术进行手机解锁已经成为智能手机发展的一个新的台阶，华为、小米等多家公司随后也都发布了人脸识别手机解锁的新产品，“刷脸”时代的开始也代表了人脸识别技术即将进入全面普及过程。人脸识别技术的应用领域远比想象中的多，除了基本的身份认证，还可以应用在公安系统刑侦方面追捕罪犯，应用在银行系统加大信息安保力度，应用在电子商务的交易过程中等。

人脸识别系统是计算机视觉领域的一个小成果，计算机视觉的发展与应用还远不止于此，我国人工智能正处于一个高速发展的时代，“人才是第一资源，创新是第一动力”，未来科技会发展成什么样子没有人可以预知，就像十年前“钢铁侠”是科幻，而现在，这是一种科技。

人脸识别技术已经发展得日益成熟，大量的数据显示人脸识别的准确率已经达到 99.5%。多伦多大学教授 Parham Aarabi 和他的研究生 Avishek Bose 开发了一种算法，可以干扰人脸识别系统从而达到保护用户个人隐私的目的。反人脸识别系统通过在图像识别过程中加入一点点干扰信息，可以将识别的成功率降低到 0.5%。这使用了一种对抗技术，让两个神经网络进行对抗，一个神经网络从数据中获取人脸数据信息，另一个神经网络试图去破坏第一个神经网络执行的任务。

任务四　计算机视觉在农业领域的应用

我国是一个名副其实的农业大国，加强自动化技术在农业种植中的应用非常有必要，这既能够有效提高农作物种植的效率和品质，同时也能够降低工人的劳动强度。近几年来，我国充分重视农业生产机械自动化技术的引进，农业生产自动化程度越来越高，为更多新功能的开发与应用做好了准备。随着现代科学技术水平的不断发展，计算机视觉技术得到了较大突破，并应用到了许多行业领域中，加强计算机视觉技术在农业自动化生产中的应用，一方面可以显著改善农业生产自动化水平，并促使其朝向智能化方向发展，同时也可以节省人力，降低生产成本。随着农业自动化技术研究工作的不断进行，已经初步实现了计算机视觉技术与图像处理技术的完美结合，可以自动进行农作物的采摘、分拣等工作，同时还拥有较高的识别率和稳定性。

一、在农作物生长环境监测中的应用

通过计算机视觉技术的运用，可以对农作物的生长环境进行实时监测，充分了解种植区域土壤含水量、光照情况以及营养条件等，为确保农作物规划的合理性提供帮助，同时利用智能监测，能够准确掌握农作物的成长情况，预算出农作物的成熟和收获时间，从而保证采摘的果实处于最佳状态。图 6-23 所示为基于计算机视觉对玉米生长状况进行实时监测。计算机视觉技术的运用，能够获取农作物生长图像信息，并通过对图像信息进行分析，得到农作物生产状况与环境信息。比如说，通过对比田地土壤的颜色可以得出土壤含水量的高低；通过比对农作物茎叶的颜色可以得出农作物健康状况；通过对光照数据与农作物长势数据进行综合分析，可以得到光照因素对农作物生长的影响。

图 6-23　基于计算机视觉对玉米生长状况进行实时监测

二、在农作物病虫害预防与治疗中的应用

病虫害预防与治疗是农作物种植中非常重要的一部分，直接影响到农作物的品质和产量。可以将计算机视觉技术运用到农作物病虫害预防与治疗工作中，将计算机视觉获取的图像与数据库中已有的正常图像特征进行比对，可以很好地改善病虫害预防和治疗的准确性。当下，计算机视觉技术对玉米灰斑、锈病等问题的识别率超过了 79%；另外，计算机视觉技术还可以有效发现农作物上的蚜虫等害虫，同时可以对获取的图像信息进行分析，预测出农作物病虫害的程度，为后期进行喷药工作提供数据支持。然而，在实际应用过程中，病虫害的种类非常

二维码 6-5

融合计算机视觉采用两个并联臂同时作业的农业机器人

多，同时一些害虫与农作物较为相似，增加了计算机视觉技术识别的难度，相关技术难题还需要进一步研究。

三、在农业机械自动化果蔬采摘中的应用

在以往的果蔬收获时期，一般需要人工来进行果蔬的采摘，但是这样的工作方式存在较大的弊端，一方面人工采摘的效率非常低，不利于果蔬的大面积种植，另一方面也会增加种植成本，降低经济效益，同时还会增加工人劳动强度。通过在农业自动化生产中引入计算机视觉技术，能够实现对采摘对象的精准识别，再结合自动化设备完成采摘工作，不仅具有较好的采摘效率，同时也推动了自动化无人采摘技术的进一步发展。在开展果蔬自动摘取过程中，通过计算机视觉的摄像头可以获得环境图片，在对图片信息进行分析以后，能够识别出果实和植物茎叶等，进而实现自动化采摘。图 6-24 所示为利用计算机视觉摘取圣女果的过程，计算机视觉能够很好地分辨出色彩特征比较鲜明的果蔬，当果实和茎叶颜色比较相近时，会干扰到计算机视觉识别，不适合运用计算机识别来进行自动采摘。在进行农业机械自动化采摘过程中，会受到光照、风力等因素的影响，目前我国农业机械自动化采摘成功率大约在 66%，伴随着我国科学技术水平的不断发展，采摘成功率会越来越高。

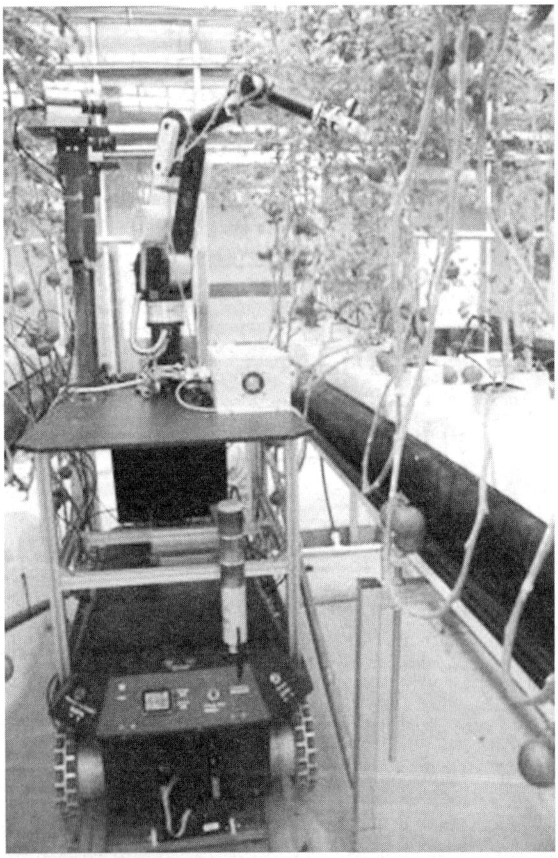

图 6-24　利用计算机视觉摘取圣女果的过程

二维码 6-6
计算机视觉在农业机械自动化领域的小试牛刀

四、在农业机械自动化导航上的应用

将计算机视觉技术融入农业机械自动化导航上，主要实现三个方面的功能。首先，通过计算机视觉能够精准地获取和反馈自动化机械产品运行的具体路线。当下，为了确保自动化农业机械设备在工作过程中能够严格按照规划的路线行驶，在常用的卫星导航定位系统基础上，再结合计算机视觉技术，通过两者的相互结合能够取得很好的导航效果。当自动化机械设备在农田与果田中运行时，如果只采用GPS卫星定位系统，无法获取植物的实际生长状况，容易造成运动路线偏航，而通过计算机视觉技术的应用，能够准确识别出植物的形状、距离以及色彩等，并将获取的图像信息进行提取和分析，辅助自动化机械正常行驶。其次，通过计算机视觉技术的应用，能够实现农业自动化设备的自动识别障碍物功能。计算机视觉能够对自动化设备前进路线上的地面情况进行检测，当识别到路线上存在障碍物时，立即将数据信息反馈给自动化系统，并采取有效的措施，防止自动化机械设备碰撞到障碍物。最后，和农业机械自动化系统共同实现运动过程中的某些功能控制。比如说，在进行农业植物保护作业过程中，利用计算机视觉技术，可以精准识别行驶路径上各处植物的生长情况，然后指导喷雾作业依照农作物的稀疏程度来调整喷雾量，提高农业机械自动化程度和效果。

【实　训】

足球是当前世界范围内最受欢迎的体育运动之一，在比赛过程中，通过摄像头对足球进行实时跟踪并记录对解决误判纠纷有关键作用。分别利用背景差分法和颜色空间法对一段足球比赛视频进行物体跟踪，并分析这两种方法的优劣。

参考答案：利用上文中程序6-4背景差分法和程序6-5颜色空间法对足球比赛视频分析后可以得知，由于足球比赛中，主要关注足球和运动员的运动轨迹，而足球比赛视频的视角一般都比较远，看台上的观众动作幅度相对较小，因此背景差分法更适用对足球比赛视频进行物体跟踪。另一方面由于很多观众的衣服一般都跟所支持的球队运动员衣服颜色一致，因此颜色空间法在这里使用效果不好。

【归纳与提高】

计算机视觉是一门研究如何让机器“看”的科学，它是对图像、视频的获取、处理、分析、理解和应用等一系列能力的综合，其主要业务流程包括图像获取、图像预处理、图像分析与图像理解等。计算机视觉既是工程领域，也是科学领域中的一个富有挑战性的重要研究领域。

当下，将计算机视觉技术引入农业自动化技术研究中，对于提高农业生产机械自动化与智能化水平有着重要的作用，然而在实际运用中，计算机视觉还存在一些弊端和不稳定性，还需要加大研发力度，解决各种问题，促进我国农业自动化水平发展到更高层次。

【知识巩固与技能训练】

一、填空题

1.计算机视觉是一门研究如何使机器“看”的科学，其是对图像、视频的获取、处理、分析、________和应用等一系列能力的综合。

2.计算机视觉的核心任务是以图像、视频为输入，以对环境的________为目标。

3.图像处理是指通过计算机对图像进行________、增强、________、分割、提取特征等处理的方法和技术。

4.PIL 库中的________函数能够将图像转换成灰度图。

5.OpenCV 作为一个开源的________，可以在多种操作系统上运行，同时也提供了大量的 Java、Python、MATLAB 接口，致力于真实世界的实时应用。

二、复习思考题

1.请简要说明什么是计算机视觉。

2.请简要说明计算机视觉处理的主要流程。

参考答案

一、填空题

1.理解　2.表达和理解　3.去除噪声　复原　4.convert()　5.计算机视觉类库

二、复习思考题

1.请简要说明什么是计算机视觉。

答：计算机视觉(Computer Vision，CV)，是一门研究如何让机器“看”的科学，它是对图像、视频的获取、处理、分析、理解和应用等一系列能力的综合。核心任务是以图像、视频为输入，以对环境的表达和理解为目标，研究图像信息组织、物体和场景识别等问题，包括但不限于物体分类、物体检测、物体分割、物体追踪、三维重建等内容。

2.请简要说明计算机视觉处理的主要流程。

答：第一步：数字化图像的获取；第二步：数字化图像的处理，其中包含：①图像增强和复原、②图像数据的变换和压缩、③图像分割、④图像分解与拼接、⑤图像重建、⑥图像管理；第三步图像的分析和理解，其中包含：①图像特征提取、②图像描述、③图像的分类、识别。

项目七
农业领域的智能机器人

学习目标

【知识目标】

1.掌握智能机器人的概念和分类。

2.了解智能机器人基本功能及其构成。

3.了解传感器在智能机器人工作中的作用。

4.掌握智能机器人的核心技术。

5.了解智能机器人在农业领域的应用。

【技能目标】

1.能查阅相关技术文档,根据多足机器人机械运动原理,完成多足机器人的安装、制作与调试。

2.能查阅相关技术文档,理解双足机器人机械运动特点及行走姿态控制方法,完成双足机器人的行走运动。

【素质目标】

1.培养良好的心理素质、职业道德素质以及高度责任心和团队合作能力。

2.培养良好的职业素养和一定的创新意识。

3.培养一定的组织和协调能力。

【思政目标】

1.培养坚持不懈的精神,立志服务于现代化农业的发展。

2.培养科技创新意识,助力乡村振兴。

3.认真学习,增强家国情怀及责任担当。

引入案例

迈向“无人农场”——福建发布人工智能农业机器人

2019年6月15日，福建首款人工智能农业机器人正式在中国以色列示范农场智能蔬果大棚开始全天候生产巡检，标志着福建人工智能农业机器人从研发阶段正式进入了实际应用阶段。

这款机器人外观为白色的卡通人物，有清晰的五官和手脚，通过底部的轮子可完成360°旋转和移动，流畅地沿着栽培槽自动巡检、定点采集、自动转弯、自动返航、自动充电，如果途中遇到障碍物还能自动绕行。

二维码 7-1 新“农”友福建发布首款人工智能5G农业机器人

据介绍，与农业物联网的传感器相比，这款农业机器人可以实时移动，不仅采集的点位更多，而且图像和数据更全面和精准。与人工田间检测相比，农业机器人可以全天候工作，采集数据更详细和连续。

目前，这款机器人已可以实时回传大量清晰的图像和视频，不仅实现了通过VR进行远程会诊、远程教学等功能，也为后续的人工智能应用提供了更多基础数据来源。

思考：1.农业智能机器人具备哪些要素？

2.农业智能机器人的发展现状如何？

任务一　智能机器人的概念和分类

随着科学技术突飞猛进地发展，科技产品日益成为我们生活中无时不在、无处不在、无所不在的客观存在，而智能机器人就是机械技术、电子技术、信息技术有机结合的产物。智能机器人学所涉及的学科范围有力学、机器人拓扑学、机械学、电子学与微电子学、控制论、计算机、生物学、人工智能、系统工程等。这些多学科领域知识的交叉和融合是智能机器人技术得以发展、拓宽和延伸的基础，也是学习和运用智能机器人技术的基础。随着智能机器人技术不断向新的领域拓展，其学科范围亦将更加宽阔，同时智能机器人将不同的学科知识综合起来，使得人们在学习和研究的过程中综合各个学科。智能机器人在人类的生活和工业生产中将会发挥很大的作用，例如，智能机器人在农业生产方面，新的农业生产模式和新技术的应用促进了农业机械的更新和发展，智能农业机械的技术条件已经成熟。机械化的发展大大地解放了劳动力，促进了社会化大生产，创造了巨大的社会财富。如日本、美国等国家已研制出多种采摘机器人、耕耘机器人、除草机器人、饲喂机器人等，其高效、高精度的作业过程是人无法完成的。这些机器人的出现大大提高了生产效率从而提高了生产总值，为社会创造了很大的经济效益。同时智能机器人在其他产业方面也为人们创造了很大的经济效益。

一、智能机器人的概念

智能机器人是一个在感知、思维、效应方面全面模拟人的机器系统，外形不一定像人。智能机器人有相当发达的“大脑”，在脑中起作用的是中央计算机，这种计算机跟操作它的人有直接的联系。最主要的是，这样的计算机可以进行按目的安排的动作。从广泛意义上理解所谓的智能机器人，则是一个独特的进行自我控制的“活物”。但这个自控“活物”的主要器官并没有像真正的人那样微妙而复杂。

智能机器人具备形形色色的内部信息传感器和外部信息传感器，如视觉、听觉、触觉、嗅觉。除具有感受器外，它还有效应器，作为作用于周围环境的手段。到目前为止，在世界范围内还没有一个统一的智能机器人定义。大多数专家认为智能机器人至少要具备以下三个要素：感觉要素、思考要素和运动要素。

感觉要素用来认识周围环境状态，主要包括能感知视觉、接近、距离的非接触型传感器和能感知力、压觉、触觉的接触型传感器。这些要素实质上就是相当于人的眼、鼻、耳等五官，它们的功能可以利用诸如摄像机、图像传感器、超声波传感器、激光器、导电橡胶、压电元件、气动元件、行程开关等机电元器件来实现。

【视野拓展】

传感器

传感器是一种检测装置，能感受到被测量的信息，并能将感受到的信息，按一定规律变换成为电信号或其他所需形式的信息输出，以满足信息的传输、处理、存储、显示、记录和控制等要求。

思考要素根据感觉要素所得到的信息或自身的需要，思考确定采用什么样的动作。智能机器人的思考要素是三个要素中的关键，也是智能机器人区别于其他所有机器人的最主要要素，思考要素包括判断、逻辑分析、理解等方面的智力活动。这些智力活动实质上是一个信息处理过程，而计算机则是完成这个处理过程的主要手段。

运动要素是对外界做出反应性动作。对于运动要素来说，智能机器人需要有一个无轨道型移动机构，以适应诸如平地、台阶、墙壁、楼梯、坡道等不同的地理环境。它们的功能可以借助轮胎、履带、支脚、吸盘、气垫等移动机构来完成。在运动过程中要对移动机构进行实时控制，这种控制不仅要包括位置控制，而且还要有力度控制、位置与力度混合控制、伸缩率控制等。

二、智能机器人的分类

1.按智能程度分类

(1)传感型机器人。

传感型机器人又称外部受控机器人。机器人的本体上没有智能单元,只有执行机构和感应机构,它具有利用传感信息(包括视觉、听觉、触觉、接近觉、力觉、红外、超声及激光等)进行信息处理、实现控制与操作的能力。传感型机器人受控于外部计算机,在外部计算机上具有智能处理单元,处理由受控机器人采集的各种信息以及机器人本身的各种姿态和轨迹等信息,然后发出控制指令指挥机器人的动作。目前机器人世界杯的小型组比赛使用的机器人就属于这样的类型,如图 7-1 所示。

图 7-1　世界杯的小型组比赛使用的“足球小将”机器人

(2)交互型机器人。

交互型机器人通过计算机系统与操作员或程序员进行人机对话,实现对机器人的控制与操作。这类机器人虽然具有了部分处理和决策功能,能够独立地实现一些诸如轨迹规划、简单的避障等功能,但是还要受到外部的控制,交互型机器人如图 7-2 所示。

图 7-2　交互型机器人

(3)自主型机器人。

自主型机器人在设计制作之后,无须人工干预,能够在各种环境下自动完成各项拟人任务。自主型机器人在本体上具有感知、处理、决策、执行等模块,可以像一个自主的人一样独立地活动和处理问题。机器人世界杯的中型组比赛中使用的机器人就属于这一类型,如图 7-3 所示。全自主移动机器人最重要的特点在于它的自主性和适应性。自主性是指它可以在一定的环境中,不依赖任何外部控制,完全自主地执行一定的任务。适应性是指它可以实时识别和测量周围的物体,根据环境的变化,调节自身的参数,调整动作策略以及处理紧急情况。交互性也是自主型机器人的一个重要特点,机器人可以与人、外部环境以及其他机器人之间进行信息的交流。

图 7-3 世界杯的中型组比赛使用的机器人

2.按用途分类

(1)工业智能机器人。

工业智能机器人依据具体应用的不同,通常又可以分成焊接机器人、装配机器人、喷漆机器人、码垛机器人、搬运机器人等多种类型。如图 7-4 工业智能机器人作为具有智能的工业机器人,他们在很多方面超越了传统机器人。焊接机器人,包括点焊(电阻焊)和电弧焊机器人,用途是实现自动的焊接作业。装配机器人,比较多地用于电子部件电器的装配。喷漆机器人,代替人进行喷漆作业。码垛、上下料、搬运机器人的功能则是根据一定的速度和精度要求,将物品从一处运到另一处。在工业生产中应用机器人,可以方便迅速地改变作业内容或方式,以满足生产要求的变化。比如,改变焊缝轨迹,改变喷漆位置,变更装配部件或位置等等。随着对工业生产线柔性的要求越来越高,对各种工业机器人的需求也就越来越强烈。

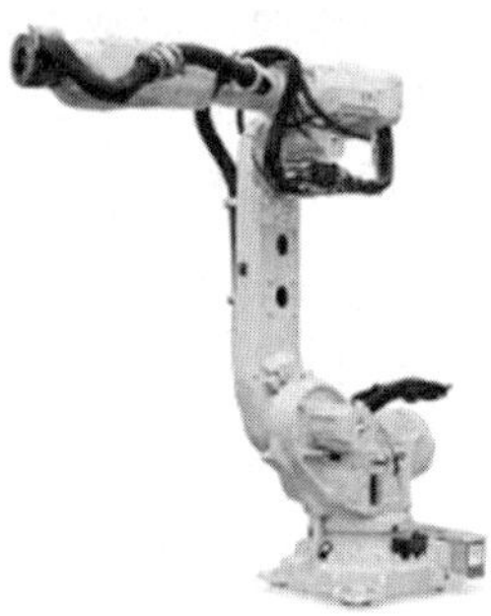

焊接机器人

装配机器人

喷漆机器人

图 7-4　工业智能机器人

二维码 7-2
焊接机器人：从事焊接的工业机器人

二维码 7-3
装配机器人

二维码 7-4
喷涂机器人视频合辑

(2)农业智能机器人。

随着机器人技术的进步，以定型物、无机物为作业对象的工业机器人正在向更高层次的以动、植物之类复杂作业对象为目标的农业机器人发展，农业机器人或机器人化的农业机械的应用范围正在逐步扩大。农业机器人的应用不仅能够大大减轻以致代替人们的生产劳动，解决劳动力不足的问题，而且可以提高劳动生产率，改善农业的生产环境，防止农药、化肥等对人体的伤害，提高作业质量。但由于农业机器人所面临的是非结构、不确定、不易预估的复杂环境和工作对象，所以与工业机器人相比，其研究开发的难度更大。农业机器人的研究开发目前主要集中在耕种、施肥、喷药、蔬菜嫁接、苗木株苗移栽、收获、灌溉、养殖和各种辅助操作等方面。日本是机器人普及最广泛的国家，目前已经有数千台机器人应用于农业领域。图 7-5 所示为基于 5G 与人工智能技术的番茄采摘机器人。

二维码 7-5
山西农业大学基于 5G 与人工智能技术的番茄采摘机器人

图 7-5 基于 5G 与人工智能技术的番茄采摘机器人

【思政园地】

用科技改变农业

来源：东方城乡报　作者：杨清悦

近两年，随着我国农业的不断进步与发展，一批高学历、有眼光、有情怀的人才，在现代农业转型的历史变革之际，全身心地投入一线农业发展中来，选择农民作为职业。金山的王金悦就是其中之一。“85 后”的王金悦是“农二代”。看到父辈们一辈子和土地打交道，非常辛苦，而且现在很多年轻人又不太愿意从事繁重的农业劳动，于是他想着做农业机器人来代替传统的人力劳作。所以，他辞去了年薪 30 万的工作，与几位同样怀揣创业理想的年轻人一起，开始研发智能农业机器人。

让智能机器人代替人工劳动，让农民变得轻松起来，这便是他的初衷，幸运的是，当时这个看似难以实现的想法获得了家人的支持。两年多时间，十多台智能农业机器人已经诞生，依靠 4G 通信，任何一个人只要关注他们的微信公众号，获得进入操作页面的密码，无论身在何地，都可以远程操作机器人下地劳作，这种操作模式的成功主要得益于中国互联网技术的进步。他们可以实现智能喷药、自动开沟等一系列传统农事劳动，与传统的农业机械相比，人力得到了进一步的解放。

由于没有成熟的模板可以参考，农业机器人研发的道路上可谓困难重重，然而让王金悦最为欣慰的是，如今他的想法得到了越来越多的人认可，团队成员由最初的三个人发展到了现在的15个人，他们的平均年龄只有28岁。这些人没有任何薪资报酬，大家却能坚持利用业余时间研发制造。

如今，在新时代农民的队伍中，像王金悦这样的人还有很多，他们原本是已经走出乡村的农二代，然而面对农业变革的时代，他们又拿出自己的所学，义无反顾沿着父辈的足迹继续前行。正是这些有志青年的加入，为农业的发展带来了巨大的生机和活力，他们怀揣梦想跨界而来，最终历练成可以攻玉的他山之石。他们身体力行，恰逢5G技术迅速发展之时，他们将为人工智能服务新农村发展做出更大的贡献。

(3)探索智能机器人。

机器人除了在工农业上广泛应用之外，还越来越多地用于极限探索，即在恶劣或不适于人类工作的环境中执行任务。例如，在水下(海洋)、太空以及在放射性、有毒或高温等环境中进行作业。人类借助潜水器具潜入深海之中探秘已有很长的历史，然而，由于危险很大、费用极高，水下机器人就成了代替人在这一危险的环境中工作的最佳工具，如图7-6所示。空间机器人是指在大气层内和大气层外从事各种作业的机器人，包括在内层空间飞行并进行观测、可完成多种作业的飞行机器人，到外层空间其他星球上进行探测作业的星球探测机器人和在各种航天器里使用的机器人。

图7-6 水下探索智能机器人

(4)服务智能机器人。

二维码7-6
酒店服务机器人

机器人技术不仅在工农业生产、科学探索中得到了广泛应用，也逐渐渗透到人们的日常生活领域，服务机器人就是这类机器人的一个总称。尽管服务机器人的起步较晚，但应用前景十分广泛，目前主要应用在清洁、护理、执勤、救援、娱乐和代替人对设备维护保养等场合。国际机器人联合会给服务机器人的一个初步定义是，一种以自主或半自主方式运行，能为人类的生活、康复提供服务的机器人，或者是能对设备运行进行维护的一类机器人，服务智能机器人如图7-7所示。

图 7-7　服务智能机器人

3.按形态分类

(1)拟物智能机器人。

拟物智能机器人是仿照各种各样的生物、日常使用物品、建筑物、交通工具等做出的机器人,是采用非智能或智能的系统来方便人类生活的机器人。比如:机器宠物狗,六脚机器昆虫,轮式、履带式机器人。

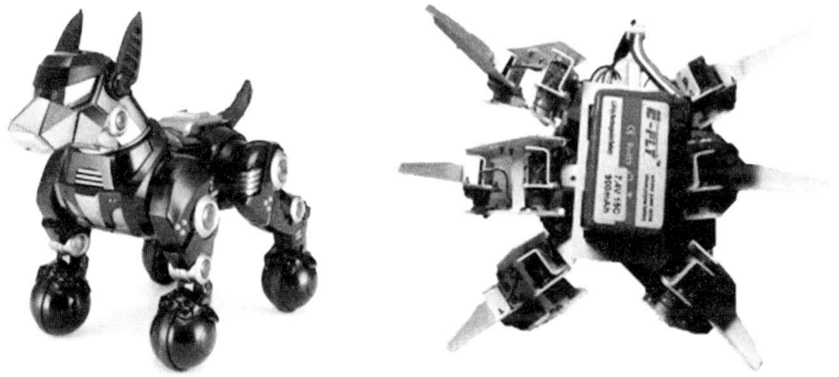

图 7-8　拟物智能机器人

(2)仿人智能机器人。

模仿人的形态和行为而设计制造的机器人就是仿人机器人,一般分别或同时具有仿人的四肢和头部。机器人一般根据不同应用需求被设计成不同形状和功能,如步行机器人、写字机器人、奏乐机器人、玩具机器人等。而仿人机器人研究集机械、电子、计算机、材料、传感器、控制技术等多门科学于一体,代表着一个国家的高科技发展水平。如阿特拉斯(Atlas)人形机器人,像人一样有头部、躯干和四肢,“双眼”是两个立体传感器。阿特拉斯(Atlas)由谷歌旗下的波士顿动力公司研发,经过多次迭代。2017 年 11 月第四版已经实现了双腿立定跳远、跳高和后空翻;2018 年 5 月第五版已经实现在软地面跑步;2018 年 10 月 12 日,新版机器人已经可以左右脚交替三连跳 40 厘米台阶。

二维码 7-7
波士顿智能机器人

图 7-9　仿人智能机器人

4.按级别程度分类

智能机器人是在工业机器人基础上发展起来的，现在已开始用于生产和生活的许多领域，按其拥有智能的水平可以分为两类：

(1)初级智能机器人。

初级智能机器人具有与人类似的感受、识别、推理和判断能力。可以根据外界条件的变化，在一定范围内自行修改程序，也就是它能适应外界条件变化对自己做相应调整。不过，修改程序的原则由人预先给以规定。初级智能机器人已拥有一定的智能。

(2)高级智能机器人。

高级智能机器人具有感觉、识别、推理和判断能力，同样可以根据外界条件的变化，在一定范围内自行修改程序。所不同的是，修改程序的原则不是由人规定的，而是机器人自己通过学习、总结经验来获得修改程序的原则。所以它的智能程度高出初级智能机器人。这种机器人已拥有一定的自动规划能力，能够自己安排自己的工作。这种机器人可以不需要人，而完全独立地工作故也称为高级自律机器人。目前，这种机器人也开始走向实用。

任务二　智能机器人基本功能及其构成

我国的机器人专家从应用环境出发，将机器人分为两大类，即工业机器人和智能机器人。工业机器人是面向工业领域的多关节机械手或多自由度机器人，是有独立机械机构和控制系统，能自主的、运动复杂、工作自由度多、操作程序可变，可任意定位的自动化操作机。工业机器人与智能机器人的根本区别就在于是否具备感觉功能与识别、判断功能。智能机器人具有感觉器官(传感器)，根据从传感器得到的环境信息和既有的知识来决定下一步应执行的动作。智能机器人具有运动功能、感觉功能、思维功能、人机交互四种功能。

一、运动功能

使用机器人的目的，就在于用来代替人所进行的各种作业。因此，其最基本的功能是作用于外界的运动功能。具体地说，就是完成作业所需的执行机构，如机械手，模仿人手和臂的某些动作功能，按固定程序抓取、搬运物件或操作工具的自动操作装置。机械手可代替人的繁重劳动以实现生产的机械化和自动化，能在有害环境下操作以保护人身安全，因而广泛应用于机械制造、冶金、电子、轻工和原子能等部门。

随着科技日新月益的进展，机械人手臂与人类的手臂最大区别就在于灵活度与耐力度。也就是机械手的最大优势可以重复的做同一动作，在机械正常情况下永远也不会觉得累。

机械手主要由执行机构、驱动机构和控制系统三大部分组成。执行机构是用来抓持工件(或工具)的部件，根据被抓持物件的形状、尺寸、重量、材料和作业要求而有多种结构形式，如夹持型、托持型和吸附型等。驱动机构，使手部完成各种转动(摆动)、移动或复合运动来实现规定的动作，改变被抓持物件的位置和姿势。驱动机构的升降、伸缩、旋转等独立运动方式，称为机械手的自由度。为了抓取空间中任意位置和方位的物体，需有 6 个自由度。自由度是机械手设计的关键参数。自由度越多，机械手的灵活性越大，通用性越广，其结构也越复杂。一般专用机械手有 2～3 个自由度。控制系统是通过对机械手每个自由度的电机的控制，来完成特定动作。同时接收传感器反馈的信息，形成稳定的闭环控制。控制系统的核心通常是由单片机或 DSP 等微控制芯片构成，通过编程实现所要功能。

(一) 执行机构

执行机构分为手部、手臂、躯干。

1.手部

手部安装在手臂的前端。手臂的内孔中装有传动轴，可把运动传给手腕，以转动、伸曲手腕、开闭手指。机械手手部的构造是模仿人的手指，分为无关节、固定关节和自由关节 3 种。手指的数量又可分为二指、三指、四指等，其中以二指用的最多。可根据夹持对象的形状和大小配备不同的夹头以适应操作的需要。所谓没有手指的手部，一般都是指真空吸盘或磁性吸盘。

2.手臂

手臂的作用是引导手指准确地抓住工件，并运送到所需的位置上。为了使机械手能够正确地工作，手臂的 3 个自由度都要精确地定位。

3.躯干

躯干是安装手臂、动力源和各种执行机构的支架。

(二) 驱动机构

常用的驱动机构主要有 4 种：液压驱动、气压驱动、电气驱动和机械驱动。

1.液压驱动式

液压伺服系统由液压源、驱动器、伺服阀、传感器和控制回路组成。通常液压驱动具有很大的抓举能力，并且结构紧凑、动作平稳、耐冲击、耐震动、防爆性好，但液压元件要求有较高的制造精度和密封性能，否则会造成漏油污染环境。

2.气压驱动式

气压驱动系统通常由气缸、气阀、气罐和空压机组成，其特点是气源方便、动作迅速、系统结构简单、造价较低、维修方便。适用于实现两位式的或有限点位控制的中、小机器人中。但速度不易控制，所以多用于精度不高的点位控制机器人。

3.电气驱动式

电气驱动是机械手使用得最多的一种驱动方式。其特点是电源方便，响应快，驱动力较大，信号检测、传动、处理方便，并可采用多种灵活的控制方案。驱动装置可分为直流、交流伺服电机驱动和步进电机驱动。直流伺服电机电刷易磨损，且易形成火花。步进电机驱动多为开环控制，控制简单但功率不大，多用于低精度小功率机器人系统。

4.机械驱动式

机械驱动只用于动作固定的场合。一般用凸轮连杆机构来实现规定的动作。其特点是动作确实可靠，工作速度高，成本低，但不易于调整。

（三）控制系统

控制系统是智能机器人的指挥中枢，相当于人的大脑功能。其负责对作业指令信息、内外环境信息进行处理，并依据预定的本体模型、环境模型和控制程序做出决策，产生相应的控制信号，通过驱动器驱动执行机构的各个关节按所需的顺序、沿确定的位置或轨迹运动，完成特定的作业。对于不同的智能机器人有两种不同的控制系统，分别是集中式控制和分散式控制。用一台计算机对机器人的全部动作进行控制称为集中式控制。用多台计算机对机器人的动作进行分级控制称为分散式控制，即采用多台微机来分担机器人的控制。当采用上、下两级微机共同完成机器人的控制时，主机常用于负责系统的管理、通信、运动学和动力学计算，并向下级微机发送指令信息。作为下级从机，各关节分别对应一个 CPU，进行插补运算和伺服控制处理，开展特定的运动，并向主机反馈信息。根据作业任务要求的不同，智能机器人的控制方式又可分为点位控制、连续轨迹控制和力（力矩）控制。

二、感觉功能

构成智能机器人的条件，是能根据内外获得的信息，认识判断周围环境，决定下一步动作。因此，作为智能机器人必须具备获得信息的传感器。传感器相当于人类的五官，要让机器人像人一样接收和处理外界信息。机器人传感器技术是机器人智能化的重要体现，通过传感器的感觉作用，将机器人自身的相关特性或相关物体的特性转化为机器人执行某项功能时所需要的信息。根据传感器在机器人上应用的目的和使用范围不同，智能机器人传感器有内部信息传感器与外部信息传感器两种。内部信息传感器用来检测机械手或移动机构本身的内部运动状态，如检测位置和角度。外部信息传感器用来感知机器人的周围状况，有视觉、听觉、触觉，相当于人的眼、耳、皮肤等器官。

机器人视觉与人的视觉不同，人的视觉只能对可见光有反应，仅以可见光作媒介输入外界信息。机器人视觉则不受可见光的限制，可用红外线、紫外线、声波、微波等作媒介输入外界信息。智能机器人获得信息中80%～90%是通过视觉得到的。机械手做作业时，利用视觉感知物体的形状、位置及姿态。另外，机器人移动时，用视觉来识别障碍物，判断自己的位置。听觉是人与机器人之间最自然且最重要的接口，给机器人输入人的声音，并使机器人理解人的意志。触觉是通过机器人与对象物的机械接触来认识外界信息的传感器。触觉分为接触觉、压觉、力觉及滑觉四种。接触觉用来检测手指是否同对象物接触；压觉用来检测手指对对象物所加的力量；力觉用来检测机器人胳膊从对象物接受的力量；滑觉用来检测手指把握物体的变形或移位。

三、思维功能

机器思维实质上是具体问题的求解能力，运用形式推理和数理逻辑的方法进行决策和推理，最终解决问题。智能机器人的推理活动可以归纳为演绎推理、归纳推理和类比推理，以归纳推理为例，人们常使用综合归纳法进行归纳推理，即以大量个别知识为前提，概括出一般性结论。这与计算机中的抽象理论非常相似，程序员通常需要对各种具体的研究对象或系统的共同特征或属性进行提取，完成抽象过程，才能进行建模，从而做到从个别中把握一般。

目前，在机器思维的创造性能力方面已经有了许多展现，机器的深度学习就是一个典型。深度学习是指多层神经网络上运用各种机器学习算法解决图像、文本等各种问题的算法集合。在分类上，深度学习属于神经网络，但在具体实现上有许多变化。深度学习的核心是特征学习，旨在通过分层网络获取分层次的特征信息，从而解决以往需要人工设计特征的重要难题。最近几年，增强学习(Reinforcement Learning)与深度学习的结合创造了许多成果，阿尔法狗(Alpha Go)就是其中之一。2016年，阿尔法狗在对弈李世石前，以半年时间集中模仿学习了3000万步人类围棋大师的走法，并从自我对弈中积累胜负经验。通过增强学习实现自动决策，机器会在没有任何指导、标签的情况下，尝试行为，得到一个结果，再判断是对还是错，由此调整之前的行为，通过不断地调整，算法持续优化。

四、人机交互功能

智能机器人不仅需要具有完成指定工作的能力，还需要能够在许多场合与人进行交互，这就要求智能机器人能够与人进行有效的信息交流。而人机交互在日常生活中也极为常见，小到收音机按钮，电脑开关键，大至汽车方向盘，核反应堆控制室，都可以理解为人机交互。随着科技水平的不断提高，人机交互的应用能力也不断提高，开始出现一些智能机器人，内置视觉传感器，外置机械骨骼，可以如同正常人一般具有基本逻辑思维能力，与人沟通，甚至发生动作互动。就如同阿尔法狗(Alpha Go)围棋系统一样，借助机器视觉、人工智能、深度学习等功能的基础之上进行围棋运算，进而实现人机交互的目的。

【思政园地】

农业现代化期盼更多"新农具"

来源：新浪网　作者 永州新闻网

农业现代化，既靠"种业革命"，也靠农业机械的科技进步。在泥土中翻滚的农业，与高大上的智能机器人，能够碰撞出怎样的火花？这是农业现代化进程中必须回答好的时代命题。

据新华社报道，日前揭晓的"第一届中国农业机器人创新大赛"上，设施园艺机器人作业系统、垄作草莓收获机器人、全自动垂直农业生产系统荣获一等奖。

农业的未来，在于农业科技的不断进步。目前，我国农业机器人正处于起步阶段，很多技术包括机器算法、感知系统等都需要持续探索。通过举办农业机器人创新大赛，鼓励农业机器人的前沿探索，进行农业机器人技术的创新，开发出成熟的商业化产品，有利于推动农业数字化、智能化升级，以智慧农业赋能乡村振兴。

党的十八大以来，农业科技进步贡献率逐年提高，科技兴农为推进农业供给侧结构性改革注入了强劲动能，成为推动农业高质量发展、开创农业现代化建设新局面的重要抓手。农业生产越来越有"科技范儿"了，特别是"互联网＋农业"发展态势良好，手机不仅是广大农民的生活工具，更是广大农民农业生产的辅助工具。期盼农业机器人可以加快应用步伐，成为现代农民的"新农具"。

在科技赋农的征途上，立于市场前沿，参与市场竞争的企业，无疑是农业科技创新的重要主体。把前沿科技搬到田间地头，既需要科学家和科研机构孜孜不倦地创新，把论文写在大地上，也需要更多科技企业以真金白银的投入，畅通从实验室到应用场的市场通道。

某种意义上，农业科技进步成效如何，关键在于成果转化和推广环节。农业机器人创新大赛这样的赛事平台，是交流农业科技创新成果的专业舞台，更是打通农业科技成果转化"最后一公里"的科技大市场。着力加强农业科技创新供给，为农民提供更多"新农具"，为乡村振兴提供有力的科技支撑，必将为现代农业插上腾飞的翅膀。

任务三　智能机器人的核心技术

随着社会发展和机器人应用领域的扩大，人们对智能机器人的要求也越来越高。智能机器人所处的环境往往是未知的、难以预测的，在研究智能机器人的过程中主要涉及以下六个方面的关键技术。

一、多传感器信息融合

多传感器信息融合技术是近年来十分热门的研究课题，它与控制理论、信号处理、人工智能、概率和统计相结合，为机器人在各种复杂、动态、不确定和未知的环境中执行任务提供了一种技术解决途径。多传感器信息融合就是指综合来自多个传感器的感知数据，以产生更可靠、更准确或更全面的信息。经过融合的多传感器系统能够更加完善、精确地反映检测对象的特性，消除信息的不确定性，提高信息的可靠性。融合后的多传感器信息具有以下特性：冗余性、互补性、实时性和低成本性。

多传感器信息融合是人类和其他生物系统中普遍存在的一种基本功能。如果把单传感器信号处理或低层次的数据处理方式看作是对人脑信息处理的一种低水平模仿，那么多传感器信息融合就是对人脑信息处理的一种高水平模仿。多传感器信息融合的基本原理就像人脑综合处理信息的过程一样，他充分利用多个传感器资源，通过对这些传感器及其观测信息的合理支配和使用，把多个传感器在时间或空间上的冗余或互补信息依据某种准则来进行组合，以获得被测对象的一致性解释或描述。

目前多传感器信息融合方法分为随机类方法和人工智能方法两大类。随机类方法有加权平均法、卡尔曼滤波法、多贝叶斯估计法、Dempster-Shafer（D-S）证据推理、产生式规则等；而人工智能类则有模糊逻辑理论、神经网络、粗集理论、专家系统等。多传感器信息融合技术主要研究方向包括多层次传感器融合、微传感器和智能传感器以及自适应多传感器融合。

1.多层次传感器融合

由于单个传感器具有不确定性、观测失误和不完整性的弱点，因此单层数据融合限制了系统的能力和鲁棒性。对于要求高鲁棒性和灵活性的先进系统，可以采用多层次传感器融合的方法。低层次融合方法可以融合多传感器数据。中间层次融合方法可以融合数据和特征，得到融合的特征或决策。高层次融合方法可以融合特征和决策，得到最终的决策。

2.微传感器和智能传感器

微传感器是一种基于半导体工艺技术的新一代传感器器件，它应用新的工作机制和物化效应，采用与标准半导体工艺兼容的材料，用微细加工技术制备。微传感器因其微型化、智能化、低功耗、易集成的特点而越来越受到青睐。智能传感器（Intelligent Sensor）是具有信息处理功能的传感器。智能传感器带有微处理机，具有采集、处理、交换信息的能力，是传感器集成化与微处理机相结合的产物。智能传感器能将检测到的各种物理量储存起来，并按照指令处理这些数据，从而创造出新数据。智能传感器之间能进行信息交流，并能自我决定应该传送的数据，舍弃异常数据，完成分析和统计计算等。

3.自适应多传感器融合

在实际环境中，很难得到环境的精确信息，也无法确保传感器始终能够正常工作。因此，对于各种不确定情况，鲁棒融合算法十分必要。现已研究出一些自适应多传感器融合算法来处理由于传感器的不完善带来的不确定性。

二、导航与定位

在机器人系统中，自主定位导航是一项核心技术，是机器人研究领域的重点和难点问题。自主定位导航技术是实时定位、自主地图构建和运动规划与控制技术的统称。导航的基本任务包括：(1)基于环境理解的全局定位—通过环境中景物的理解，识别人为路标或具体的实物，以完成对机器人的定位，为路径规划提供素材；(2)目标识别和障碍物检测—实时对障碍物或特定目标进行检测和识别，提高控制系统的稳定性；(3)安全保护—能对机器人工作环境中出现的障碍和移动物体做出分析并避免对机器人造成损伤。简单说，就是解决机器人“我在哪里”“我要到哪里去”以及“我该如何过去”这三大问题。“我在哪里?”，第一个问题是导航系统中的定位及其跟踪问题；“我要到哪里去”以及“我该如何过去”，是导航系统的路径规划问题。图 7-10 所示为机器人自主导航过程。

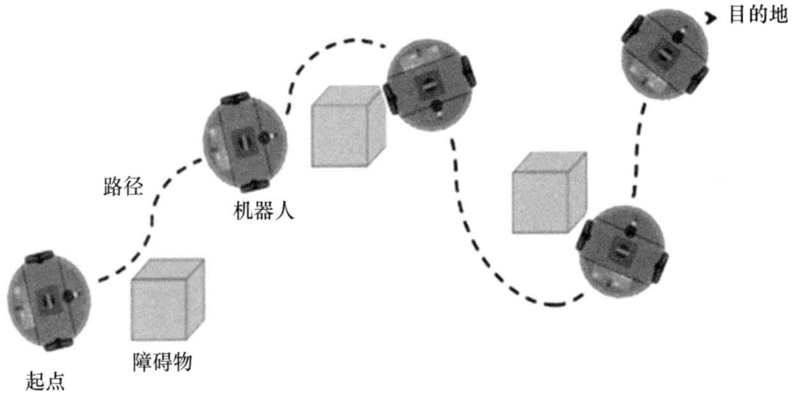

图 7-10　机器人自主导航过程

自主移动机器人属于智能型机器人范畴，是集环境感知、动态决策与规划、行为控制与执行等多种功能于一体的综合系统。自主移动机器人通过传感器感知环境，进而实现在有障碍物的环境中面向目标自主运动。而定位则是确定移动机器人在工作环境中相对于全局坐标的位置及其本身的姿态。目前，应用于自主移动机器人的导航定位技术有很多，归纳起来主要有以下几种：

1.视觉定位导航

视觉定位导航主要借助视觉传感器完成，机器人借助单目、双目摄像头、深度摄像机、视频信号数字化设备或基于 DSP 的快速信号处理器等其他外部设备获取图像，然后对周围的环境进行光学处理，将采集到的图像信息进行压缩，反馈到由神经网络和统计学方法构成的学习子系统，然后由子系统将采集到的图像信息与机器人的实际位置联系起来，完成定位。视觉定位导航应用领域广泛，但是图像处理量巨大，一般计算机无法完成运算，实时性较差，并且受光线条件限制较大，无法在黑暗环境中工作。

2.超声波定位导航

超声波定位导航的工作原理是由超声波传感器发射探头发射出超声波，超声波在介质中遇到障碍物而返回接收装置。通过接收自身发射的超声波反射信号，根据超声波发出及回波接收时间差及传播速度，计算出传播距离 S，就能得到障碍物到机器人的距离，计算公式为 $S=Tv/2$，公式中 T 是超声波发射和接收的时间差；v 是超声波在介质中传播的波速。超声波定位导航可以识别红外传感器识别不了的物体，如玻璃、镜子、黑体等障碍物。但是容易受天气、周围环境以及障碍物阴影等外界环境的影响。由于超声波采集速度慢，导航精度差，并且在空气中的传播距离较短，所以适用范围也比较小。

3.光反射定位导航

典型的光反射导航定位方法主要是利用激光或红外传感器来测距。激光和红外都是利用光反射技术来进行导航定位。激光测距具有光束窄、平行性好、散射小、测距方向分辨率高等优点。典型的红外传感器工作原理如图 7-11 所示。该传感器包括一个可以发射红外光的固态发光二极管和一个用作接收器的固态光敏二极管。由红外发光管发射特定频率的红外信号，红外光敏管接收特定频率的红外信号。当红外的检测方向遇到障碍物时，红外光敏管接收目标物反射的红外信号，经过处理之后，通过数字传感器接口返回到机器人主机，机器人即可利用红外的返回信号来识别周围环境的变化。利用红外线测距受环境的干扰较大，对于近似黑体、透明的物体无法检测距离，只适合短距离传播。

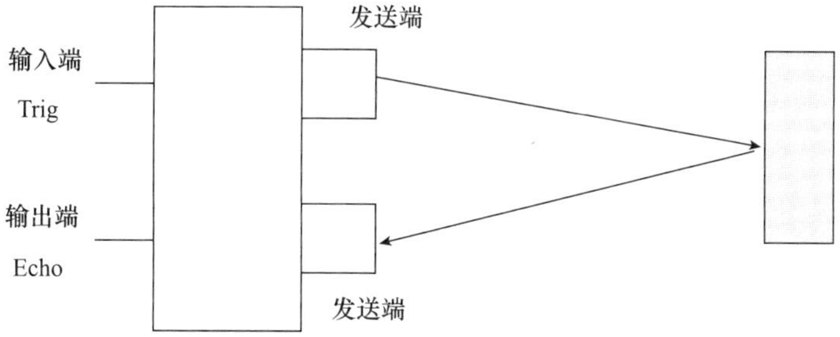

图 7-11 红外传感器原理

4.GNSS 全球定位系统

当前在智能机器人的导航定位技术应用中，一般采用伪距差分动态定位法，用基准接收机和动态接收机共同观测 4 颗 GNSS 卫星，按照一定的算法即可求出某时某刻机器人的三维位置坐标。差分动态定位消除了星钟误差，对于在距离基准站 1000 千米的用户，可以消除星钟误差和对流层引起的误差，因而可以显著提高动态定位精度。

但是因为在移动导航中，移动 GNSS 接收机定位精度受到卫星信号状况和道路环境的影响，同时还受到时钟误差、传播误差、接收机噪声等诸多因素的影响，因此，单纯利用 GNSS 导航存在定位精度比较低、可靠性不高的问题，所以在机器人的导航应用中通常还辅以磁罗盘、光码盘和 GNSS 的数据进行导航。另外，GNSS 导航系统也不适应用在室内或者水下机器人的导航中以及对于位置精度要求较高的机器人系统。

【视野拓展】

全球定位系统(GPS)和全球导航卫星系统(GNSS)的区别和联系

来源:是德科技 Keysight Technologies

全球卫星导航系统(Global Navigation Satellite System-GNSS)是一个一般术语,用于描述使用卫星信号来确定用户接收机位置的系统。

目前的全球卫星导航系统中,美国的 GPS 系统和俄罗斯的 GLONASS 系统处于完全运行状态,可以提供全球定位服务。此外,我国的北斗系统也称为 Compass 和欧盟的 Galileo 系统正在部署的进程中。在上述四种全球导航系统中,GPS 是历史最悠久的系统,于 1994 年起提供全球定位服务。GPS 系统也在不断地升级和更新中,来提供更多的信号和更精准的定位服务。2012 年,该系统的 Block ⅡF 卫星正式投入使用,Block Ⅲ卫星也在规划中。GLONASS 系统最早始于 1982 年苏联时期,由于苏联解体曾一度停滞。近年来,俄罗斯重启并完成了该系统。GLONASS 系统已于 2011 年 10 月正式运行,提供全球定位服务。俄罗斯通过使用新型 GLONASS-K 卫星,发射与 GPS 和 Galileo 类似的信号,持续的对系统进行更新升级。其他两个系统 Galileo 和北斗正处于部署进程中。Galileo 统是由欧盟和欧洲航天局开发的。2005 年和 2008 年发射了两颗实验卫星,2011 年和 2012 年,发射了 4 颗在轨验证卫星。Galileo 系统计划于 2015 年提供初始服务,整个系统预计于 2020 年部署完成。北斗系统于 2011 年 12 月开始提供有限的初始服务,2012 年 9 月正式公布。公布之初,北斗的空间段包括 15 颗卫星,向亚太地区提供区域定位服务。整个系统计划于 2020 年完成。由于我国政府直到 2012 年 12 月才发布接口控制文档(ICD),北斗系统的相关产品开发也受到了一些限制。现如今,ICD 已经发布,北斗产品实现快速增长。2021 年 3 月,北斗三号全球卫星导航系统正式开通,运行稳定、持续为全球用户提供优质服务,系统服务能力步入世界一流行列。

5.SLAM 技术

行业领先的服务机器人企业,大多都采用了 SLAM 技术。SLAM 技术是机器人在未知环境中,完成定位、建图、路径规划的整套流程。SLAM(Simultaneous Localization and Mapping,即时定位与地图构建),自 1988 年被提出以来,主要用于研究机器人移动的智能化。对于完全未知的室内环境,配备激光雷达等核心传感器后,SLAM 技术可以帮助机器人构建室内环境地图,助力机器人的自主行走。SLAM 技术的实现途径主要包括 VSLAM、Wifi-SLAM 与 Lidar SLAM。

三、路径规划

导航技术是移动机器人技术的核心,而路径规划(path planning)是机器人研究领域的一个重要环节。路径规划是移动机器人按照某一性能指标(如距离、时间等)搜索一条从起始状态到目标状态的最优或次优路径。根据对环境信息的把握程度把路径规划分为基于先验信息的全局路径规划和基于传感器信息的局部路径规划。从获取障碍物信息是静态或是动态的角度看,全局路径规划属于静态规划(又称离线规划)。全局路径规划需要掌握所有的环境信息,根据环境信息进行路径规划;局部路径规划只需要有传感器实时采集环境信息,了解环境信息后确定出所在的位置及其障碍物分布情况,从而可以选出从当前节点到某一子目标的最优路径。

1.全局路径规划

(1)环境建模方法

1)自由空间法

自由空间法是用提前定义好的例如凸多边形等常用的几何形状表示机器人工作空间,然后再转换为拓扑结构上的连通图。如图 7-12 所示。

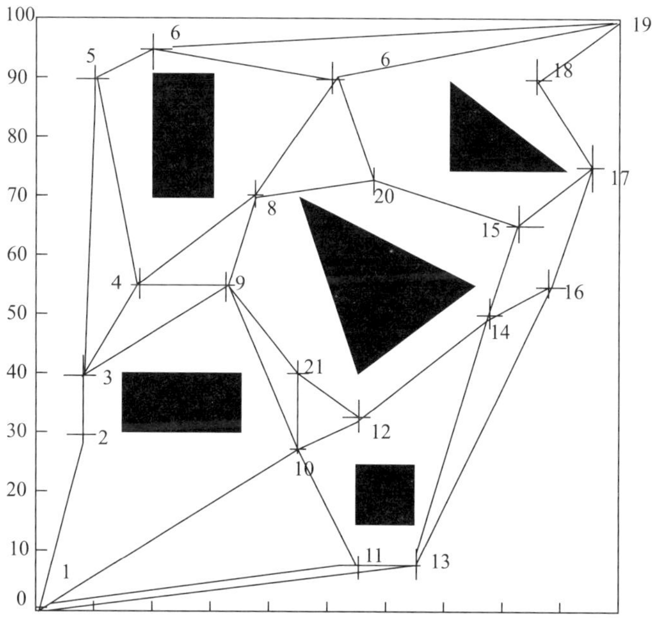

图 7-12 自由空间法

2)栅格法

栅格法是将移动机器人的工作空间分解为许多网格状的单元,这些单元一般用 0、1 两个数值来表示,工作环境中的障碍物的形状和大小是一致的,而且移动机器人在行走的过程中,障碍物的位置、形状和大小是固定不变化的。对于移动机器人的工作环境用大小相同的栅格进行划分,栅格大小一般根据机器人的尺寸来确定。如图 7-13 所示。

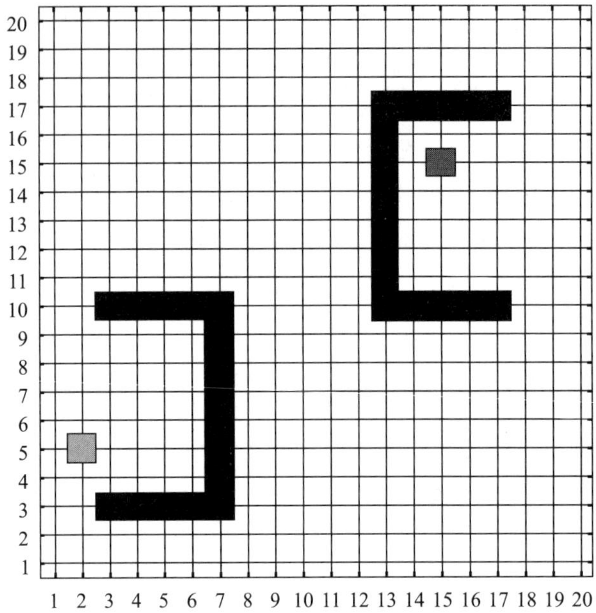

图 7-13 栅格法

3)拓扑法

拓扑法是根据拓扑结构上的一些特征将工作环境分成许多小空间,再由小空间之间的是否连通建立一个有拓扑结构关系的网络。如图 7-14 所示。

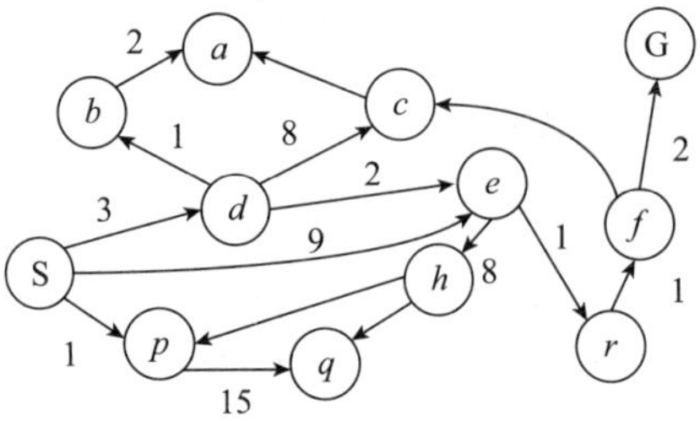

图 7-14 拓扑法

(2)基于搜索的路径规划方法

1)Dijkstra 算法

Dijkstra 算法从物体所在的初始点开始,访问地图中的结点。它迭代检查结点集中的结点,并将和该结点最靠近的尚未检查的结点加入待检查结点集。该结点集从初始结点向外扩展,直到到达目标结点。Dijkstra 算法保证能够找到一条从初始点到目标点的最短路径。

Dijkstra 算法是一种经典的广度优先的状态空间搜索算法,算法会搜索整个空间直到到达目标结点,这就导致了 Dijkstra 算法计算时间和数据量很大,而且搜索得到的大量数据对于移动机器人的运动是无用的。

2)A＊算法

A＊算法在 Dijkstra 算法的基础上增加了启发式特性，搜索的效率大大提升，如图 7-15 所示。A＊算法按照 Dijkstra 算法类似的流程运行，不同的是它能够评估任意结点到达目标结点的代价。与 Dijkstra 算法选择离初始结点最近的结点不同，它根据启发式函数选择离目标最近的结点。A＊算法无法保证找到最优路径，但是速度比 Dijkstra 速度快很多。

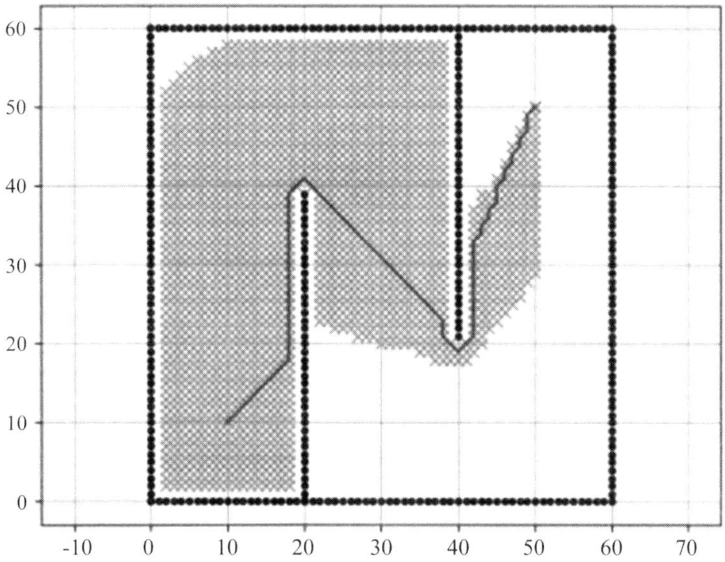

图 7-15　A＊路径规划算法

3)基于采样的规划方法

①概率路图法

概率路图法是一种基于图搜索的方法，它利用随机采样技术将连续空间转换为离散空间，再利用 A＊等搜索算法在路线图上寻找路径，以提高搜索效率，如图 7-16 所示。

该方法能够用相对较少的随机采样点来找到一个解。相对少的样本足以覆盖大部分可行空间，并且找到路径的概率为 1。但是，当采样点太少，或者分布不合理时利用概率路图法进行路径规划存在困难。

②快速搜索随机树法(RRT)

快速搜索随机树法是一种增量式采样的搜索方法，该方法在应用中不需要任何参数整定，拥有良好的使用性能。

基于快速搜索随机树的路径规划算法，通过对状态空间中的采样点进行碰撞检测，避免了对空间的建模，能够有效地解决高维空间和复杂约束的路径规划问题，如图 7-17 所示。

它以一个初始点作为根结点，通过随机采样增加叶子结点的方式，生成一个随机扩展树，当随机树中的叶子结点包含了目标结点或进入了目标区域，便可以在随机树中找到一条由初始点到目标点的路径。该方法的特点是能够快速有效地搜索高维空间，通过状态空间的随机采样点，把搜索导向空白区域，从而寻找到一条从起始点到目标点的规划路径，适合解决移动机器人在复杂环境中的路径规划问题。

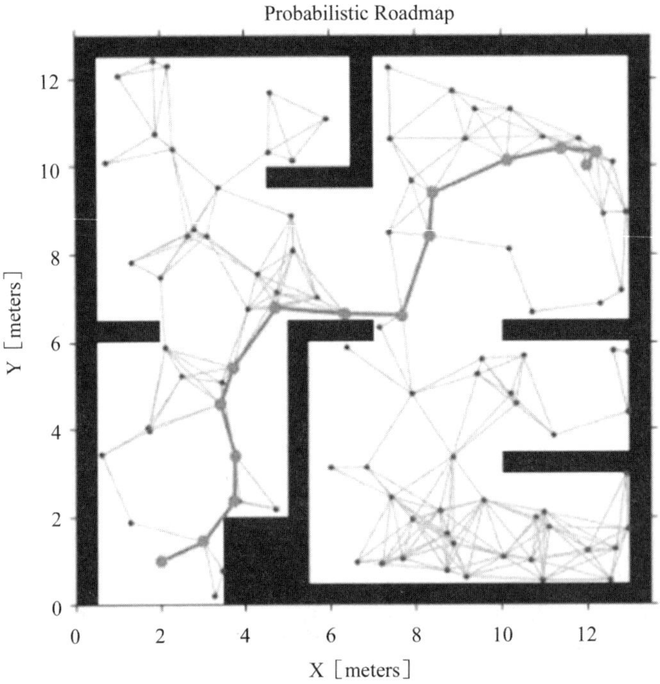

图 7-16　概率路图规划算法

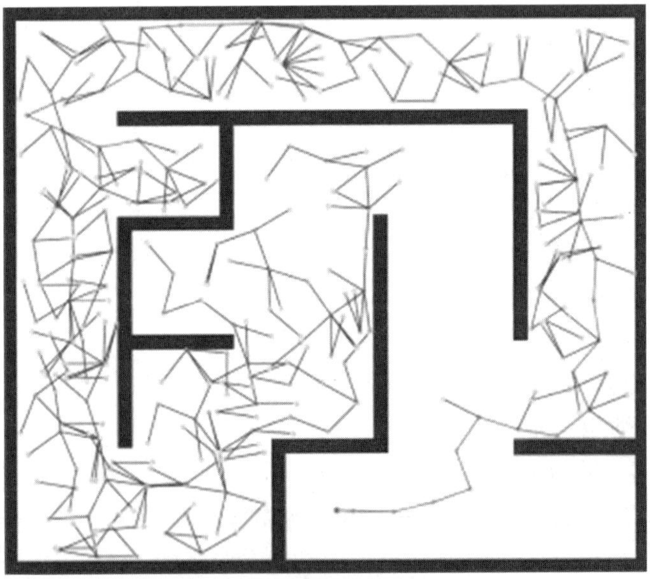

图 7-17　RRT 算法路径规划

2.局部路径规划

(1)人工势场法

人工势场法是一种虚拟的力场法。假设移动机器人在空间中运动的时候受到了引力和斥力的共同作用,其中障碍物具有排斥势场,对移动机器人产生斥力,移动机器人离障碍物越近,斥力越大。目标具有吸引势场,对移动机器人产生引力,移动机器人离目标越近引力越小。

引力和斥力的合力根据牛顿定律会对移动机器人产生加速度,从而控制移动机器人的运动方向和速度等。移动机器人选择一些用来测试的点,计算这些测试点与各个障碍物之间的排斥势和目标之间的吸引势,将获得的排斥势和吸引势相加,最后通过计算势函数梯度下降的方向来找到一条无碰路径,如图 7-18 所示。

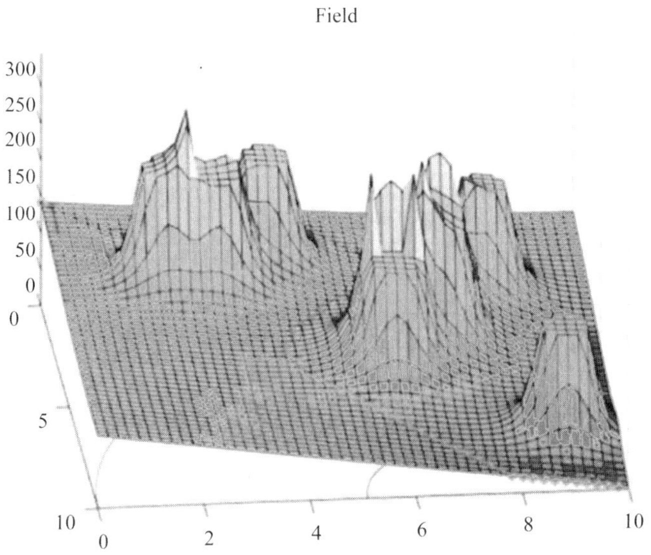

图 7-18　人工势场法

(2)动态窗口法(DWA)

动态窗口法是在曲率速度法基础上提出的,将移动机器人的位置控制转化为速度控制,将避障问题描述为速度空间带约束的优化问题。该算法在速度空间中采样多组速度,将有限的速度和加速度的运动约束考虑到动态窗口的设计中,模拟移动机器人以一定的速度在一定时间内的运动轨迹。在得到运动轨迹后,通过一个评价函数对这些轨迹打分,选取最优轨迹对应的速度来驱动移动机器人的运动,如图 7-19 所示。

动态窗口法充分考虑了移动机器人的物理限制、环境约束以及当前速度等因素,得到的路径安全可靠,适用于局部路径规划。

随着科学技术的不断发展,自主路径规划技术面对的环境将更为复杂多变,这要求路径规划算法具有迅速响应复杂环境变化的能力。这不是目前单个或单方面算法所能解决的问题。目前,除了上述提到的路径规划方法,还将遗传算法、模糊逻辑以及神经网络等人工智能方法应用到路径规划中，提高机器人路径规划的避障精度，加快规划速度，满足实际应用的需要。其中应用较多的算法主要有模糊方法、神经网络、遗传算法、Q 学习及混合算法等，这些方法在障碍物环境已知或未知情况下均已取得一定的研究成果。

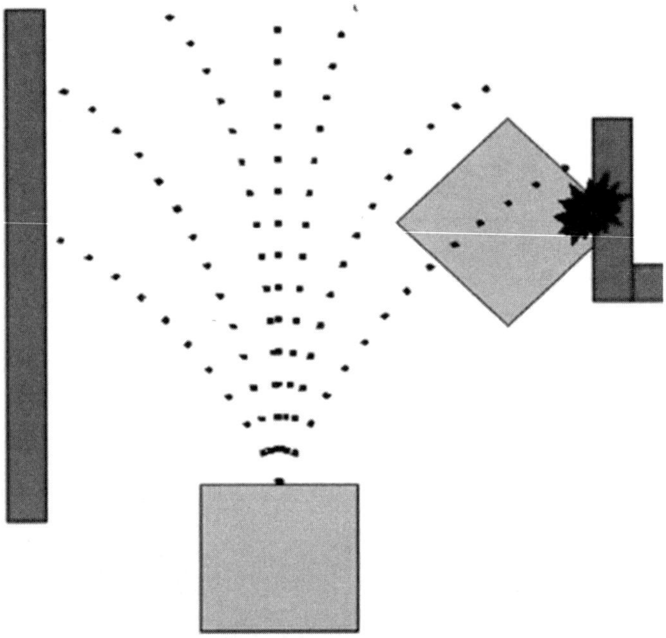

图 7-19　DWA 规划算法

因此在未来的路径规划技术中，除了研究发现新的路径规划算法外，还要关注局部路径规划与全局路径规划相结合、传统路径规划方法与新的智能方法相结合、多传感器信息融合用于局部路径规划、局部路径规划与动态环境路径规划相结合、多智能移动机器人协调规划等方面的发展。

四、机器人视觉

机器视觉是通过图像识别、视觉检测、视觉定位、视觉测量等算法使得机器人具有感知、学习训练、判断、定位、修正功能的传感系统，使得机器人能像人的眼睛一样辨识物体，实现检测、定位功能。

机器人视觉广义上称为机器视觉，其基本原理与计算机视觉类似。计算机视觉研究视觉感知的通用理论，研究视觉过程的分层信息表示和视觉处理各功能模块的计算方法。而机器视觉侧重于研究以应用为背景的专用视觉系统，只提供对执行某一特定任务相关的景物描述。

机器视觉通常由照明光源、镜头、高速摄像机、图像采集处理卡、视觉处理软件等组成，关键技术如下：

1.照明光源

照明直接作用于系统的原始输入，对输入数据质量的好坏有直接的影响。由于被测对象、环境和检测要求千差万别，因而不存在通用的机器视觉照明设备，需要针对每个具体的案例来设计照明的方案，要考虑物体和特征的光学特性、距离、背景，根据检测要求具体选择光的强度、颜色和光谱组成光源的形状、照射方式等。目前使用的照明光源主要包括高频荧光灯、卤素灯和 LED 等。

2.镜头

机器视觉系统中，镜头相当于人的眼睛，其主要作用是将目标的光学图像聚焦在图像传感器(相机)的光敏面阵上。视觉系统处理的所有图像信息均通过镜头得到，镜头的质量直接影响到视觉系统的整体性能。合理选择镜头、设计成像光路是视觉系统的关键技术之一。镜头成像会存在稍许畸变，应选用畸变小的镜头，有效视场只取畸变较小的中心视场。此外，受镜头镀膜的干涉特性和材料的吸收特性影响，要求尽量做到镜头最高分辨率的光线应与照明波长、电荷耦合器件(Charge-coupled Device，CCD)接受波长相匹配，并使光学镜头对该波长的光线透过率尽可能提高。选择镜头时应注意考虑分辨率、焦距、光圈、景深、成像尺寸、视场角、畸变等。

【视野拓展】

视场

视场(Field Of Vision，FOV)也称视野，是指能被视觉系统观察到的物方可视范围大小。对于镜头而言，可观察到的视场跟镜头放大倍率及相机芯片选择有关。因此通常建议根据被观察物体的尺寸，先确定所需的视场，再确定相机芯片尺寸及镜头放大倍率。在实际工程项目中，考虑到机械误差等问题，视场通常要大于待观测物体的实际尺寸，以确保在机械误差的范围内，物体始终位于视觉系统的可视范围内。

FOV＝所需分辨率 * 亚象素 * 相机尺寸/PRTM(零件测量公差比)

3.高速摄像机

摄像机是一个光电转换器件，它将光学成像系统所形成的光学图像转变成视频/数字电信号。通常，摄像机由核心的光电转换器件、外围电路、输出控制接口组成。相机按照不同标准可分为标准分辨率数字相机和模拟相机、单色相机和彩色相机等。要根据不同的实际应用场合选择不同的相机，除了考察其光电转换器件外，还应考虑系统速度、检测的视野范围、系统所要达到的精度等因素。高速摄像机主要有图像传感器和压缩处理芯片两个核心部分构成，而图像传感器是图像采集处理部分的核心。目前，图像传感器有 CCD 传感器(Charge-coupled Device，电荷耦合器件图像传感器)和 CMOS 图像传感器(Complementary Metal-Oxide-Semiconductor，互补金属氧化物半导体)两种。

CCD 传感器是目前机器视觉最为常用的图像传感器，它集光电转换及电荷存贮、电荷转移、信号读取于一体，是典型的固体成像器件。CCD 传感器的突出特点是以电荷作为信号，而不同于其他器件是以电流或者电压为信号。这类成像器件通过光电转换形成电荷包，然后在驱动脉冲的作用下转移、放大输出图像信号。典型的CCD相机由光学镜头、时序及同步信号发生器、垂直驱动器、模拟/数字信号处理电路组成。CCD传感器作为一种功能器件，与真空管相比，具有无灼伤、无滞后、低电压工作、低功耗等优点。

CMOS图像传感器的开发最早出现在20世纪70年代初。90年代初期，随着超大规模集成电路(VLSI)制造工艺技术的发展，CMOS图像传感器得到迅速发展。CMOS图像传感器将光敏元阵列、图像信号放大器信号、模数转换电路、图像信号处理器及控制器集成在一块芯片上。目前，CMOS图像传感器以良好集成性、低功耗、宽动态范围和输出图像无拖影等特点而得到广泛应用。

4.图像采集处理卡

在机器视觉系统中，摄像机输出的模拟视频信号并不能为计算机直接识别，需要通过图像采集卡将模拟视频信号数字化，形成计算机能直接处理的数字图像，并提供与计算机的高速接口。图像采集卡是进行视频信息量化处理的重要工具，主要完成对模拟视频信号的数字化过程。视频信号首先经低通滤波器滤波，转换为在时间上连续的模拟信号；按照应用系统对图像分辨率的要求，用采样/保持电路对视频信号在时间上进行间隔采样，把视频信号转换为离散的模拟信号；然后再由AVD转换器转变为数字信号输出。而图像采集/处理卡在具有模数转换功能的同时，还具有对视频图像进行分析、处理的功能，并同时可对相机进行有效的控制。

5.视觉处理软件

机器视觉系统中，视觉信息的处理技术主要依赖于视觉处理方法，视觉处理软件可以分为图像预处理和特征分析理解两个层次。图像预处理包括图像增强、数据编码和传输、平滑、边缘锐化、分割、特征抽取、图像识别与理解等内容。经过这些处理后，输出图像的质量得到相当程度的改善，既改善了图像的视觉效果，又便于计算机对图像进行分析、处理和识别。图像特征分析是对目标图像进行检测和各种物理量的计算，以获得对目标图像的客观描述，主要包括图像分割、特征提取(几何形状、边界描述、纹理特性)等。机器视觉中常用的算法包括搜索、边缘(Edge)、Blob分析、卡尺工具(Caliper Tool)、光学字符识别、色彩分析等。

五、智能控制

随着机器人技术的发展，无法精确解析建模的物理对象以及信息不足的缺点逐渐暴露，许多学者提出了各种不同机器人智能控制系统。机器人的智能控制方法有专家控制、神经网络控制、模糊控制、集成智能控制等。

1.专家控制

专家控制(EC-Expert Control)主要将专家理论技术与控制理论技术相结合，仿效专家的经验，实现对系统控制的一种智能控制。主体由知识库和推理机构组成，通过对知识的获取与组织，按某种策略适时选用恰当的规则进行推理，以实现对控制对象的控制。专家控制可以灵活地选取控制率，通过调整控制器的参数来适应环境和对象特性，同时专家系统鲁棒性强，可在非线性、大偏差的情况下可靠地工作。

2.神经网络控制

神经网络控制（NNC-Neural Networks Control）是智能控制的一个重要分支。它主要是为了解决一些非线性、不确定、复杂系统的控制问题所产生的一种新的控制技术。主要是依托于人工神经网络理论和控制理论所存在的。通过模拟人脑神经元的活动，将数学、生物学、计算机科学、自动控制等学科理论通过神经元之间实现连结，从而来确定信息的特点含义，并且通过不断修正不同神经元中连接到的权值得出预测结论，最终完成智能控制。

3.模糊控制

模糊控制（FC-Fuzzy Control）的理论基础是模糊集合论、逻辑推理以及语言变量，其实质上是一种非线性控制技术。模糊控制基于自然语言描述规则的控制方法，依据操作人员控制经验和操作数据建立数学模型，其鲁棒性强，可解决控制非线性、时变及纯滞后系统的控制。模糊控制系统应用语言变量，宜构造形成专家系统，推理过程模仿人的思维过程，能够处理复杂系统。

4.集成智能控制

集成智能控制是近年来控制领域中热点之一。其融合了多种智能控制方法和机理，将综合经验知识的专家系统，模糊推理的逻辑关系和人工神经网络的控制等方法相互交叉结合，取长补短，在工程实际中取得良好控制效果。近年来，模糊神经网络控制、专家模糊控制等多个方向的研究已取得了一定成果。

六、人机接口技术

智能机器人的研究目标并不是完全取代人，复杂的智能机器人系统仅仅依靠计算机来控制目前是有一定困难的，即使可以做到，也由于缺乏对环境的适应能力而并不实用。智能机器人系统还不能完全排斥人的作用，而是需要借助人机协调来实现系统控制。因此，设计良好的人机接口就成为智能机器人研究的重点问题之一。目前，人机交互技术主要包含语音识别、语义理解、人脸识别、图像识别、体感/手势交互等技术。

基于语音的人机交互是当前人机交互技术中最为主要的表现形式，语音人机交互过程中包含信息输入和输出的交互、语音处理、语义分析、智能逻辑处理以及知识和内容的整合。基于语音人机交互中的关键技术包含了自然语音处理、语义分析和理解、知识构建和学习体系、语音技术、整合通信技术以及云计算处理技术。自然语音处理技术包括中文分词、词性标注、实体识别、句法分析、自动文本分类等技术；语义分析和理解包括知识表示、本体理论、分领域的语义网络、机器推理等；知识构建和学习体系包括搜索技术、网络爬虫、数据挖掘、知识获取、机器学习等技术；语音技术包括语音识别、语音合成和声纹识别等；整合通信技术包括跨平台即时通讯整合技术、超大负载消息集群处理技术、移动客户端开发技术；云计算技术包括海量数据分布式存储、统计和分析技术。

除了语音人机交互，基于视觉的人机交互技术也是目前研究的一大热点，对于一个人来说最为主观的就是看脸部表情，未来机器人也需要理解人的感情，这当中就会涉及到人脸识别技术，包括特征提取及分类。目前，在视觉识别技术中，在高兴或者发怒的情况下，识别率能达到80%～90%。但与人的自然交流过程中，如果人的表情比较平淡，对于机器人来说，目前还难以达到准确地分辨效果，这些过程需要进行一些更加复杂的特征来提取。

此外，除了对脸部表情的理解，手势识别是人机交互的重要手段之一，通过手部的动作直接控制计算机，相比传统的键盘、鼠标等控制方式，具有自然直观和便于学习等优点。

目前常用的手势识别方法主要包括基于神经网络的识别方法、基于隐马尔可夫模型的识别方法和基于几何特征的识别方法。基于神经网络的手势识别方法，具有抗干扰、自组织、自学习且抗噪声能力等优点，但训练时需要采集大量的样本，且对时间序列的处理能力不强。基于隐马尔可夫模型的识别方法，能够细致的描述手势信号，但拓扑结构一般，计算量相对较大。基于几何特征的识别方法，是根据手的区域及边缘几何特征关系进行手势识别，该方法无需对手势进行时间上的分割，计算量小。

【思政园地】

海归留学生薛龙建：给机器人“飞檐走壁”的功夫

来源：人民日报海外版

海外读书访学近6年，薛龙建几乎将所有时间都花在了实验室里。日日夜夜，见证着这个青年海归对科研的热情和一丝不苟的态度。薛龙建是武汉大学动力与机械学院、工业科学研究院教授，他的团队突破结构黏附材料的“卡脖子”仿生设计瓶颈，实现了仿生结构黏附材料的综合提高，黏附强度、稳定性、耐久性和多表面适应性都得以增强，还能实现智能调控。同时，薛龙建课题组还研发了一系列“内秀”式微纳复合新黏附材料以及两套表面微观力学测试设备，为基础科研及产业创新奠定了良好基础。

游子身在外，家与国的意义变得更加深刻，表现方式也变得更直观明了。薛龙建刚到德国时，同上语言课的一位非洲朋友得知他来自中国后，热情地与他聊天。这位非洲朋友告诉薛龙建，自己生活中的许多商品都来自中国，就连使用的相机与中国也颇有渊源，它的镜头盖是“Made in China”。闻听此言，薛龙建心中五味杂陈，他感到失落，也感到了压力。

“只有镜头盖是中国制造，一部相机最重要的核心技术仍旧掌握在其他国家手中。我觉得任何一个立志报效祖国的科研人员，站在那时我的角度上都会产生一股倔劲——我们也该有属于自己的核心技术。别人有，我们不能落后。”薛龙建说。

在外访学的几年，薛龙建深切感受到了中国的快速发展，得以证明的是一句简简单单的“你好”。初到德国的时候，在路上若是碰到小朋友打招呼，对方会用日语冲薛龙建喊“你好”，搞得薛龙建哭笑不得。遇到这种情形，他往往会耐心地向对方解释，自己来自中国，中国是亚洲的另一个国家。“孩子就是出于热情跟人打招呼，看到街上一张亚洲面孔，便习惯性地以为是日本人，因为他对于东方的认知很可能就只有日本。”薛龙建说。

然而，等到不久后的2010年，事情悄然发生了变化。

街上会有儿童笑着跟他打招呼“你好”。“第一次听到中文‘你好’的时候我特别激动，后来遇到多了我才意识到，中国的国际影响力不可同日而语，那么小的孩子都对中国有了认知，这让我特别自豪。我想，如果我们能研发出自主创新的产品、拥有自己的技术，这也会成为中国名片，能够提升外国人对我们国家的认知。科研人员需要有家国情怀，要有先天下之忧而忧的抱负，要向着远大目标矢志不渝地努力，这是时代留给我们的命题。”薛龙建坚定地说。

任务四　智能机器人在农业领域的应用

近些年来，农业生产对于农业机器人的需求量与日俱增，耕地、播种、除草、收割等都有着广大的需求市场。农业机器人的应用大大降低了劳动力生产的成本，并且促进农业向更精准的技术发展。新时期农业机器人不仅仅应用传统的自动化技术，智能化更是新型农业机器人的发展趋势。随着当前农业政策的不断调整，越来越多的大规模农业生产中需要使用农业机器人。

一、农业智能机器人的概念

农业智能机器人是一种应用于农业生产和生活的机器，它和传统机器人的不同在于，智能机器人是受不同程序控制以完成不同作业任务的执行，具备感知和适应作业环境的能力，同时具有检测和预测功能的新一代无人自动化机械设备。智能机器人在农业自动化中的应用主要体现在作物采摘、作物嫁接、农作物喷涂等方面，和智能机器人相关的关键技术有导航规划、线路识别技术、数据集成分析技术、多维信息的融合技术等。

二、农业智能机器人发展现状

农业智能机器人是机器人在农业生产中的应用。区别于工业机器人，农业智能机器人是一种新型多功能农业机械。农业智能机器人的广泛应用，改变了传统的农业劳动方式，降低了农民的劳动强度，促进了现代农业的发展。

1.国外机器人的发展现状

农业机器人愈发受到农业人口较少的发达国家的重视，这也是国际农业装备产业技术竞争的焦点之一。作为农业机器人研究最早、同时也是市场发育最为成熟国家之一的日本，目前已研制出育苗机器人、扦插机器人、农药喷洒机器人、施肥机器人和移栽机器人等多种农业机器人,在理论与应用方面都居世界前列。然而美国由于国土面积广阔及自身先进的科学技术作支撑,美国在理论与技术上都比较成熟。最具代表性的是美国新荷兰农业机械公司发明的多用途自动化联合收割机器人,很适合在美国一些大片规划整齐的农田里收割庄稼。西班牙初创公司已研制出一种全自动草莓收割机,这种收割机有 24 条“手臂”,可以独立采摘草莓。每个机械臂配有摄像头,内置短距离集成色彩和红外深度传感器。凭借这种传感器,机器人能分析并核实每个草莓的外观和颜色,内置软件根据草莓的颜色进行识别然后判断作物是否可以采摘。该机器人功能齐全,能够精确的确定草莓的位置,几乎能完成所有人工操作环节,不必担心对草莓造成损伤。

2.国内机器人的发展现状

与发达国家相比,我国农业机器人无论是研发还是应用都还处于起步阶段,直到 20 世纪 90 年代中期,我国才开始了农业机器人技术的研发,比一些发达国家起步晚了十余年。受市场投资、生产成本、技术落后等的影响,我国农业机器人的发展较为缓慢,我国目前研发并投入使用的农业机器人有除草机器人、采摘机器人、扦插机器人、育苗机器人等,并在生产方面已取得很大的进展。比如在国内自动化技术充分发展的背景下,研发出全自动的蔬菜嫁接机器人。在自动化和算法应用的作用下,不仅大大提高了嫁接后的成活率而且还节约了人力,使嫁接作业变得更为简便。国内还有苹果采摘机器人、荔枝采摘机器人和黄瓜采摘机器人等,这些水果采摘机器人在高科技水平的支撑下,能够实现对瓜果类农产品进行无损采摘作业,有的机器人能够实现在非结构环境下的自主导航作业,实现从搜索、扫描、识别、定位到末端执行器控制与操作,最终实现农作物的采收,这种技术打破了传统机器人工作在结构化环境的技术屏障,为以后农业机器人走出实验室,进入自然环境进行作业提供了强有力的理论与技术的支撑。

三、农业机器人的特点

相比于其他行业的机器人而言,农业机器人的特点可简要概括为以下几个方面:

(1)现阶段农业机器人大多是工作在农田或温室大棚里,一方面作物的生长受到光照温度、湿度等的影响,另一方面作物在不断生长,各种原因使农业机器人的工作环境较复杂,这就要求机器人的智能化程度比较高,灵活性强。

(2)不同种类的机器人工作面对的对象也有所差异,农作物一般比较脆弱,易受到外加压力或者温度等影响而产生变形或者断裂,除此之外,在农作物不同的成长阶段,对应的机器人都需要根据不同的情况进行具体的分析,需要机器人具有很高的灵活性和智能化,这也是现阶段农业机器人在发展中一个核心技术。

(3)农业机器人操作的对象一般是农民,因此操作起来应比较简单,不能过于繁琐,使用农业机器人应简单便捷,在保证速度的前提下尽可能的保证其效率,让人们能更好更快地学习使用功能,减轻人们的劳动强度,提高生产率和作业质量,减少农药和化肥等化学产品的使用,节约成本还能保护环境。

(4)农业机器人是一种具备某些与人类或生物相似的智能能力，是一种具有高度灵活性的自动化机器，能够代替人们做一些单调和重复的长时间作业，能够进入危险环境代替人们进行劳动，工作质量稳定，保证产品一致性。

(5)农业机器人的应用不仅局限于陆地方面，还可以运用到空中。如无人机已经在农业方面得到应用，可以用无人机喷洒农药、运送肥料、航拍检测农作物的生长情况等，方便管理农作物，获得高质量的产品。

四、智能机器人在农业领域的应用

1.耕耘机器人

耕耘机器人是一种可在作物耕种地点进行耕作的农业智能机器人，由日本机电技术研究室结合前人的经验和研发技术设计而成。耕耘机器人实质上是一辆小型履带车，内置有线图像识别式自动引导车辆系统。运行过程中，其能够对自身所处位置进行自动精准辨别与判断，无须人为操控即可实现前进方向控制和土地耕作。试验验证发现，耕耘机器人不仅可达到比人工更好的耕作效果，同时耕作时间与人工耕作大致相同，从而可在一定程度上代替人工耕作，减少人力消耗，如图 7-20 所示。

图 7-20 耕耘机器人

2.插秧机器人

插秧机器人(图 7-21)最早由日本科学家研发并运行试验，运行前仅需在智能机器人计算机系统中提前做好参数设置，插秧机器人运行期间可完全由计算机系统操控，导航则由全球卫星定位系统来完成，内置传感器以及其他相关装置可对智能机器人需要做出的动作、前进方向、转向角度等操作进行精准计算，并立即将计算结果传输到计算机系统，再由计算机系统操控智能机器人完成一系列操作。试验验证发现，插秧机器人移动误差小于 10 厘米，当其即将到达田埂时，可自行进行 180°旋转，随后继续劳作。通常情况下，每个插秧机器人运行工作 20 分钟，即可完成 1000 平方米稻田的插秧工作，工作期间无须停顿。

二维码 7-8
插秧机器人

图 7-21 插秧机器人

3.嫁接机器人

嫁接机器人(图 7-22)最早在日本开发研究并投入农业自动化领域,随后我国也开发引入该种类型的机器人。嫁接主要包含三个过程:切割、连接和拣选。首先是要选择嫁接幼苗,嫁接机器人可实现自动筛选含有缺陷幼苗,对适合嫁接的幼苗进行嫁接,并自动跳过不适合嫁接的幼苗。经实际应用验证,机器人对嫁接的移植成功率接近百分之百。和日本的全自动作业机器人不同,国内开发的机器人主要是使用计算机控制系统控制,这样可更好地对扦插苗、幼苗及秧苗进行嫁接工作。

二维码 7-9
蔬菜嫁接机器人

图 7-22 蔬菜嫁接机器人

4.采摘机器人

针对不同作物,机器人的样式和作业方式也不同,每一类作物的采摘机器人会根据作物的特点、成熟度等表征特点而设计。例如,番茄的采摘工作就与苹果不同。

番茄机器人主要由视觉检测、采摘作业执行装置组成。其中视觉检测装置配置有彩色摄像装置,主要用于视觉的检测,用来检测果实的成熟度,以便更好地选择果实。为了避免采摘过程中对农作物造成损害,采集作业执行装置搭载了较长的机器人手臂,具备一定范围的操作面。为了避免采摘过程中对果实造成损害,还在采摘机器人的底端设置了柔软的衬里,以及相应的压力传感器装置,保障了机器人可高效地采摘番茄。在具体采摘过程中,机器人可根据光传感器和反射装置,自动确定西红柿的采摘时间,采摘的成功率接近八成。图 7-23 所示为国家农业智能装备工程技术研究中心的番茄采摘机器人,图 7-24 所示为中国台湾宜兰大学的番茄采摘机器人。

图 7-23　国家农业智能装备工程技术研究中心的番茄采摘机器人

二维码 7-10
农业智能机器 24 小时采摘辣椒、番茄

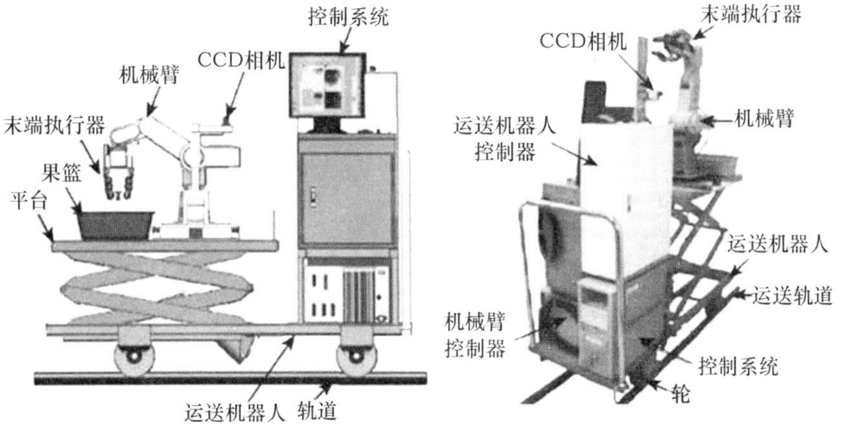

图 7-24　中国台湾宜兰大学的番茄采摘机器人

苹果的采摘机器人,设计的采摘空间尺寸大约有 5 平方米,由 1 个移动机构和 3 个旋转机构组成,同时还安装了果实收集结构,避免果实在收集过程中受到损伤,保障了水果采摘的新鲜度。经过实际应用验证,本装置的果实采集成功率接近九成。智能机器人的内部安装有柔软内衬，以防在采摘过程当中损坏果实，造成不必要的浪费。图 7-25 所示为 Abundant Robotics 公司新研发的苹果采摘机器人。

图 7-25　Abundant Robotics 公司新研发的苹果采摘机器人

采摘类的机器人的基本作业流程为：视频采集装置首先根据传感器和红外遥控器反馈的信息确定果实的成熟度，如果果实成熟则进入采摘作业流程，否则转移到下一个采集点。

采集流程：设备在主控制器的作用下，主控制板输出控制指令给控制模块，使得自由度机械臂和履带底盘结构的机器人调动机械臂，完成果实的抓取。果实抓取完成后，会自动进入收集装置，最大限度降低果实的受损程度，保障果实的新鲜度。图 7-26 所示为采摘机器人系统框架。

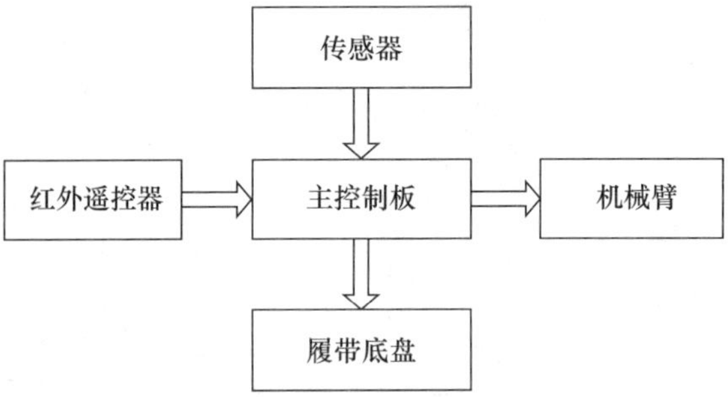

图 7-26　采摘机器人系统框架

5.除草机器人

将机器人应用到除草方面，可以大大减少除草剂的利用，从而保护植物健康生长。其原理主要是利用雷达装置，使用无人驾驶的电子设备到达需要除草的地区，其传感器就会收到杂草所在位置发出来的信号，其机械式喷雾剂就能立即开启，从而达到有效除草、精确除草的效果，这也在一定程度上保护了生态环境。

瑞士的EcoRobotix除草机器人由一系列太阳能电池板提供动力，利用GPS导航来跨越田间，利用计算机视觉传感器搜索前方的土地并区分农作物和杂草。当发现杂草时，机器人下方的两个蜘蛛状的手臂会精准喷洒微剂量的除草剂，这也避免了除草剂用量的浪费。图7-27所示为瑞士EcoRobotix除草机器人。

图7-27　瑞士 EcoRobotix 除草机器人

二维码7-11
瑞士除草机器人

6.作物喷药机器人

日本在农作物喷涂方面的智能化机器人技术较为领先，其灵感来源于汽车行业，机器人采用仪表、压力装置，并且含有自动喷雾装置。其基本原理为：机器人的行走路径受电缆控制，电缆中通有电流，电流流经电缆会产生电磁场。喷药机器人控制装置，在收到电缆发出的电磁信息后，可控制机器人的行走方向，而具体喷洒作业是由自动喷雾控制器负责的。图7-28所示为喷药机器人。

图7-28　喷药机器人

喷药机器人可对各类树木和农作物进行喷药操作，在药物喷洒过程中，还可智能判断行走方向，如进行转向或者拐弯操作。此种机器人还包含接触传感器和超声波传感器控制系统，主要用于检测周围的环境。一旦药物喷洒系统遇到障碍物，传感器会自动发出警告信息，对自身执行相应保护措施。

7.自动分拣机器人

日本的黄瓜菜农使用Google公司开发的Tensor Flow机器技术自动分拣黄瓜。农夫使用网络摄像头等简单而便宜的硬件设备，在特定算法的支持下，将黄瓜分为9个组别，从而减少人力成本。这种技术可用于更多的品种（如马铃薯、番茄等）和更大规模的农产品分拣。日本研制的自动选蛋机，每小时可处理6 000个蛋。日本研制的苹果分拣机，每分钟可将500～600个苹果进行大小、光泽、颜色分类，并送入相应的容器中。英国研制的马铃薯分拣机器人配备了物镜、传感器、电子光学系统，能够观察马铃薯椭圆体的各个区域，每小时可挑选3 000千克马铃薯，相当于6名熟练农工的劳动量，而且劳动质量远超人工作业。未来，自动分拣机器人将得到更加广泛的应用。图7-29所示为分拣果实机器人。

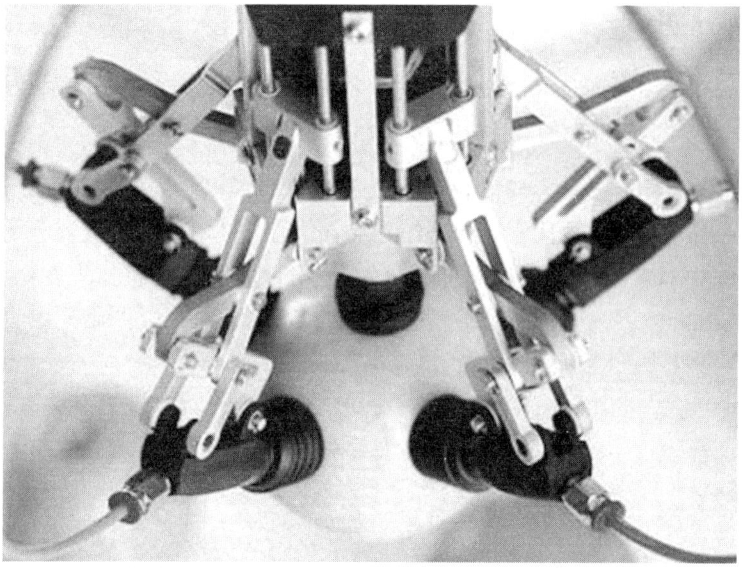

图7-29　分拣果实机器人

8.育苗机器人

二维码7-12
育苗机器人

育苗机器人也是农业领域中对智能化机器人进行应用的主要类型之一。育苗机器人在运行过程中可以将幼苗从育苗盘内转移到栽植地中，还可以将600穴育苗盘内的幼苗转移到48穴育苗盘里。育苗机器人主要由自由度工业智能机器人以及SNS夹持设备构成。在应用过程中需要发挥视觉传感设备的作用，这样才能明确定苗盘大小以及苗木的实际位置。在运行时，传感系统可以防止育苗机器人在夹持幼苗时损伤幼苗。如果育苗盘相邻，每一个苗的移栽时间保持在 2.5～3.5 秒之内，能够极大地提高育苗效率。育苗机器人如图 7-30 所示。

图 7-30　育苗机器人

9.畜牧机器人

畜牧机器人指的是在畜牧养殖过程中所使用的智能机器人。畜牧业是农业生产的主要组成部分。在畜牧养殖过程中，智能机器人应用可以完成自动饲喂、自动消毒、自动拣蛋、自动清粪等作业。例如，在猪养殖场对自动喂料机器人进行应用，可以给猪带上红外线标识，自动喂料机器人可以根据预先设置好的程序，按照技术人员的要求定时定量完成饲料供给作业，同时可以记录猪的采食时间、体重，一旦猪的体重能够达到出栏要求，会自动进行分栏。而在奶牛养殖过程中对自动挤奶器进行应用，可以识别奶牛，完成乳房扫描定位，并进行仿生挤奶。还可以对牛奶内的脂肪、蛋白质、糖分、温度、电解质指标等进行检测，能够准确掌握奶牛的体质、泌乳量、挤奶时间等参数，有效降低奶牛的发病率。畜牧机器人如图 7-31 所示。

图 7-31　畜牧机器人

五、农业智能机器人的关键技术

农业机器人的应用场景非常广泛，但机器人并不是万能的，机器人对地形特点和作业面积也有一定要求，只有满足一定条件的地形特点以及作业环境，才能保证机器人顺利完成各类作业。因此，现如今我国农业作业执行中，大部分还是采用自动化机械和手工作业相结合的方式，距离实现完全自动化和智能化机器人作业还有很长的路要走，这一切都取决于智能机器人的关键技术。

1.线路规划和导航技术

在农业智能机器人应用过程中，需要保证运行线路的准确性，同时要对被遮挡的处理目标进行有效规避。而在其他运行期间机器人也要有较强的感知功能，这是确保农业机器人能够顺利完成农业生产任务的重要基础。在对农业机器人进行设计研发时，要保证其具有良好的完成群体运动定位以及各种工作的能力。现阶段，在农业智能机器人设计时，通过 GPS 定位技术或北斗导航系统，提高机器人的定位精准度，保证农业机器人运行线路的精准性。在设计过程中对路标检测、陀螺仪、CCD 摄像设备以及地图等信息检测方法的应用也比较普遍，能够有效提高农业智能机器人定位以及移动感知的准确性。

【思政园地】

"北斗+"智慧农业发展

来源：北京新型智慧农业研究院

北斗三号全球卫星导航系统的全面建成开启了中国北斗高质量服务全世界、造福全人类的新篇章。北斗卫星导航系统全天候、全天时、高精度的定位、导航和授时服务，必将推动生产生活发生重大变革，为全产业链的发展赋能。农业是除了车辆导航和大众位置服务之外，最为重要的行业应用。加强北斗系统在农业领域的应用研究，强化农业信息化和智能化技术装备，对于乡村振兴有着十分重要的现实意义。北斗系统更为精准的定位能力为其在农业领域的应用开创了新局面，助力智慧农业发展驶入快车道。

北斗系统在智慧农业方面的应用也得到党中央高度重视。2020 年 2 月，农业农村部、中央网络安全和信息化委员会办公室联合印发《数字农业农村发展规划(2019—2025年)》，特别提出利用北斗系统等高科技手段，服务国家数字农业农村发展。北斗农业自动导航驾驶和辅助驾驶导航系统得到快速推广和安装应用，为中国智慧农业的发展奠定了良好的基础。

北斗系统与智慧农业相互促进，相互需要。应用北斗系统，大田播种更加省力，农机自动驾驶播种、收割大大节约了劳动力，提高了生产效率，播种误差大大减少，出苗率提高，有效保障中国粮食生产的安全；应用北斗定位，为牛羊佩戴北斗系统定位项圈，使放牧更加轻松；渔船安装北斗系统，使出海打渔更加安全便捷。北斗系统在农业的应用，也为“谁来种地，怎么种地”问题的解决提供了新思路。

未来，应用北斗系统，融合互联网、云计算、大数据、人工智能等技术，智慧农业发展应着力以下三个方面的工作。

“北斗＋”农机作业监管平台

北斗系统在耕种收割机械方面的运用已相对成熟，能够实现精确的路线规划。在作物灌溉方面，运用北斗系统，优化智能灌溉系统，实现智能化、科学化、无人值守的灌溉作业，降低生产成本，合理控制灌溉用水，大大减少水资源浪费，降低劳动强度。在农作物和养殖监测方面，精准监控空气温度湿度、作物牲畜生长情况、病虫害信息、土壤状况，并对上述数据快速、准确地进行采集、传输、控制、分析与应用。随着北斗系统应用的深化，要进一步推动北斗系统与农业作业监管平台、农业生产区域的气候环保、农业物流结合，形成完整的应用体系，提高生产效率。

“北斗＋”农产品智能配送

利用北斗系统，完善农产品物流配送体系，尤其是生鲜产品，实时感知农产品状态，推广系统的应用，实时采集、传输、报告物流过程中的温度、湿度、震动、烟雾、开关箱门时间和次数，满足客户对农产品品质和物流追溯的需求，并同步完成物流公司备份，提高物流公司运营效率。“车(船)载北斗＋环境传感器＋后台监控管理”。

“北斗＋”农业信息服务平台

运用北斗系统、大数据、物联网等技术，整合金融、物流等社会资源，强化北斗系统与农业信息服务平台的深度合作与应用，加强农业生产中农田农机匹配调度和农产品物流监控服务。根据农田产出估算结果，优化农业种植决策。根据天气气候、土壤状况，估算农资需求，按需配置农资。根据物流环节的在途管理数据，掌握农产品供求关系，实现农业产业链去中间化。

“北斗＋”智慧农业提高了生产效率，降低农业生产流通环节的成本，提高了农业产业竞争力，实现农业可持续发展，助力乡村振兴。未来，还应进一步深化“北斗＋”智慧农业在“一带一路”国家的运用，服务全世界，共同构建人类命运共同体。

2.数据结合技术

在农业智能机器人应用过程中，其系统导航定位、目标识别等的智能化水平相对较高。因此，对智能技术要求比较严格。在这种情况下需要充分收集各种传感信息，同时要对传统的经验知识进行有效总结。这样才能对农业生产环境数据信息进行综合分析以及研究，为机器人的设计与研发提供良好的参考依据。在农业智能机器人设计应用过程中对数据结合技术以及信息化技术的应用可以快速提高系统分辨率以及稳定性，保障测量空间纬度的有效性，有利于扩展农业智能化机器人的活动范围，保障机器人在实际应用过程中操作系统可以充分适应不同的环境条件，从而提高农业机器人的应用水平。

3.多维信息融合技术

在农业机器人运行时，摄像设备以及定位感知系统可以感知农业生产环境的具体情况，并将感知到的信息上传到主控制装置，主控制装置对信息进行处理后，及时将处理后的信息反馈给机器人操作端。这样能够根据工作环境的具体情况对机器人进行有效控制,提高机器人运行效果。

尽管机器人技术在农业范围内已经得到广泛应用,但其局限性仍然存在,这也阻碍了机器人的大范围全面应用。首先其研发成本是首要问题,在智能机器人的研发过程中,不论国外还是国内均投入了大量的研究资金,但这远远不够,还需要更多的资金在将来的研究中逐步投入,因此资金不足也成为机器人技术发展缓慢的关键因素之一。另外,在外界环境识别和技术判断上仍存在很大缺陷,这使机器人因外界环境的变化而受到很大影响。各类分析算法和路径规划算法的执行效率还需要得到不同程度的提升。机器人的智能化水平仍有待提升。

随着我国农业水平越来越高,农业自动化水平已经经过跨越式发展,各类智能机器人逐步进入农业生产和生活中。尽管智能机器人的智能化水平在现阶段还存在不足,其应用面也未达到全面应用的程度,但随着信息技术和计算机算法的不断发展,智能机器人必将是未来的方向之一。加上两化融合的持续推进,不论从经济还是政策上的投入正在不断加大,因此未来智能机器人的前景比较广阔,将来不仅在农业而且在其他行业也会经常出现智能机器人的身影。

【实　训】

目前果蔬的成熟度检测主要是通过人工进行,此种方法不仅工作效率较低,更重要的是人的主观因素会对结果造成巨大的影响。利用人工智能技术对成熟度检测进行优化,不仅可以减少果蔬的损坏而且能够提高效率。通过农业智能机器人检测果蔬实时成熟度,观察对比果蔬成熟历史数据,提高成熟果蔬采摘的有效率。

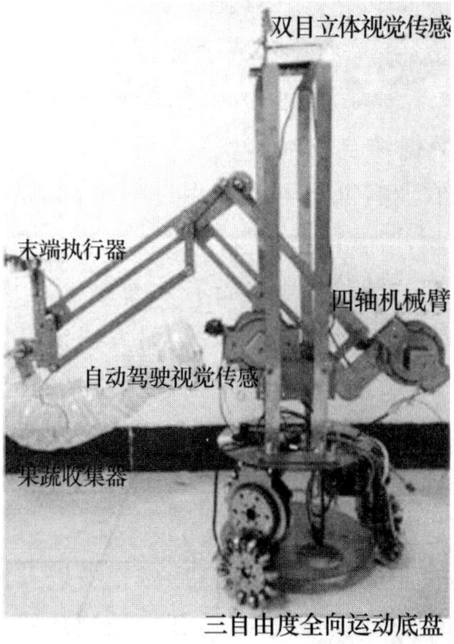

思考讨论：

1.在这个实例中智能农业机器人运用了哪些技术进行果蔬的成熟度检测？

2.如何优化线路设计，提高果蔬的采摘效率？

【归纳与提高】

智能机器人与其他机器人的区别在于它有相当发达的“大脑”，而且有感觉要素、思考要素和运动要素。智能机器人运用了大量传感器、计算机技术，使之具备了比人类更敏锐的感知力和更高效、更精准的执行力，因而其在教育、工业、农业以及服务业等领域都有十分广泛的应用。未来，农业智能机器人的进一步发展，将能够推动农业实现标准化生产，提高种植效率，减少人工成本，促进传统农业快速转型。

【知识巩固与技能训练】

一、填空题

1.智能机器人三个要素：________、________、________。

2.智能机器人具备________、________两类信息传感器。

3.ROS是用于编写机器人软件程序的一种具有高度灵活性的软件架构，包含了________、________机器人高层技能以及机器人生态系统的集合体。

二、思考题

1.什么是下位机？

2.什么是上位机？

三、技能实训题

编程练习：使用人型机器人模拟识别果实，判断果实成熟为红色即点头，不是红色果实就摇头。

参考答案

一、填空题

1.感觉要素、反应要素、思考要素

2.内部信息传感器和外部信息传感器

3.通讯机制、工具软件包

二、思考题

1.下位机是直接控制设备获取设备状况的计算机。

2.上位机是指可以直接发出操控命令的计算机。

三、技能实训题

答案

```
#!/usr/bin/python3
#coding=utf8
import cv2
import sys
import numpy as np
import time
import math
import threading
import PWMServo
from cv_ImgAddText import
from lab_conf import color_range
import Serial_Servo_Running as SSR


PWMServo.setServo(1, 1500, 500)
PWMServo.setServo(2, 1500, 500)
SSR.run_ActionGroup('0', 1)

debug = True

#数值映射
#将一个数从一个范围映射到另一个范围
def leMap(x, in_min, in_max, out_min, out_max):
    return (x - in_min) * (out_max - out_min) / (in_max - in_min) + out_min

#找出面积最大的轮廓
#参数为要比较的轮廓的列表

def getAreaMaxContour(contours) :
        contour_area_temp = 0
        contour_area_max = 0
        area_max_contour = None;

        for c in contours : #历遍所有轮廓
            contour_area_temp = math.fabs(cv2.contourArea(c)) #计算轮
廓面积
            if contour_area_temp > contour_area_max :
                contour_area_max = contour_area_temp
                if contour_area_temp > 300:  #只有在面积大于300时，
最大面积的轮廓才是有效的，以过滤干扰
                    area_max_contour = c
    return area_max_contour, contour_area_max#返回最大的轮廓
```

```
    #摄像头默认分辨率 640x480,处理图像时会相应的缩小图像进行处理，这样可以加快运行速度
    #缩小时保持比例 4：3,且缩小后的分辨率应该是整数
    c = 80
    width, height = c*4, c*3
    resolution = str(width) + "x" + str(height)
    stream = "http://127.0.0.1:8080/?action=stream?dummy=param.mjpg"
    cap = cv2.VideoCapture(stream)
    orgFrame = None
    ret = False
    Running = True
    def get_image():
        global orgFrame
        global ret
        global Running
        global cap
        global width, height
        while True:
            if Running:
                if cap.isOpened():
                    ret, orgFrame = cap.read()
                else:
                    ret = False
                    time.sleep(0.01)
            else:
                time.sleep(0.01)

    th1 = threading.Thread(target = get_image)
    th1.setDaemon(True)
    th1.start()

    get_color = False
    color_max = None
    action_finish = True
    def runAction():
        global get_color, action_finish
        global color_max
        while True:
            if get_color:
                get_color = False
                action_finish = False
                if color_max == 'red':
```

```
                PWMServo.setServo(1, 1200, 200)
                time.sleep(0.2)
                PWMServo.setServo(1, 1700, 200)
                time.sleep(0.2)
                PWMServo.setServo(1, 1200, 200)
                time.sleep(0.2)
                PWMServo.setServo(1, 1700, 200)
                time.sleep(0.2)
                PWMServo.setServo(1, 1500, 100)
                time.sleep(0.1)
                SSR.run_ActionGroup('pick', 1)
                action_finish = True
            elif color_max == 'green' or color_max == 'blue':
                PWMServo.setServo(2, 1200, 200)
                time.sleep(0.2)
                PWMServo.setServo(2, 1700, 200)
                time.sleep(0.2)
                PWMServo.setServo(2, 1200, 200)
                time.sleep(0.2)
                PWMServo.setServo(2, 1700, 200)
                time.sleep(0.2)
                PWMServo.setServo(2, 1500, 100)
                time.sleep(0.1)
                SSR.run_ActionGroup('0', 1)
                action_finish = True
            else:
                get_color = False
                time.sleep(0.01)
        else:
            time.sleep(0.01)

#启动动作运行子线程
th2 = threading.Thread(target=runAction)
th2.setDaemon(True)
th2.start()

print('''
--程序正常运行中......
--分辨率:{0}
'''.format(resolution))
```

```
            range_rgb = {'red': (0, 0, 255),
                         'blue': (255, 0,0),
                         'green': (0, 255, 0),
                         }

    Color_BGR = (0, 0, 0)
    COLOR = 'None'
    color_list = []
    while True:
      if orgFrame is not None and ret:
        if Running:
            t1 = cv2.getTickCount()
            orgframe = cv2.resize(orgFrame, (width, height), interpolation = cv2.INTER_CUBIC) #将图片缩放
            frame = cv2.GaussianBlur(orgframe, (3,3), 0)#高斯模糊
            Frame = cv2.cvtColor(frame, cv2.COLOR_BGR2LAB)#将图片转换到 LAB 空间

            rad = 0
            areaMaxContour = 0
            max_area = 0
            area_max = 0
            centerX = 0
            centerY = 0
            if action_finish:
                for i in color_range:
                    if i != 'black' and i != 'white':
                        frame = cv2.inRange(Frame, color_range[i][0], color_range[i][1])#对原图像和掩模进行位运算
                        opened = cv2.morphologyEx(frame, cv2.MORPH_OPEN, cv2.getStructuringElement(cv2.MORPH_RECT, (3, 3)))#开运算
                        closed = cv2.morphologyEx(opened, cv2.MORPH_CLOSE, cv2.getStructuringElement(cv2.MORPH_RECT, (3, 3)))# 闭运算
                        contours = cv2.findContours(closed, cv2.RETR_EXTERNAL, cv2.CHAIN_APPROX_NONE)[-2]#找出轮廓
                        areaMaxContour, area_max = getAreaMaxContour(contours)#找出最大轮廓
                        if areaMaxContour is not None:
                            if area_max > max_area:#找最大面积
                                max_area = area_max
                                color_max = i
                                areaMaxContour_max = areaMaxContour
```

```
            if max_area != 0:
                ((centerX,                centerY),                rad)                =
cv2.minEnclosingCircle(areaMaxContour_max)  # 获取最小外接圆
                centerX, centerY, rad = int(centerX), int(centerY), int(rad)#获取
圆心，半径
                cv2.circle(orgframe, (centerX, centerY), rad, (0, 0, 0), 2)#画圆
                if color_max == 'red':  #红色最大
                    color = 1
                elif color_max == 'green':  #绿色最大
                    color = 2
                elif color_max == 'blue':  #蓝色最大
                    color = 3
                else:
                    color = 0
                color_list.append(color)
                if len(color_list) == 10:
                    color = int(math.floor(np.mean(color_list)))
                    color_list = []
                    if color == 1:
                        COLOR = 'red'
                        Color_BGR = range_rgb["red"]
                    elif color == 2:
                        COLOR = 'green'
                        Color_BGR = range_rgb["green"]
                    elif color == 3:
                        COLOR = 'blue'
                        Color_BGR = range_rgb["blue"]
                    else:
                        color_max = 'None'
                        Color_BGR = range_rgb["black"]
                    get_color = True
            else:
                if action_finish:
                    Color_BGR = (0, 0, 0)
                    COLOR = "None"

            t2 = cv2.getTickCount()
            time_r = (t2 - t1) / cv2.getTickFrequency()
            fps = 1.0/time_r
            if debug:
                orgframe = cv2ImgAddText(orgframe, "颜色识别", 10, 10,
textColor=(0, 0, 0), textSize=20)
```

```
                cv2.putText(orgframe,    "Color:    "    +    COLOR,    (10,
orgframe.shape[0] - 35), cv2.FONT_HERSHEY_SIMPLEX, 0.65, Color_BGR, 2)
                cv2.putText(orgframe, "FPS:" + str(int(fps)),
                        (10,            orgframe.shape[0]          -          10),
cv2.FONT_HERSHEY_SIMPLEX, 0.65, (0, 0, 255), 2)#(0, 0, 255)BGR
                cv2.namedWindow('orgframe')
                cv2.imshow("orgframe", orgframe)
                cv2.waitKey(1)
        else:
            time.sleep(0.01)
      else:
        time.sleep(0.01)
    SSR.run_ActionGroup('pickTostand', 1)
    cap.release()
    cv2.destroyAllWindows()
```

参考文献

[1]李东洋，谢琳.基于计算机视觉的农业自动化技术研究[J].农村实用技术，2020(12)：19-20.

[2]何煜.基于计算机视觉的农作物病害叶片识别方法研究[D].成都：成都大学，2020.

[3]陶怡，范营营，琚成，等.基于神经网络的智慧农业病虫识别系统设计与应用[J].农业与技术，2021，41(02)：8-11.

[4]何芳.农业生产中计算机视觉与模式识别技术应用[J].农村经济与科技，2020，31(04)：324-325.

[5]马骏，王建华.一种基于数学形态学的植物病虫识别方法[J].深圳大学学报，2004(01)：72-75.

[6]石卫坤，彭森.计算机视觉技术在农业生产中的应用与展望[J].农家参谋，2019(19)：23.

[7]李方园.物联网应用技术：基础篇[M].北京：机械工业出版社，2017.

[8]卢晓慧，聂鹏程.农业物联网技术与应用[M].北京：中国农业大学出版社，2016.

[9]刘赟宇.物联网应用技术[M].北京：北京邮电大学出版社，2013.

[10]王忆，刘明彦.物联网技术概论[M].北京：北京邮电大学出版社，2016.

[11]许磊.物联网工程导论[M].北京：高等教育出版社，2018.

[12]王振录，梁雪峰，陈胜利.农业物联网技术与应用[M].北京：中国农业科学技术出版社，2017.

[13]桂劲松.物联网系统设计[M].北京：电子工业出版社，2017.

[14]赵小强，李晶，王彦本.物联网系统设计及应用[M].北京：人民邮电出版社，2015.

[15]吕云翔，柏燕峥，等.云计算导论[M].北京：清华大学出版社，2017.

[16]周苏，王文.大数据导论[M].北京：清华大学出版社，2016.

[17]阿里巴巴数据技术与产品部.大数据之路：阿里巴巴大数据实践[M].北京：电子工业出版社，2017.

[18]付旭程.会思考的机器：现代智能机器人及其发展探究[J].数字通信世界，2018(1)：105，115.

[19]陆昱方.综述智能机器人的发展与组成[J].通讯世界，2019(1)：305-306.

[20]金耀青，姜永权，谭炳元.智能机器人现状及发展趋势[J].电脑与电信，2017(5)：27-28.

[21]陈海虹,黄彪,刘锋,等.机器学习原理及应用[M].北京:电子科技大学出版社,2017.
[22]付文博,孙涛,梁藉,等.深度学习原理及应用综述[J].计算机科学,2018,45(6A):11-15,40.
[23]赵星宇,丁世飞.深度强化学习研究综述[J].计算机科学,2018,45(7):1-6.
[24]周志华.机器学习[M].北京:清华大学出版社,2016.
[25]陈浩,王光林,郝询.移动机器人的路径规划综述与发展趋势[J].物流技术与应用,2020,25(10):158-160.
[26]肖旭,李明,谢景鑫,等.农业机器人技术发展综述[J].湖南农业科学,2020,422(11):121-126.
[27]张鹏,张丽娜,刘铎,等.农业机器人技术研究现状[J].农业工程,2019,9(10):1-12.
[28]王家硕,陈炳舟,杨广召,等.农业机器人在农业中应用[J].安徽农学通报,2020,402(20):132-133.
[29]王儒敬,孙丙宇.农业机器人的发展现状及展望[J].中国科学院院刊,2015,30(6):803-809.
[30]林欢,许林云.中国农业机器人发展及应用现状[J].浙江农业学报,2015,27(5):865-871.
[31]唐鹏飞,田晶.无人机在未来农机中的应用及发展趋势[J].南方农机,2020,51(16):53-54.
[32]闫全涛,李丽霞,邱权,等.小型移动式农业机器人研究现状及发展趋势[J].中国农机化学报,2019,40(5):178-186.
[33]段小手.深入浅出 Python 机器学习[M].北京:清华大学出版社,2018.
[34]李博.机器学习实践应用[M].北京:人民邮电出版社,2017.
[35]牟文芊.机器学习技术在现代农业中的应用[J].电子技术与软件工程,2018(18):240-241.